深海生物ファイル

あなたの知らない暗黒世界の住人たち

北村雄一
［著］

独立行政法人　海洋研究開発機構
［協力］

ネコ・パブリッシング

表紙写真　Bruce H.Robison,MBARI

装　　幀　飯田武伸
校　　閲　野田茂則（株式会社　東京出版サービスセンター）

深海生物ファイル 目次

はじめに……………………………………………………… 6
本書のよみかた……………………………………………… 8
深海を読み解くキーワード………………………………… 9
深海生物ギャラリー　脊椎動物　魚の仲間…………………… 19
　　　　　　　　　　無脊椎動物　クラゲの仲間…………… 54
　　　　　　　　　　　　　　　　イカ・タコの仲間……… 64
　　　　　　　　　　　　　　　　ナマコの仲間…………… 72
　　　　　　　　　　節足動物　エビの仲間………………… 78
　　　　　　　　　　その他の節足動物…………………… 82
　　　　　　　　　　その他の無脊椎動物………………… 86
　　　　　　　　　　化学合成生物群集……………………… 90

第1章　200～700mに棲む生物

「透明な餌採り網の中に棲む」オタマボヤ ……………………… 98
「浮遊する透き通った集合体」サルパ／ヒカリボヤ………… 100
「昼は深海、夜は海面」ハダカイワシの仲間………………… 102
「海中を漂うリボン」シギウナギ ……………………………… 104
「やたらいるのに目立たない」オニハダカの仲間 …………… 106
「跳ね上がる牙と顎」ホウライエソ …………………………… 108
「光でカモフラージュする」ホタルイカ ……………………… 110
「塩化アンモニウムの浮き袋」ユウレイイカ／ホウズキイカの仲間 112
「筒状の目をもつ頭足類」クラゲイカ／クラゲダコ ………… 114
「滑り動く省エネの円盤」メンダコ …………………………… 116
「貪欲な肉食魚」ミズウオ／バラムツ ………………………… 118
「長く飛び出る顎をもつ」
　リュウグウノツカイ／スティレフォルス …………………… 120
「その名も"デカ口"の巨大ザメ」メガマウス ……………… 122
「肉をえぐる"クッキーカッター"」ダルマザメ …………… 124
「骨と皮だけで海底に咲く花」ウミユリ ……………………… 126
「太古の魚の生き残り」シーラカンス ………………………… 128
「優雅に浮かぶ大きな殻」オウムガイ ………………………… 130
「閉鎖された海の生物」ノロゲンゲ／ザラビクニン／ズワイガニ‥132

第2章　700～1000mに棲む生物

「ゼラチン質のハンター」ソルミスス／ディープスタリアクラゲ／
カリコプシス・ネマトフォラ ………………………………… 140
「望遠鏡のような目」シロデメエソ／ボウエンギョ…………… 142
「赤外線スコープを装着している!?」オオクチホシエソ ……… 144
「身のほど知らずの大食らい」ペリカンアンコウ／
フタツザオチョウチンアンコウ／オニボウズギス …………… 146
「深海に潜む巨人たち」ダイオウイカ／ニュウドウイカ……… 148
「恐怖！"地獄の吸血イカ"」コウモリダコ ……………………… 150
「海底にじっとしている魚」ナガヅエエソ／ソコエソ………… 152
「いつもは大笑い、時にしょんぼり」オオグチボヤ …………… 154
「サメらしくない深海のサメ」ラブカ …………………………… 156

第3章　1000～3000mに棲む生物

「光るルアーで深海釣り」チョウチンアンコウ／シダアンコウ … 164
「目ではなく側線器官で感じる」
イレズミクジラウオ／ジョルダンヒレナガチョウチンアンコウ … 166
「泳ぐ口裂けオバケ」フウセンウナギ …………………………… 168
「巨大な海のダンゴムシ」オオグソクムシ ……………………… 170
「全身が脚でできている」ベニオオウミグモ …………………… 172
「骨なしの死肉食い」ヌタウナギ ………………………………… 174
「借り物の光で発光する」ソコダラの仲間 ……………………… 176
「海底直上をゆく魚たち」ギンザメ／クロオビトカゲギス …… 178
「暗黒世界の肉食魚」イラコアナゴ／コンゴウアナゴ／ソコボウズ 180
「水曜海山に棲む愛嬌あるタコ」ジュウモンジダコ…………… 182

第4章　3000～6000mに棲む生物

「泳ぐナマコ、踊るナマコ」センジュナマコ／ユメナマコ …… 190
「海底にある落書きの犯人」
エボシナマコ／深海ギボシムシ／深海ユムシ ………………… 192
「目だけ似ていない親戚連中」チョウチンハダカ／シンカイエソ … 194
「大深度に棲むナゾの頭足類」
未命名の大形イカ／キロサウマ・ムウライ／キロサウマ・マグナ … 196
「死体捜索部隊の隊長」巨大ヨコエビ …………………………… 198

第5章　6000m〜に棲む生物

「8本足で歩くかわいいヤツ」クマナマコ･･････････････････206
「アナザーワールドの覇者は？」
　ストルティングラ／シンカイクサウオ ･･････････････････208
「最深部で生き延びられるもの」
　カイコウオオソコエビ／ナマコの仲間 ････････････････････210

第6章　化学合成生物群集

「深海の赤いバラ」ガラパゴスハオリムシ／サツマハオリムシ･･･216
「目のないエビとカニ」ツノナシオハラエビ／ユノハナガニ ･･････218
「熱水の意外な有効利用」
　ゴエモンコシオリエビ／スケーリーフット ･･････････････････220
「地球の割れ目に群れ集まる貝」シロウリガイ ･･････････････222
「死体が生み出す楽園」鯨骨生物群集 ････････････････････224
「海底と海水の狭間で生きる」地下バクテリア ･･････････････226
「地下世界から宇宙へ」生命の核（コア） ･･････････････････228

おわりに ･･230
主な参考文献 ･･232
用語集 ･･234
インデックス ･･235

［深海マメ知識］

❶意外に食べてる深海魚 ･････････････････････････････134
❷標本採集が困難な生物 ･････････････････････････････136
❸凶悪ヅラ、ここに集結！ ･････････････････････････････158
❹深海魚をペットに ･･････････････････････････････････160
❺アンコウ鍋のアンコウって？ ･･････････････････････････184
❻深海のフクザツな恋愛事情 ････････････････････････････186
❼大圧力に耐えられる生物の不思議 ･･････････････････････200
❽有人調査船と無人探査機の違い ････････････････････････202
❾シャットアウトされた南極海 ･･････････････････････････212

はじめに

　海は広い。昔から人はこの広い海の上を船で行き来しながら、この下に何があるのだろうと考えてきた。しかし、たとえ明るい太陽の日ざしの下で船を浮かべて、澄んだ海を覗いても、海の深淵はただ真っ黒でなにも見通せない。だが、光を返さぬこの闇の向こうには、深海という世界がある。

　深海、それは実に広大な空間だ。地球表面のほぼ65パーセントは深海の冷たい海水に覆われており、平均して3.6キロメートルの厚みをもっている。もし、この空間が隅々まで見通せたら、私たちはその広大さと空虚さに驚くだろう。どこまでも続く厚さ数キロの茫漠とした、一見すると虚無のような世界。しかし、注意して見ればそこかしこに生物がいることに気がつくだろう。この場所には地上の森や、あるいは波の下に広がるサンゴ礁のような賑わいはない。だが、ここにも生物がいる。小さく透明なものや、形容しがたい奇妙な、しかし美しいものが浮かんでいる。そして、なかには奇怪でグロテスクな種族もいる。

　深海は暗く冷えた、そして見通しの利かない世界だ。温度は数度程度。人間などすぐに動けなくなってしまう場所である。もしも想像するのなら冬の暗い夜空に浮かぶことを考えてみよう。冷たく、暗く、そしてわずかな光もおぼろにかすんで消えていってしまう世界。足下も周囲も暗黒で閉ざされて、上だけがかすかに明るい世界。そして闇の向こうには何かがいる。それは自分の空腹を満たしてくれる獲物かもしれない。あるいは反対に自分を食らおうとする敵かもしれない。ここは恐ろしい場所なのだ。

深海生物はこうした環境に適応したものたちだ。乏しい光を使い、振動を感じ取り、数少ないチャンスを逃すまいと獲物を捕まえて、暗黒のなかで化け物じみた姿がメカニカルに機能する。水と闇のベールに包まれた向こうの世界にいる彼らを、私たちはまだ充分には知らない。彼らが棲む深海という巨大な世界のことも、ようやく理解し始めたばかりである。だが近年の技術の発達と研究者のアプローチはめざましい成果をあげ、闇の向こう、彼らの生きている姿とその世界の実体を少しづつ明らかにしている。そうした人々の成果を通して、今から闇の世界とその住人のことを見ていこう。闇の向こうに別のなにかがあることを予感しながら。

北村　雄一

本書のよみかた

【深海生物ギャラリー】p.18～96

各写真について生物名／分類／イラスト付き解説のページ数（掲載のない生物もあります）／撮影場所と水深・標本の採集場所と水深・分布場所と水深などが記載されています。

（※深海に棲む生物は生活するゾーンが広く、また上下に移動する場合があります。本書で紹介する生物も、掲載ゾーンに当てはまらない水深で発見される場合もあります）

例

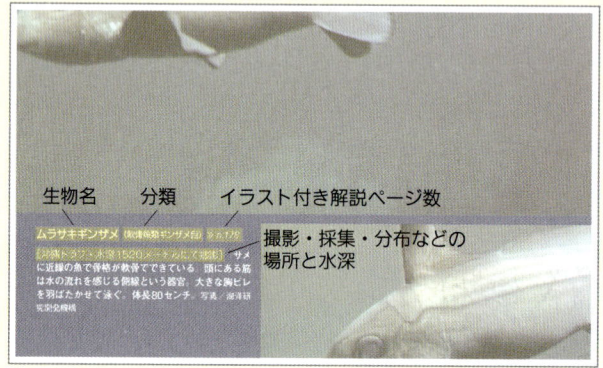

生物名　分類　イラスト付き解説ページ数

撮影・採集・分布などの場所と水深

【イラスト付き解説ページ】p.97～229

＊マークは他ページでも登場する生物です。ページ下部をご覧ください。

＊＊マークは巻末用語集に説明のある用語です。p.234をご覧ください。

深海生物の生物名は太字で記載されています。

P.234用語集へ

ページ下部へ

例

他での登場ページ数

8

深海を読み解くキーワード 4
Key words for read and solve the ocean

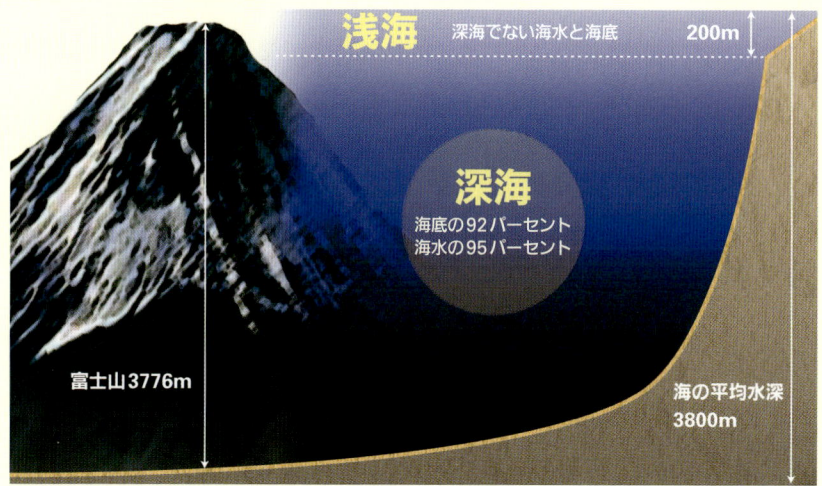

海、そして深海とは？

　地球表面のおよそ71パーセントは海に覆われている。深さは平均して3800メートル、海の最も深い場所であるマリアナ海溝チャレンジャー海淵でおよそ1万920メートルに達する。
　さて、この本で扱う深海という領域は200メートルよりも深い場所にある海水と海底のことを指している。そうすると、海底の面積の約92パーセントが、そして海水の約95パーセントまでが深海となるわけで、要するに海のほとんどは深海であり、ひいては地球表面の半分以上が深海だということになる。
　そして、この広大な空間には生き物が棲んでいる。私たちが抱くイメージとは違って、深海の環境は場所や水深によってずいぶん違っている。薄暗い場所もあれば暗黒の場所もある。きれいな砂礫が連なる海底もあれば硫化水素が充満する有害な領域もある。深海に棲む生物はこうしたそれぞれの環境に適応して生きており、深海の住人のことを知るためには深海の環境と、その違いを知らなければならない。
　その深海の環境を読み解くキーワードになりそうなものが、光、水圧、水塊、そして地形だ。

KEY WORD 1　光

　光は生物にとっては物を見るために、植物にとっては光合成を行なうために必要だ。しかし深海まで届く光はごくわずかでしかない。水というのは身近な物質だが、化合物としてはかなり変わった性質をもっていて、様々な波長の光、特に青以外の光を非常によく吸収してしまう。そのため、たとえ澄んだ海であっても深海の最上部、深度150〜200メートルでの光の量は海面の1パーセント程度であり、周囲はわずかに届いた青い光に包まれる。さらに深く潜ると1000メートルあたりで全くの暗黒になってしまう。このように深海とは、かすかな青に包まれた薄暮と暗黒の世界で、生物はそれぞれの環境に適応している。

　また、暗い深海では植物が光合成によって有機物を生み出すことができない。要するに食べ物が生産されていないわけで、食料事情が悪いことを示している。深海に棲む生物は頭上に広がる世界、光合成が行なわれて食べ物が生産される光あふれる世界、そこから落ちてくる生き物の死骸や有機物に頼って生きていかなければならない。そして、乏しい食物にありつこうと彼らの体には様々な適応が見られる。

"光"に見る深海とは

- →かすかに青いか、完全に暗黒の世界
- →光合成が行なわれておらず食物が乏しい
- →浅海から落ちてくる生き物の死骸や 有機物が生物の食物

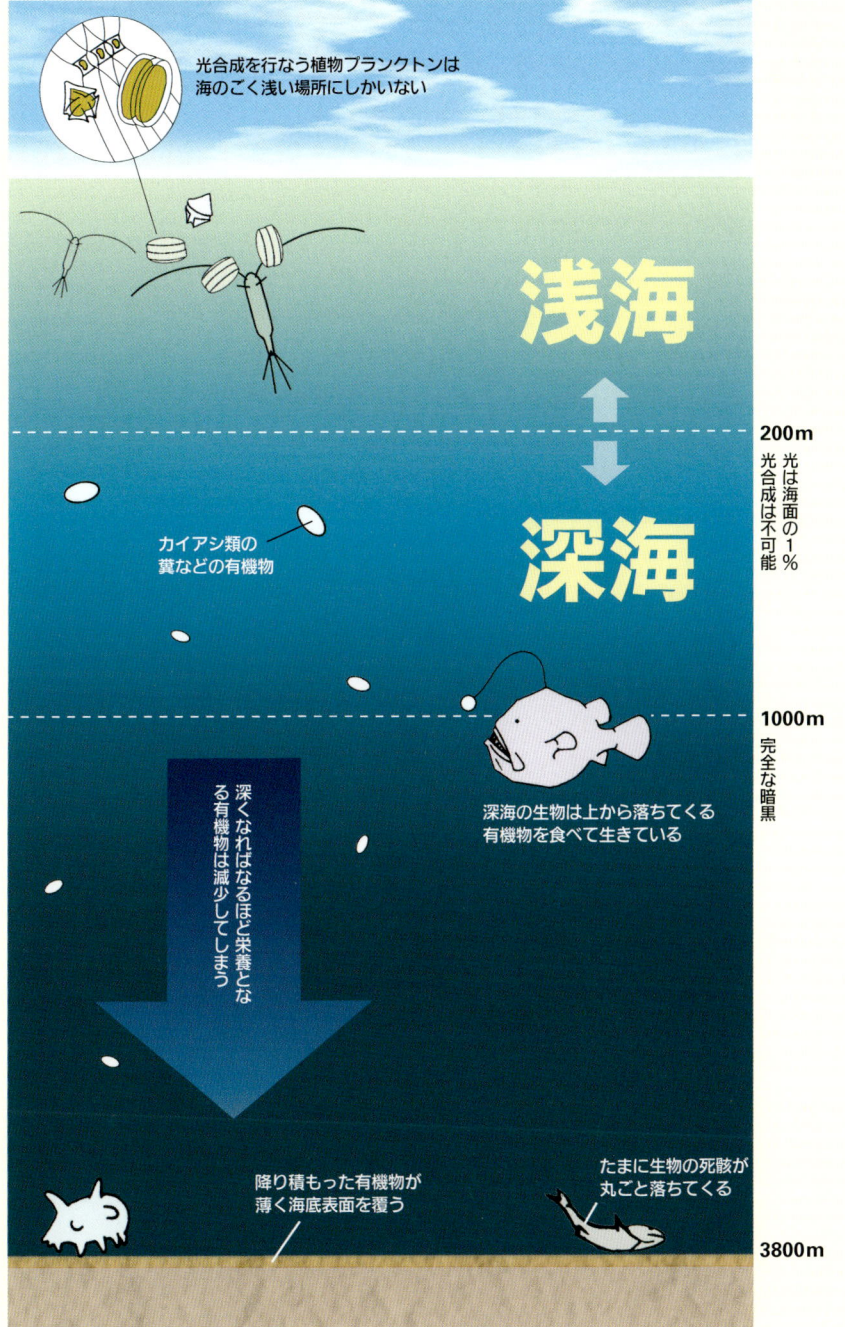

KEY WORD 2 水圧

　人間は地上で暮らしており、その体には大気の圧力がかかっている。大気の圧力とは空気の重さのことだ。空気は軽いが高度10キロメートル以上まで続いているため、地上では1センチ四方の面積におよそ1キログラムの重さがかかっている。

　人間は自分たちの棲む地上、波打ち際における大気の圧力を1気圧と定めた。海に潜った時、私たちには空気とそれに加えて水の重さ、つまり水圧が加わることになる。海水の密度は空気よりもずっと大きく10メートルの海水は厚さ10キロメートル以上の空気と同じ効果、1気圧をもたらす。つまり水深10メートルに潜った人間にかかる圧力は大気の1気圧プラス水圧の1気圧の合計2気圧となる。

　人間は10気圧程度で呼吸障害を起こす。深海の生物にとって水圧が真に脅威になるのは深度3000メートルを超えて圧力が300気圧以上、1センチ四方にかかる圧力が300キログラム以上に達するあたりからだ。強大な水圧は生物のミクロな部分、細胞やタンパク質の構造まで押しつぶしはじめる。細胞の機能は壊され、神経の伝達は狂い、さらにはタンパク質が変成してしまう。この水深よりも深い場所に棲む生物は、こうした強大な水圧とそれがもたらす効果に分子レベルで適応しなければならない。

"水圧"に見る深海とは

→10メートル深くなるごとに1気圧上がる
→300気圧以上の強大な圧力は
　生物の細胞、代謝に影響を与える

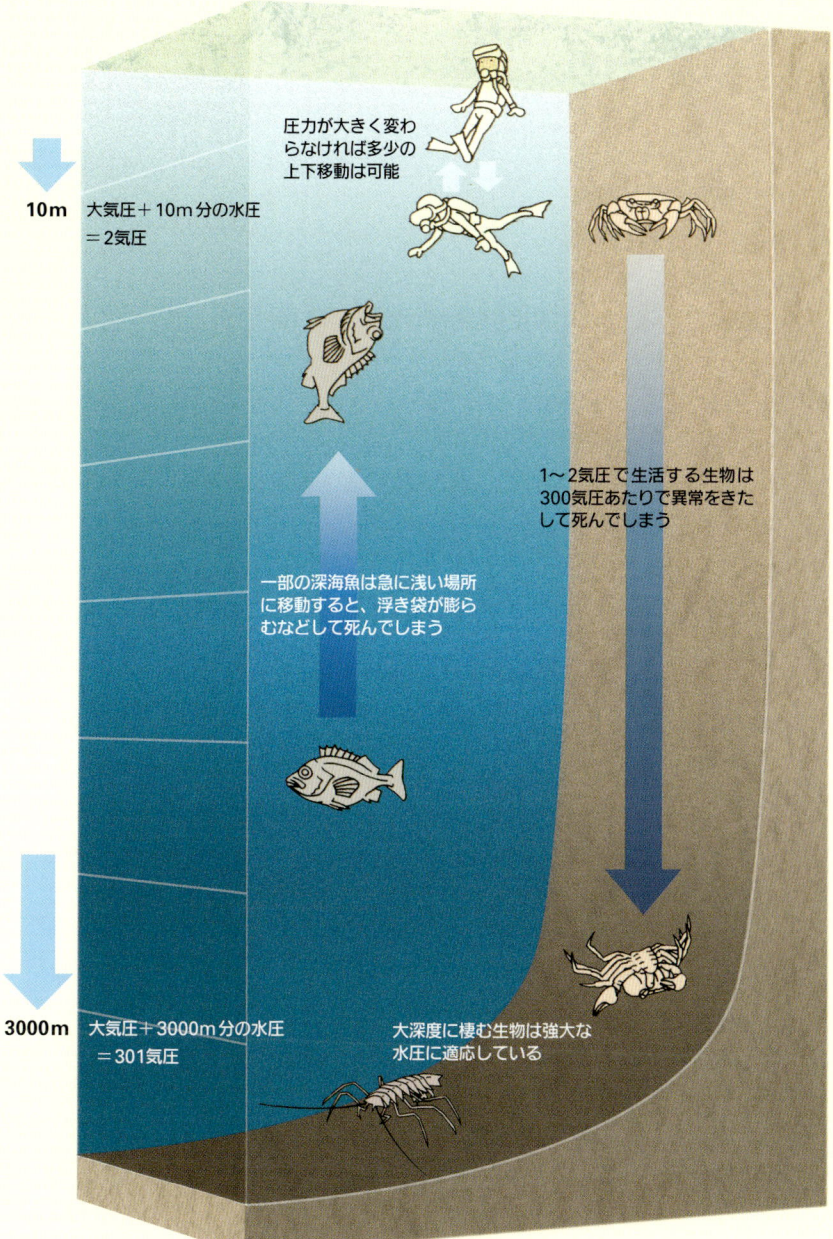

水塊
（すいかい）
（水温と塩分濃度）

　海岸からだと一様に見える海だが、水面下では海水が流れて渦を巻き、性質の異なるいくつかの塊、つまり水塊に分かれ、折り重なって複雑に動いている。また、浅い海と深海では海水の流れの原動力が全く異なっている。浅い海の水を動かすのは地球の自転と風だ。日本の太平洋側には世界で最も速い海の流れ、黒潮があるが、この流れも地球の自転と風によって生まれている。黒潮の厚みは500メートルもあって、その下には日本の北から沈んで流れてきた冷たい海水が広がっている。

　一方、深海の海水は密度の違いで動く。単純にいうと暖かい海水は密度が低くて軽く、冷たい海水は重い。だから北からやって来た冷たい海水と暖かい黒潮が出合うと、冷たい海水は黒潮の下へと沈み込む。重なり合った海水は、ほとんど混じり合うことなく別の方向へ流れていく。このように海の中は層になっており、それぞれの層によって海水の性質も流れの向きもばらばらなのだ。底に沈み込んだ重い水も、新たに加わる水に押されて上昇し、表面にやってくる。そこはミネラルが豊富なので生物が多くなる。

　黒潮の直下にある北からやって来た海水は冷たく塩分が少ない。水温は最上部で10度前後、深く潜るにつれて温度は下がり、水深1000メートルでおよそ5度になる。

　なおも潜水すると、今度は南極から流れてきた海水に出くわす。この海水はもっと冷たくてさらに重い。層は分厚く、水深3000メートルまで広がっていて、底のほうでは1.5度しかない。この水塊のさらに下に広がる海水もまた異なる性質をもった水塊であるらしい。水深3000〜1万920メートルまで広がっていて、水温はどの深さでも1.5度でほとんど一定だ。

　深海の世界を構成している水塊は、そのほとんどが水温数度しかない。このことから分かるように、海のほとんど、そして地球表面の大部分は冷えた世界なのである。そして深海の生物はそれぞれ異なる塩分濃度と水温をもった水塊にそれぞれ適応して生活しているのだ。

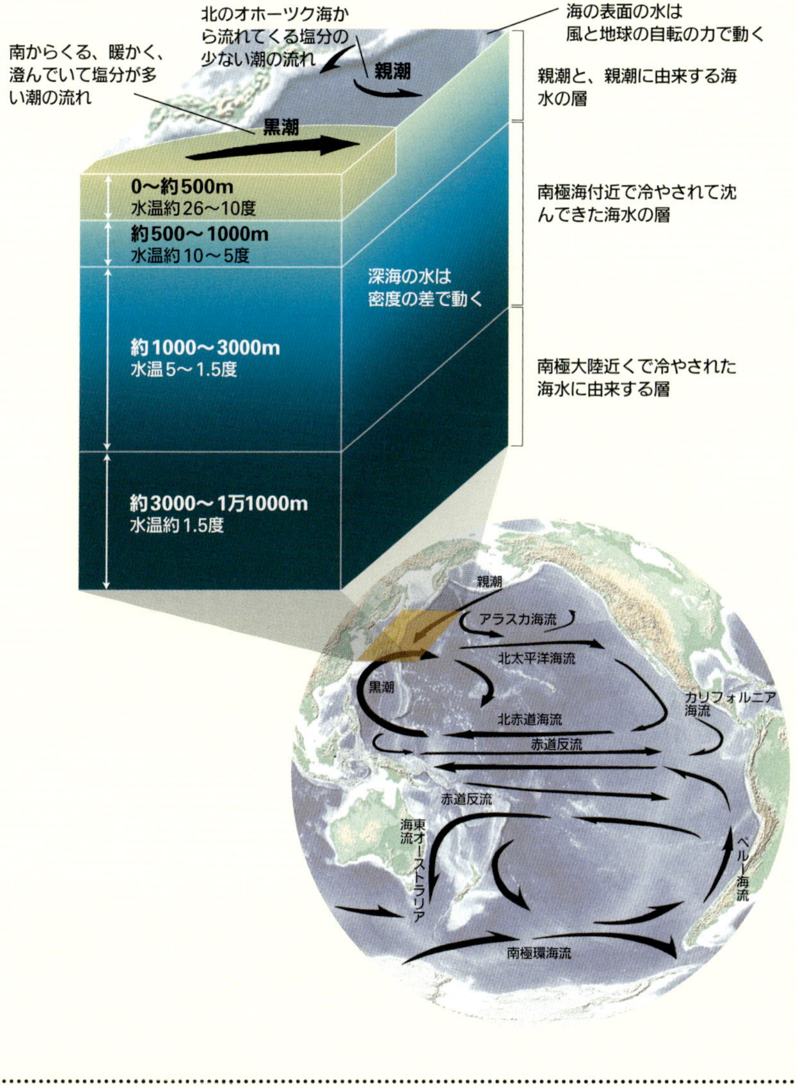

南からくる、暖かく、澄んでいて塩分が多い潮の流れ

北のオホーツク海から流れてくる塩分の少ない潮の流れ

海の表面の水は風と地球の自転の力で動く

親潮

黒潮

親潮と、親潮に由来する海水の層

0〜約500m
水温約26〜10度

約500〜1000m
水温約10〜5度

南極海付近で冷やされて沈んできた海水の層

深海の水は密度の差で動く

約1000〜3000m
水温5〜1.5度

南極大陸近くで冷やされた海水に由来する層

約3000〜1万1000m
水温約1.5度

親潮
アラスカ海流
北太平洋海流
黒潮
カリフォルニア海流
北赤道海流
赤道反流
赤道反流
東オーストラリア海流
ペルー海流
南極環海流

"水塊"に見る深海とは

→最上部でも水温は10数度しかない

→大部分は水温数度以下

→深度によって水塊が異なり、塩分濃度や水温、酸素の量も違う

KEY WORD 4

地形

　海水だけではなく、海底も深海という世界を形作る要素のひとつだ。海底の地形は多くの場合、次のようになっている。

　海岸からしばらくは大陸棚と呼ばれるなだらかな傾斜が続く。ここは海底全体の8パーセントの広さしか占めないが、世界の漁獲量の80パーセント以上が上げられ、さらに数多くの資源を産出している。それだけ生物も資源も豊富な場所だ。大陸棚は深さ200メートルあまりで傾斜が急になって終わるが、ここから先がいよいよ深海の海底となる。

　大陸棚の先にある長い斜面は大陸斜面と呼ばれている。傾斜は多くの場合15メートル進むと1メートル深くなるぐらいで、浅海から落ちてきた有機物や泥、砂に覆われていて、深さ3000～6000メートルまで続く。そしてその先にあるのが海溝という海底の谷だ。例えば東日本の太平洋沖合には日本海溝が長々と連なっていて、最深部は9000メートルあまりとなる。海溝は大洋の海底が地球深部へと落ち込んで、その一生を終える場所でもある。

　海底は自らの重みでずるずると地球深部へ落ち込んでいる。太平洋の海底は日本海溝へと落ち込むが、その速さは人間の爪が伸びる程度で、海嶺から海溝

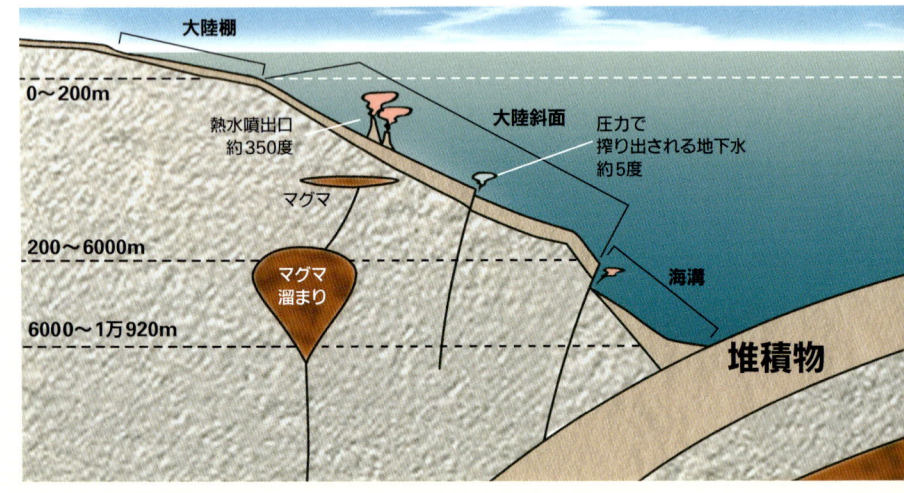

に至るまで1億6000万年もの時間がかかっている。太平洋の海底が生まれたのは日本のはるか東方の沖合1万3500キロメートル、ガラパゴス諸島にほど近い深海だ。ここは、海底が引きずられ、引き裂かれた裂け目からマグマが沸き上がり、活発な火山活動が起きているところだ。海底には山脈がそびえ立ち、熱せられた地下水があちこちで超高温の熱水となって噴出し、硫化水素と重金属をばらまいている。汚染されたヘドロの海を思わせるような有害な場所だが、こんなところに適応した特異な生物もいる。ここは窒息して死んでしまうような環境ではあるが、化学反応による豊かなエネルギーに満ちた場所でもあるのだ。

　似たような環境は海溝やその周辺でも見られる。ここでは移動する海底が強大な圧力を大地に加えている。そのため海溝に面した場所では地震と火山活動が起こり、深海の断層からは地下水が搾り出される。そしてガラパゴスの深海と同じく、ここにも特異な環境に適応した生物群が形成される。

"地形"に見る深海とは

→海底にも様々な地形がある
→地形によって環境も、そこに棲む生物も変わる
→海底の生成と移動という地球の動きに密接な関係をもつ生物もいる

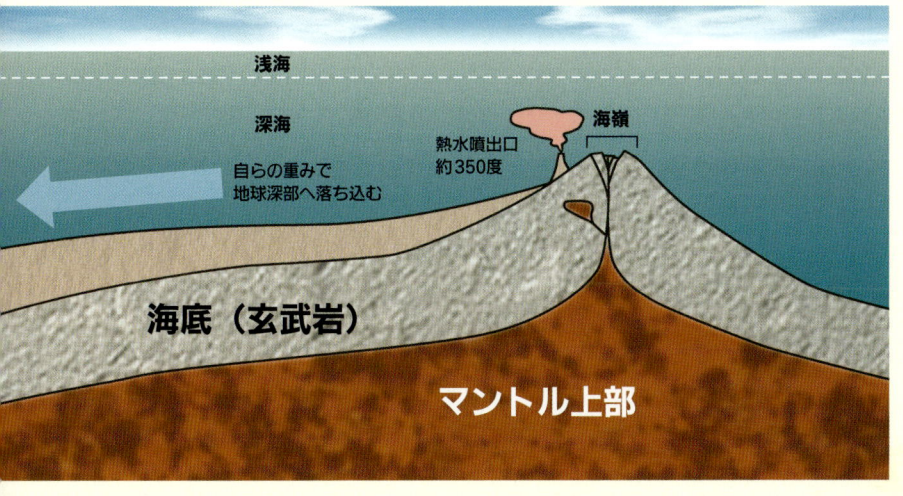

深海生物ギャラリー

| 脊椎動物　魚の仲間 ・・・・・・・・・・・・・・・・・・・・・・ 19 |
| 無脊椎動物　クラゲの仲間 ・・・・・・・・・・・・・・・・・ 54 |
| 無脊椎動物　イカ・タコの仲間 ・・・・・・・・・・・ 64 |
| 無脊椎動物　ナマコの仲間 ・・・・・・・・・・・・・・・ 72 |
| 節足動物　エビの仲間 ・・・・・・・・・・・・・・・・・・・・ 78 |
| その他の節足動物 ・・・・・・・・・・・・・・・・・・・・・・・・ 82 |
| その他の無脊椎動物 ・・・・・・・・・・・・・・・・・・・・ 86 |
| 化学合成生物群集 ・・・・・・・・・・・・・・・・・・・・・・・ 90 |

※文中の海洋水産資源開発センターは
　現・水産総合研究センター開発調査部を指す。

脊椎動物 魚の仲間

ムラサキギンザメ（軟骨魚類ギンザメ目）≫ *p.178*

［沖縄トラフ・水深1520メートルにて撮影］ サメに近縁の魚で骨格が軟骨でできている。頭にある筋は水の流れを感じる側線という器官。大きな胸ビレを羽ばたかせて泳ぐ。体長80センチ。写真／海洋研究開発機構

ギンザメ（軟骨魚類ギンザメ目）≫ *p.178*

［駿河湾・水深800メートルにて撮影］ ムラサキギンザメに近縁だが、こちらは銀色で体に黒い帯が走っている。顎が発達していて、カニなどを噛み砕いて食べる。体長75センチ。写真／海洋研究開発機構

ツノザメの仲間
〈軟骨魚類ツノザメ目〉 ≫ *p.156*
[小笠原母島・水深440メートルにて撮影]
体長約1メートルのサメで水深数十〜数百メートルに多い。この仲間には何種類かいて、その一種アブラツノザメは食用にされる。写真／海洋研究開発機構

テングギンザメ 〈軟骨魚類ギンザメ目〉 ≫ *p.178*
[水深1298メートルにて撮影] ①体長が1.3メートルあり、体の色が黒っぽく、鼻先が伸びているのが特徴。この写真は海底に寝そべっていたところ。②大きな胸ビレと特徴的な鼻先がよく分かる。伸びた鼻先は平らでシャベル状になっている。これを使って海底の獲物をあさると言われる。写真／海洋研究開発機構

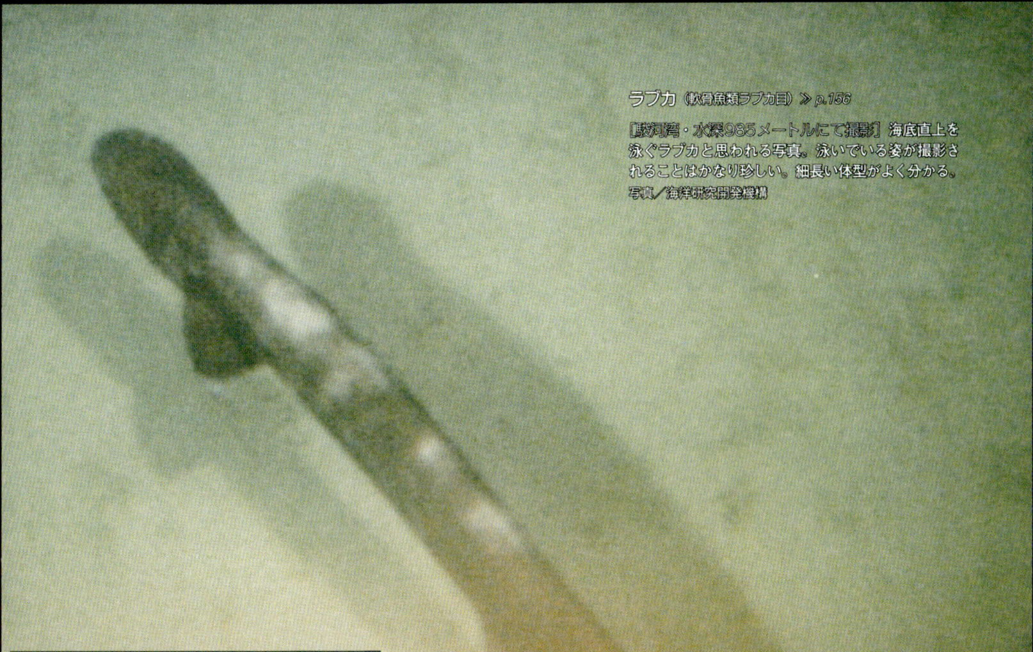

ラブカ（軟骨魚類ラブカ目）≫ p.156

[駿河湾・水深965メートルにて撮影] 海底直上を泳ぐラブカと思われる写真。泳いでいる姿が撮影されることはかなり珍しい。細長い体型がよく分かる。写真／海洋研究開発機構

[南米スリナム沖・水深約784〜810メートルにて採集] 典型的なサメと異なり、口が顔の先にあることに注目。写真／図鑑『スリナム・ギアナ沖の魚類』海洋水産資源開発センター刊

ツノザメの仲間（軟骨魚類ツノザメ目）≫ p.156

[小笠原母島・水深440メートルにて撮影] 海底直

メガマウス〈軟骨魚類ネズミザメ目〉》p.122
福岡県にある「マリンワールド海の中道」に展示されているメガマウスの標本。全長4.7メートルある。
写真／マリンワールド海の中道

①1994年11月29日、博多湾に漂着した時の写真。尾上和久さんによって発見された。
②口を突き出した状態。鼻先に白いバンドが現れていること、口の周囲が銀色であることに注目。写真／マリンワールド海の中道

ユメザメの一種？（軟骨魚類ヨロイザメ目）
[駿河湾・水深1010メートルにて撮影]
1メートル程度の比較的小さなサメ。海底に仕掛けられた餌に寄って来たところ。写真／海洋研究開発機構

ユメザメの一種？（軟骨魚類ヨロイザメ目）
[相模湾・水深650メートルにて撮影]
ユメザメやその仲間は外見がよく似ているので写真だけでは区別が難しい。
写真／海洋研究開発機構

ヨロイザメ（軟骨魚類ヨロイザメ目）
[ニュージーランド沖・水深587～751メートルにて採集] 世界中の海洋にいて大きなものでは2メートルとかなり大きくなるサメ。写真／図鑑『ニュージーランド海域の水族』海洋水産資源開発センター刊

ユメザメ（軟骨魚類ヨロイザメ目）
[ニュージーランド沖・水深500～1132メートルにて採集] 世界各地の海や駿河湾などで見ることができる。肝油にされて利用されている。
写真／図鑑『ニュージーランド海域の水族』海洋水産資源開発センター刊

脊椎動物　魚の仲間

ダルマザメ（軟骨魚類ヨロイザメ目） ≫ p.124

【深海魚注：軟骨魚類ヨロイザメ目】①首の腹側に暗い色のバンドがある。②夜間、海面近くに上がってきたところを採集。目が光を反射して光っているのは深海ザメの特徴。③襲われた生物には独特の痕が残る。④発達した下顎の歯を使ってマグロなどの肉をそぎ落す。撮影／中野秀樹

オオグソクムシ（節足動物等脚目） ≫ p.170

エドアブラザメの仲間？（軟骨魚類カグラザメ目）

深海の海底に餌を置くと様々な動物が集まってくる。画面左下に見えるのは死肉あさりのオオグソクムシ、中央にいるサメはエドアブラザメらしい。写真／海洋研究開発機構

シーラカンス（硬骨魚類シーラカンス目）≫ p.128
［アフリカ コモロ諸島・水深180メートルにて撮影］シーラカンスはいわゆる魚のなかでも私たち陸上脊椎動物に類縁が近い。ヒレの根元が肉付きのよい柄のようになっている。写真／鳥羽水族館

ヌタウナギの仲間（無顎類メクラウナギ目）≫ p.174
［相模湾・水深734メートルにて撮影］骨と呼べるものがほとんどなく、目は退化している。ウナギに似ているのは見た目だけで、実際にはウナギとは縁遠い非常に原始的な脊椎動物。写真／海洋研究開発機構

シギウナギ（硬骨魚類ウナギ目）≫ *p.104*

［相模湾・水深500メートルに分布］極端に細長い体型をしたウナギで、顎が非常に細長く反り返っているのが特徴。遠目から見るとまるで白いヒモのように見える。写真／海洋研究開発機構 撮影／ドゥーグル J.リンズィー

イラコアナゴ（硬骨魚類ウナギ目）≫ p.180

［相模湾・水深1155メートルにて撮影］水深1000メートルを超えると、サメに代わってウナギの仲間などが目立つようになる。イラコアナゴは貪欲な魚で、体長は80センチ。写真／海洋研究開発機構

①

イラコアナゴ（硬骨魚類ウナギ目）≫ p.180

①大きな細長い獲物（仲間？）を呑み込んだらしい。食べた獲物で腹が波打っている。②イカを呑み込もうとするイラコアナゴ。立ち泳ぎをして肉の重みで喉に押し込もうという勢い。写真／海洋研究開発機構 撮影／①吉梅剛②三輪哲也

コンゴウアナゴ（硬骨魚類ウナギ目）≫ p.180

［遠州灘沖合・水深2660メートルにて撮影］水深数百～1000メートル以上の深い場所でよく見られるアナゴの仲間で、顔が丸っこい。死肉に集まる魚で、死体に潜り込むことがある。写真　海洋研究開発機構

フクロウナギ（硬骨魚類ウナギ目）

① [グリーンランド周辺の大西洋・水深500〜3000メートルに分布] 軟弱な皮膚がはがれかかっている。写真／図鑑『グリーンランド海域の水族』海洋水産資源開発センター刊　② 小さな目のまわりが頭で、後ろに伸びた頭の骨とそのまわりの皮膚で大きな口を支えている。この口で小さな獲物を掻き集めるとも言われる。写真／千葉県立中央博物館 撮影／宮 正樹

フウセンウナギ（硬骨魚類ウナギ目） ≫ p.168

[グリーンランド周辺の大西洋・水深2000メートルまで分布] フクロウナギに近縁の魚でやはり口が大きい。小さな目が口先にある。この魚は比較的大きな獲物を襲う。写真／図鑑『グリーンランド海域の水族』海洋水産資源開発センター刊

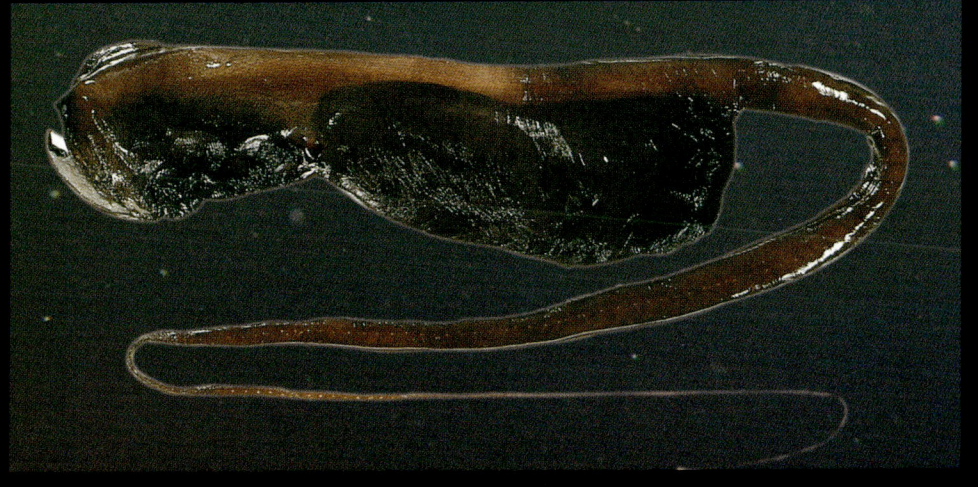

[静岡県遠州灘沖合・水深2650メートルにて撮影]
クロオビトカゲギスはシャベルのような頭を使って
海底の獲物を探す。写真／海洋研究開発機構

クロオビトカゲギス（硬骨魚類ソコギス目）≫ *p.178*

[駿河湾・水深2000メートルにて撮影] 細長い尻
尾とヒレを使って泳ぎ、前進後退も自由自在。浮き
袋が発達していて海底直上をホバリングするように
泳ぐ。写真／海洋研究開発機構

センハダカ（硬骨魚類ハダカイワシ目）≫ p.102

［相模湾・水深100〜150メートルにて採集］ハダカイワシの仲間は夜になると浅い水深へ移動して餌をあさる。写真／海洋研究開発機構 撮影／ドゥーグル J.リンズィー

ススキハダカ（硬骨魚類ハダカイワシ目）≫ p.102

［南米スリナム・水深830メートルにて採集］日本周辺にも分布する。ハダカイワシの仲間は皮膚が弱く、ウロコがすぐにはがれてしまう。写真／図鑑『スリナム・ギアナ沖の魚類』海洋水産資源開発センター

セキトリイワシの仲間（硬骨魚類キュウリウオ目）

［南西諸島・水深2000メートルにて撮影］仲間には発光するものもいる。セキトリイワシの仲間は種類が多く、主に水深1000メートルよりも深い場所に分布する。写真／海洋研究開発機構

脊椎動物 魚の仲間

オオクチホシエソ（硬骨魚類ワニトカゲギス目） » *p.144*

［グリーンランド周辺の大西洋・水深1475メートルにて採集］日本周辺にもいる魚で目の下に赤い発光器がある。これを使って獲物を捕まえるらしい。素早く泳ぐため魚雷型の体型をしている。写真／図鑑『グリーンランド海域の水族』海洋水産資源開発センター刊

ワニトカゲギス（硬骨魚類ワニトカゲギス目）

［全世界の暖かい海に分布］顎の下に発光器のついたヒゲをもつ。体の表面が六角形の模様に覆われているようにヨロイホシエソやホウライエソに近縁。
写真／千葉県立中央博物館 撮影／宮正樹

ホテイエソの仲間（硬骨魚類ワニトカゲギス目）

［全世界の暖かい海・水深数百～1000メートルに分布］目の下、やや後ろに涙型の発光器がある。腹側に並んだ発光器の列は自分の影を掻き消してカモフラージュするために使うらしい。写真／千葉県立中央博物館 撮影／宮正樹

オニハダカ（硬骨魚類ワニトカゲギス目） » p.106

①相模湾で採取された標本。オニハダカの仲間は深海では最も数の多い魚だと言われる。写真／海洋研究開発機構 撮影／ドゥーグル J.リンズィー ②オニハダカの雄。③オニハダカの雌。オニハダカは成長すると性転換を行なう。 ④オニハダカの仲間のうち、浅い場所に棲む種類は白っぽく小さい。写真／千葉県立中央博物館 撮影／宮正樹

①

②

ホウライエソ（硬骨魚類ワニトカゲギス目）≫ *p.108*

①［相模湾・水深1050メートルにて採集］体は六角形の模様に覆われる。顎と歯が大きく、頭全体が罠のような構造になっている。写真／海洋研究開発機構　撮影／ドゥーグル J. リンズィー　②顎を跳ね上げ、口を大きく開けることができる。写真／千葉県立中央博物館 撮影／宮正樹

ヨロイホシエソ（硬骨魚類ワニトカゲギス目）

［相模湾・水深1000メートルにて採集］体を覆う六角形の模様は近縁のホウライエソと共通するが、こちらは顎の下に発光器の付いたヒゲがある。またヒレの配置も違う。写真／海洋研究開発機構　撮影／ドゥーグル J. リンズィー

ミツマタヤリウオ（硬骨魚類ワニトカゲギス目）
[三陸沖・水深600メートルにて撮影] 非常に細長い体型をしていて全身がほぼ真っ黒。写真は雌。雄は体長数センチにしかならない。下顎から伸びたヒゲの先は発光器で獲物を誘き寄せる。腹の下に並んでいる明るい点も発光器。
写真：海洋研究開発機構

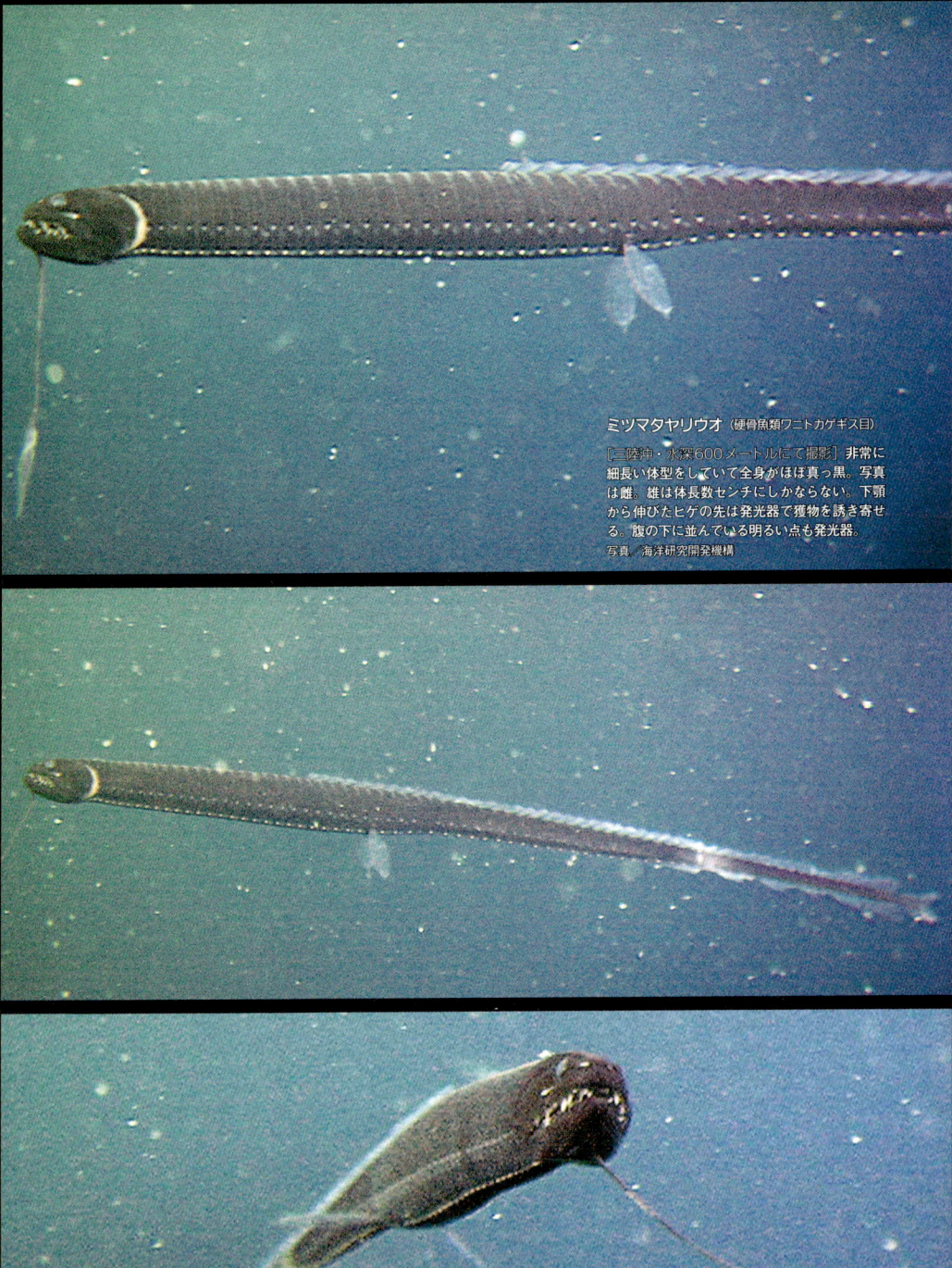

脊椎動物　魚の仲間

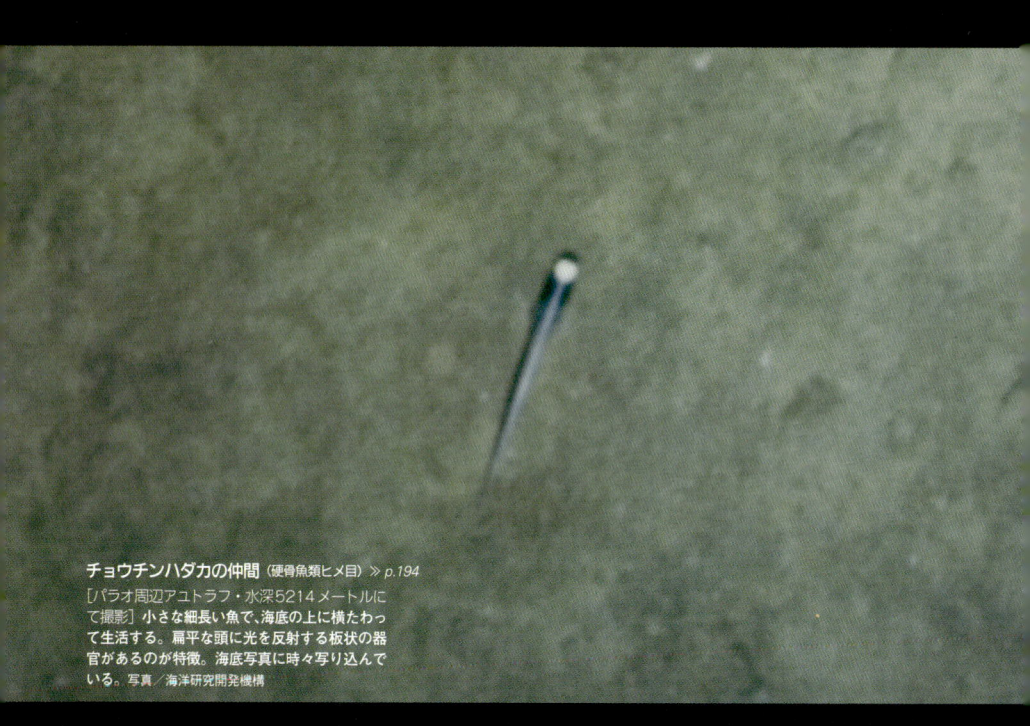

チョウチンハダカの仲間（硬骨魚類ヒメ目）》p.194
[パラオ周辺アユトラフ・水深5214メートルにて撮影] 小さな細長い魚で、海底の上に横たわって生活する。扁平な頭に光を反射する板状の器官があるのが特徴。海底写真に時々写り込んでいる。写真／海洋研究開発機構

頭部の拡大。頭の上にある白いものが板状の器官で、これは目が変型したものだ。写真　千葉県立中央博物館　撮影　宮正樹

ナガヅエエソ（硬骨魚類ヒメ目）≫ p.152

[勝浦沖水道・水深825メートルにて撮影] 長く伸びた腹ビレと尾ビレで体を支えて海底上に立って生活している魚。こうして海水の流れにのってくる小さな獲物を食べている。写真／海洋研究開発機構

ナガヅエエソの仲間（硬骨魚類ヒメ目）

[遠州灘沖合・水深739メートルにて撮影] ナガヅエエソの仲間には何種類かいて、ヒレが短いものや、もっと長いもの、あるいは模様が違うものなどが撮影されている。写真／海洋研究開発機構

ソコエソ〈硬骨魚類ヒメ目〉》 p.152
［南米スリナム沖の大西洋、日本周辺の海・水深750〜2651メートルに分布］チョウチンハダカに近縁だが、こちらの目は退化して小さい。写真／図鑑『スリナム・ギアナ沖の魚類』海洋水産資源開発センター刊

シロデメエソ〈硬骨魚類ヒメ目〉》 p.142
［南米スリナム沖の大西洋・水深550〜800メートルに分布］日本周辺でも見られる。遊泳して生活する魚で目は望遠鏡型に伸びて背中を向いている。これは乏しい光を集めるための適応らしい。写真／図鑑『スリナム・ギアナ沖の魚類』海洋水産資源開発センター刊

ミナミシンカイエソ〈硬骨魚類ヒメ目〉
［ニュージーランド周辺・水深1153メートルにて採集］この仲間に特有の大きな口に並んだ鋭い歯が目立つ。近縁種には共食いで成長するものもいることが示唆されている。写真／図鑑『ニュージーランド海域の水族』海洋水産資源開発センター刊

ミズウオ〈硬骨魚類ヒメ目〉》 p.153
［全世界の海・水深940〜1400メートル以上に分布］細身の魚で体長は1メートル以上になる。鋭い歯をもっていて、何でも呑み込んでしまう。冬場、時に海岸に打ち上げられる。写真／水産総合研究センター情報展示室

シンカイエソ（硬骨魚類ヒメ目）≫ p.194

［琉球列島南南海トラフ・水深3750メートルにて撮影］
水深4900メートルまで分布し、体長も80センチを超える大型の肉食魚。海底で獲物を待ち伏せており、目もよく発達している。写真／海洋研究開発機構

テンガンヤリエソ（硬骨魚類ヒメ目）

［ニュージーランド周辺・水深830〜832にて採集］シロデメエソに似て、背中を向いた望遠鏡型の目をもつ。この仲間は自分よりも大きなイカを呑み込むなど、餌の少ない環境によく適応している。写真／図鑑『ニュージーランド海域の水族』海洋水産資源開発センター刊

脊椎動物　魚の仲間

ソコボウズ（硬骨魚類アシロ目）≫ p.180

[遠州灘沖合・水深3000メートルにて撮影] 大きいものでは全長が2メートルにもなる巨大な魚で、水深数千メートルの海底では最大級の生物。尻すぼみの体型をしている。写真／海洋研究開発機構

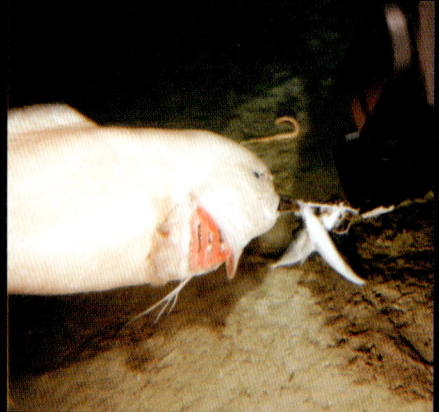

[遠州灘・水深2600メートルにて撮影] 左のソコボウズは餌の魚に食らい付いている。写真／海洋研究開発機構

アルゼンチンヘイク（硬骨魚類タラ目）≫ p.134

［南米アルゼンチン沿岸・水深50～500メートルに分布］タラの仲間で、名前の通りアルゼンチン周辺の深海で生活している。写真／図鑑『パタゴニア海域の重要水族』海洋水産資源開発センター刊

チリヘイク（硬骨魚類タラ目）

［南米チリ沿岸・水深50～500メートルに分布］アルゼンチンヘイクに近く、その他の仲間と一括してメルルーサとも呼ばれる。写真／図鑑『パタゴニア海域の重要水族』海洋水産資源開発センター刊

スケトウダラ（硬骨魚類タラ目）≫ p.134

［北太平洋、日本海・水深数百メートルに分布］マダラに近い魚だが体や顔つきはもっとスリム。卵巣は舌触りがよく辛子明太子に利用される。写真／水産総合研究センター情報展示室

マダラ（硬骨魚類タラ目）≫ p.134

［北太平洋・水深数百メートルに分布］一般的にタラと呼ばれるのはこの種類。大形の魚で1メートルを超える。写真／水産総合研究センター情報展示室

ホキ（硬骨魚類タラ目）

［南半球の海・水深300～800メートルに分布］ニュージーランド、オーストラリア周辺などの深海に棲む。尻すぼみの体型が特徴的。練り製品などにされて日本に輸入されている。写真／図鑑『ニュージーランド海域の水族』海洋水産資源開発センター刊

脊椎動物　魚の仲間

ソコダラの仲間〈硬骨魚類タラ目〉≫ p.176
ソコダラはタラの仲間だが非常に深い水深にまで分布する。目が発達し、発光器をもつなどの特徴があるが、この種類は鼻先が短いタイプ。写真／海洋研究開発機構

［相模湾・水深720メートルにて撮影］ソコダラは種類が多く、画像だけでは種類までは分からないが、鼻先が尖っているのが分かる。このタイプのソコダラにはトウジンなどがいる。写真／海洋研究開発機構

ソコクロダラ〈硬骨魚類タラ目〉≫ p.176

[駿河湾・水深2000メートルにて撮影] ソコクロダラはソコダラではないが、ソコダラとともに深海でしばしば観察される。背ビレがヒモのように細長く伸びているのが特徴的。写真／海洋研究開発機構

イバラヒゲ〈硬骨魚類タラ目〉
キタノクロダラ〈硬骨魚類タラ目〉

[相模トラフ・水深1450メートルにて撮影] 写真中央にいるのはソコダラの仲間のイバラヒゲ。発達した目と細長い尻尾とたなびく臀ビレがよく分かる。写真右下のキタノクロダラはソコクロダラに近縁の魚。写真／海洋研究開発機構

脊椎動物　魚の仲間

シンカイヨロイダラ（硬骨魚類タラ目）>> *p.198*

［日本海溝陸側斜面・水深6356メートルにて撮影］最も深い場所に棲むソコダラで、体長60センチあまり。メタン湧水のまわりにできたナギナタシロウリガイのコロニー周辺で撮影。写真／海洋研究開発機構

ヨロイダラ？（硬骨魚類タラ目）

［小笠原鳥島海山・水深4146メートルにて撮影］水深2700〜6400メートルにはシンカイヨロイダラとヨロイダラというよく似たソコダラが分布する。この魚はヨロイダラかもしれない。写真／海洋研究開発機構

バケダラモドキ（硬骨魚類タラ目）

［世界各地・水深1000メートルに分布］この水深にはバケダラやバケダラモドキといったユニークな形のソコダラが見られる。2種の違いは胸ビレの有無。写真／図鑑『スリナム・ギアナ沖の魚類』海洋水産資源開発センター刊

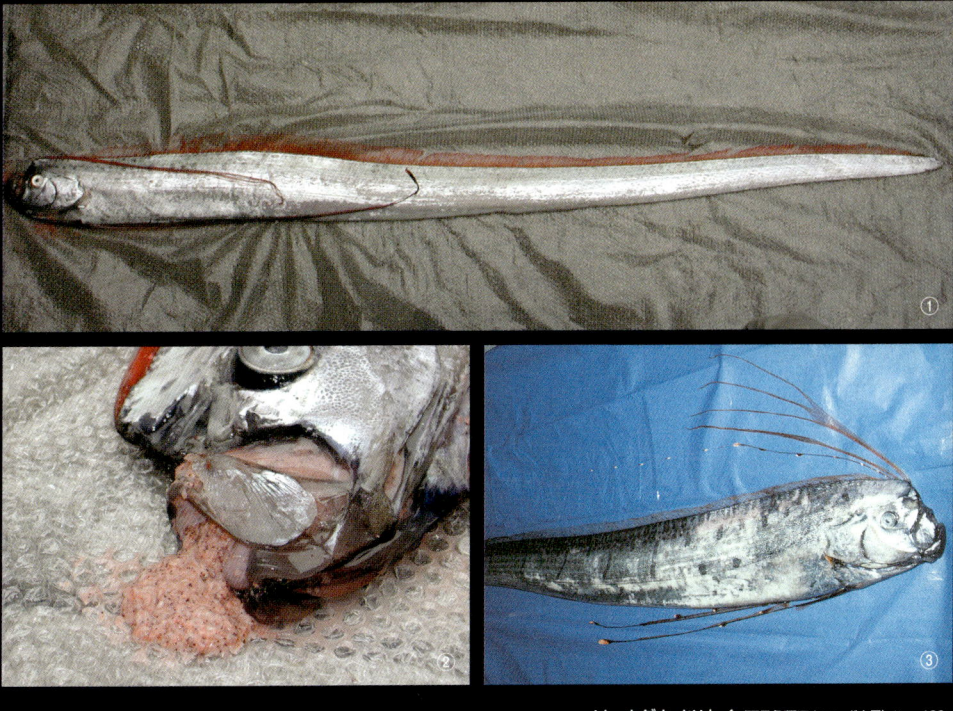

リュウグウノツカイ（硬骨魚類アカマンボウ目）≫ p.120

① [世界各地・水深約200メートルに分布] 鳥取県の海岸に漂着したリュウグウノツカイで266センチの大きさ。現在は鳥取県立博物館で標本として保存。②食べていたオキアミを吐き出したところ。顎が突き出しているのが分かる。写真／鳥取県立博物館 撮影／川上靖、平尾和幸 ③福岡県の海岸に漂着したリュウグウノツカイ。赤いタテガミのようなヒレと銀色の体が特徴的。現在はマリンワー

カラスコオリウオ (硬骨魚類スズキ目) ≫ *p.213*
[南極海とその周辺・水深数百メートルに分布]
極めて冷たい海水に適応した魚。彼らは血液にヘモグロビンをもたず、血が無色透明。写真／水産総合研究センター情報展示室

マジェランアイナメ
(硬骨魚類スズキ目) ≫ *p.135*, ≫ *p.213*
[南極海とその周辺・水深80〜1000メートルに分布] **銀ムツやメロとも呼ばれる。2メートル以上もある大形の魚でカラスコオリウオに近縁。浮遊生活に適応した体は脂がのっていて美味。**
写真／水産総合研究センター情報展示室

アカクジラウオダマシ (硬骨魚類クジラウオ目) ≫ *p.167*
[全世界・水深数百メートル以深に分布] **近縁のクジラウオによく似ているが、こちらのほうが少し原始的。真っ赤な体と発達した側線、退化した小さな目が特徴。**写真／水産総合研究センター情報展示室

ユメカサゴ (硬骨魚類カサゴ目)
[相模湾・水深734メートルにて撮影] **赤い美しい色をした深海性のカサゴ。岩場や砂や泥の海底にある障害物などに隠れるようにしている。沈没船に集まっていることもある。**写真／海洋研究開発機構

オニボウズギス（硬骨魚類スズキ目）≫ p.146
[世界各地・水深1000メートルあまりに分布]
自分の数倍もの体長の獲物を呑み込み、異常なまでに膨らむ胃と腹に収めることができる。写真／千葉県立中央博物館 撮影／宮正樹

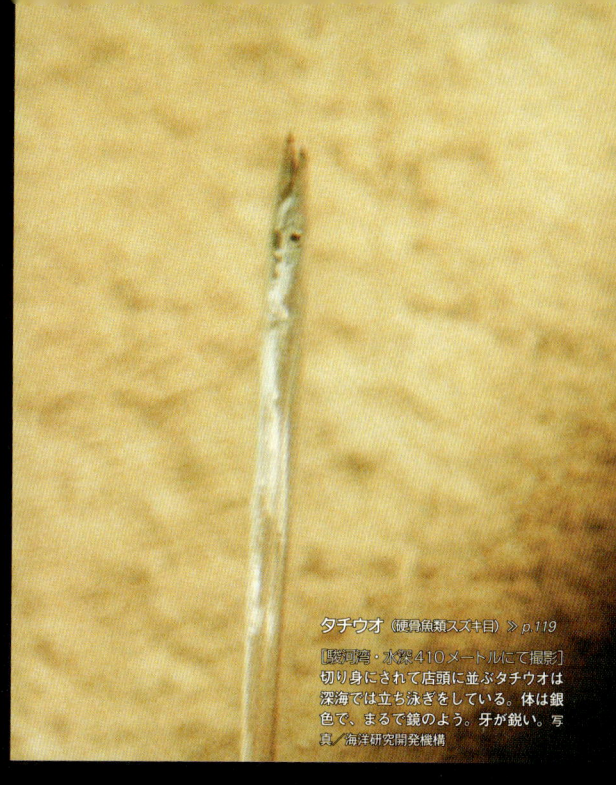

タチウオ（硬骨魚類スズキ目）≫ p.119
[駿河湾・水深410メートルにて撮影]
切り身にされて店頭に並ぶタチウオは深海では立ち泳ぎをしている。体は銀色で、まるで鏡のよう。牙が鋭い。写真／海洋研究開発機構

オニキンメ（硬骨魚類キンメダイ目）≫ p.158
[グリーンランド周辺の大西洋・水深964〜1143メートルにて採集] 日本周辺にもいる魚で恐ろしげな顔をしている。海域によって体型がかなり違っている。日本周辺のものはもっと体長が短い。写真／図鑑『グリーンランド海域の水族』海洋水産資源開発センター刊

バラムツ（硬骨魚類スズキ目）≫ p.118
[全世界の暖かい海・水深数百メートルに分布] 体長が1.5メートルにもなる大きな魚。大形で引きも強いので最近はスポーツフィッシングの対象にされるようになった。写真／中村泉『九州‐パラオ海嶺ならびに土佐湾の魚類』(社)日本水産資源保護協会刊

脊椎動物　魚の仲間

ザラビクニン〈硬骨魚類カサゴ目〉》p.132
[北太平洋、日本海・水深数百メートルにて撮影] 写真は新江ノ島水族館で飼育されているもの。逆立ち泳ぎをするのが特徴で、触手のようになったヒレで獲物を探す。写真／新江ノ島水族館

[三陸 金華山沖合・水深249メートルにて撮影] 周囲にいるのはクモヒトデの大群。写真／海洋研究開発機構

[青森県沖合・水深580メートルにて撮影] ザラビクニンか近縁のサケビクニン。この2種は非常に姿が似ている。写真／海洋研究開発機構

シンカイクサウオ（硬骨魚類カサゴ目）>> p.208

[日本海溝・水深7500メートルにて撮影] 海溝内部で暮らす数少ない魚の一種。左側は採集されたばかりを撮影されたもの。ピンクがかった半透明な姿をしている。撮影／太田秀

ゲンゲの仲間（硬骨魚類スズキ目）

[東太平洋の熱水噴出口・水深2653メートルにて撮影] 白くブヨブヨした水っぽい魚。深海の海底でしばしば見られるが、この種類のように硫化水素が渦巻く熱水の周囲で生活するものもいる。写真　海洋研究開発機構

脊椎動物　魚の仲間　49

①

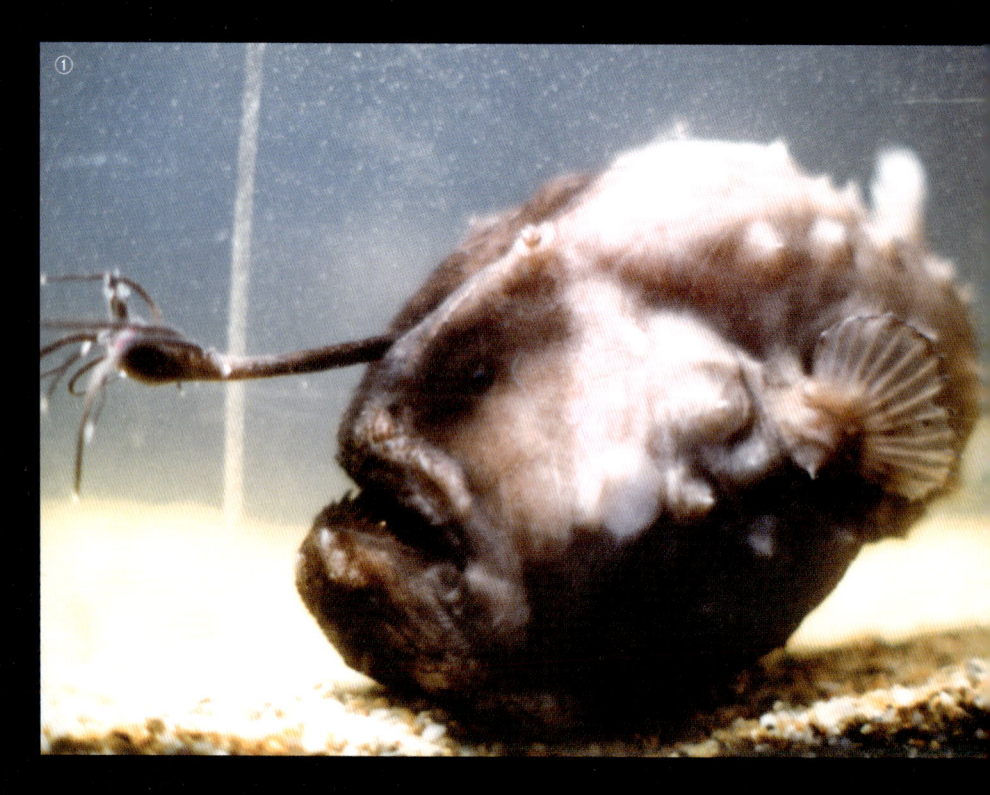

シダアンコウ（硬骨魚類アンコウ目）≫ *p.164*

［南米スリナムの大西洋・水深810〜830メートルにて採集］2500メートルまで分布する。チョウチンアンコウの仲間だが体型は細長く、発光器に寄ってきた獲物に素早く襲いかかる。写真／図鑑『スリナム・ギアナ沖の魚類』海洋水産資源開発センター刊

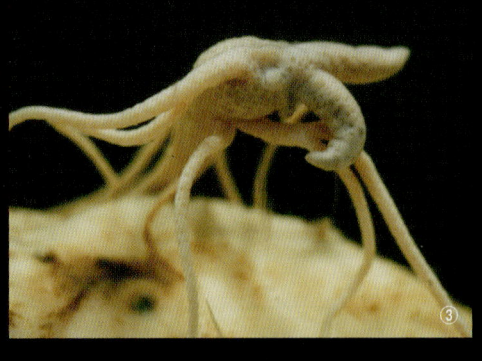

チョウチンアンコウ（硬骨魚類アンコウ目）》 *p.164*

①1967年2月22日、鎌倉の海岸に打ち上げられたチョウチンアンコウを撮影した当時の写真。江ノ島水族館で8日間飼育することができた。②新江ノ島水族館で保存されているチョウチンアンコウの標本。細かな歯が無数に並ぶ。③イリシウムの先端に2つの突起がある。④チョウチンアンコウの発光器。当時、発光液を噴出したことが研究者に観察されている。写真／新江ノ島水族館

チョウチンアンコウ（硬骨魚類アンコウ目）》 *p.164*

［南米スリナム・水深820〜830メートルにて採集］大西洋産のチョウチンアンコウ。目の後ろに角のようなものがあり、全身が棘で覆われているのが特徴。写真／図鑑『スリナム・ギアナ沖の魚類』海洋水産資源開発センター刊

脊椎動物　魚の仲間

フタツザオチョウチンアンコウ（硬骨魚類アンコウ目）≫ *p.146*
［南米スリナムの大西洋・水深660〜850メートルにて採集］頭の後ろの角がかなり強くて目立つ。写真／図鑑『スリナム・ギアナ沖の魚類』海洋水産資源開発センター刊

フサアンコウの仲間（硬骨魚類アンコウ目）≫ *p.185*
［水深数百メートルに分布］チョウチンアンコウに近縁な魚。海底で生活する。写真／海洋研究開発機構

ヒレナガチョウチンアンコウ（硬骨魚類アンコウ目）
［グリーンランド沖合の大西洋・水深935〜1902メートルにて採集］長いヒレを持つチョウチンアンコウで、保存がいい標本では毛のような感覚器が体から生えているのが分かる。発光器はもたない。写真／図鑑『グリーンランド海域の水族』海洋水産資源開発センター刊

フサアンコウの仲間（硬骨魚類アンコウ目）》p.185
フサアンコウのように海底で生活する祖先から、浮遊生活をするチョウチンアンコウたちが進化したらしい。写真／海洋研究開発機構

ペリカンアンコウ（硬骨魚類アンコウ目）》p.146
［グリーンランド沖合の大西洋・水深1206メートルにて採集］大形の獲物を呑み込むのがチョウチンアンコウたちの特徴。この種類に至っては自分よりも大きい獲物を丸めるようにして胃に収めてしまう。写真／図鑑『グリーンランド海域の水族』海洋水産資源開発センター刊

ヒガシオニアンコウ（硬骨魚類アンコウ目）
［グリーンランド沖合の大西洋・水深1136〜1180メートルにて採集］チョウチンアンコウの仲間には雄が雌に寄生するものがいるが、この種類の雄と雌は寄生しないとお互いに性的に成熟できない。写真／図鑑『グリーンランド海域の水族』海洋水産資源開発センター刊

脊椎動物　魚の仲間

▼無脊椎動物 クラゲの仲間

カリコプシス・ネマトフォラ（刺胞動物）≫ *p.140*

[三陸沖合・水深430メートルにて採集] 傘の長さは数センチ。日本近海ではまれである。2種類の触手を使ったおもしろい方法で獲物を捕まえる。海洋研究開発機構のリンズィー博士はキライクラゲという呼び名を与えている。写真／海洋研究開発機構　撮影／ドゥーグル J.リンズィー

水槽の中で逆さまの姿勢でいるところ。餌を与えられてボール状の触手で口を塞いでいる。解説ページを参照。

クロカムリクラゲの仲間（刺胞動物）

[駿河湾・水深900メートルにて撮影]傘の大きさ20センチ。見た目が似ているクロカムリクラゲの仲間。こちらは全身が赤みがかっている。スカートのような膜を開閉させて移動する。これはクロカムリクラゲも同じ。写真／海洋研究開発機構

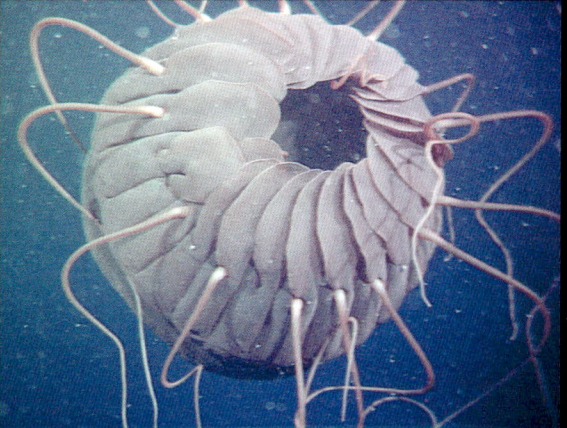

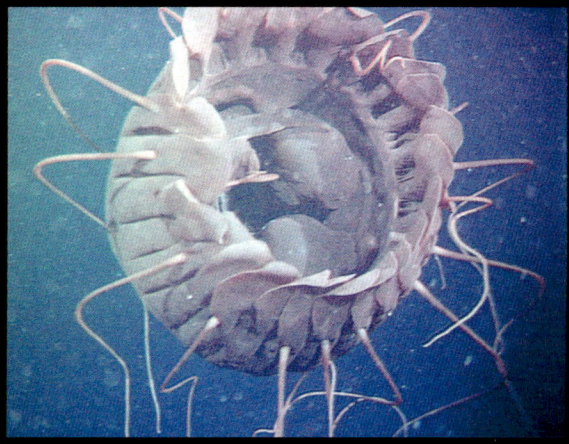

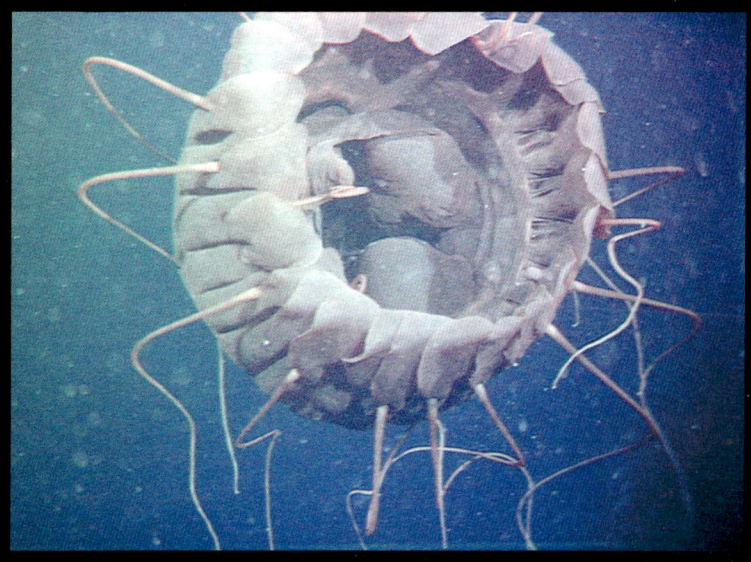

ユビアシクラゲ（刺胞動物）
［三陸沖・水深1000メートルにて撮影］
傘の大きさは20センチほど。裏側に網目状の水管があるのが分かる。ディープスタリアクラゲに近縁だが、こちらは腕が大きい。
写真／海洋研究開発機構

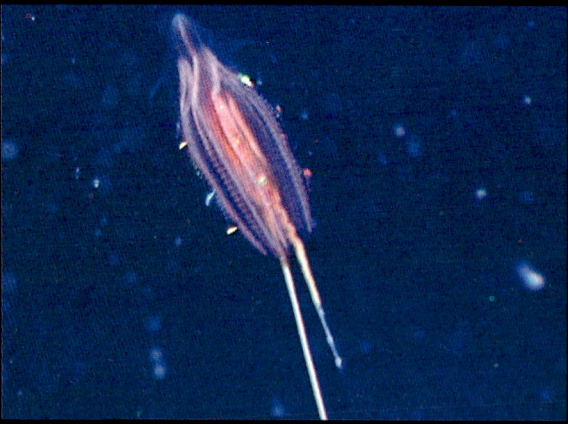

フウセンクラゲの仲間（有櫛動物）
［相模湾・水深600メートルにて撮影］列に並んだ繊毛をきらめかせながら、素早く泳ぐことができる。獲物を捕まえるための触手は伸縮自在。写真／海洋研究開発機構

クロカムリクラゲ（刺胞動物）
［相模湾・水深650メートルにて撮影］アポロチョコのような形のクラゲ。三角帽子の部分の中央にある黒いものは胃で、食べた発光生物の光を遮断するためにある。写真／海洋研究開発機構

ムラサキカムリクラゲ（刺胞動物）
［相模湾・水深600メートルにて撮影］
全身が発光するクラゲ。写真／海洋研究開発機構

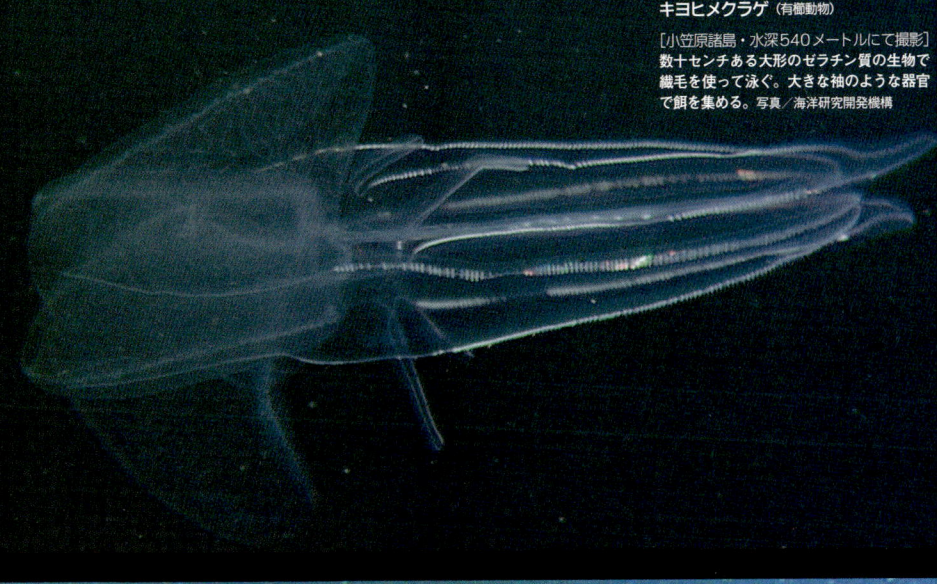

キヨヒメクラゲ（有櫛動物）

［小笠原諸島・水深540メートルにて撮影］数十センチある大形のゼラチン質の生物で繊毛を使って泳ぐ。大きな袖のような器官で餌を集める。写真／海洋研究開発機構

ヨウラククラゲの仲間（刺胞動物）

［相模湾・水深650メートルにて撮影］クダクラゲの一種。ひとつのクラゲからクローンで生じた集合体で、群体という。手前に見えるのは泳ぐ役割をもつ部分。その後ろに餌をとる部分がつながっている。写真／海洋研究開発機構

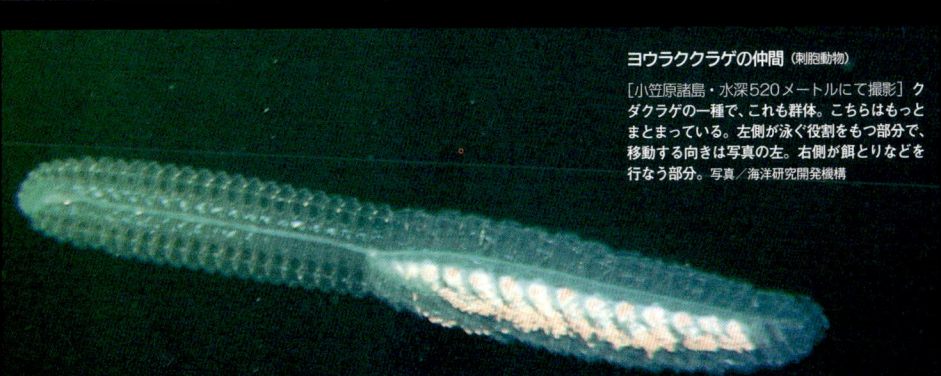

ヨウラククラゲの仲間（刺胞動物）

［小笠原諸島・水深520メートルにて撮影］クダクラゲの一種で、これも群体。こちらはもっとまとまっている。左側が泳ぐ役割をもつ部分で、移動する向きは写真の左。右側が餌とりなどを行なう部分。写真／海洋研究開発機構

リンゴクラゲ（刺胞動物）

［相模湾・水深800メートルにて撮影］三陸沖合に多く見られる深海性のクラゲで、直径10〜20センチ。赤みが強くまるでリンゴのよう。写真／海洋研究開発機構

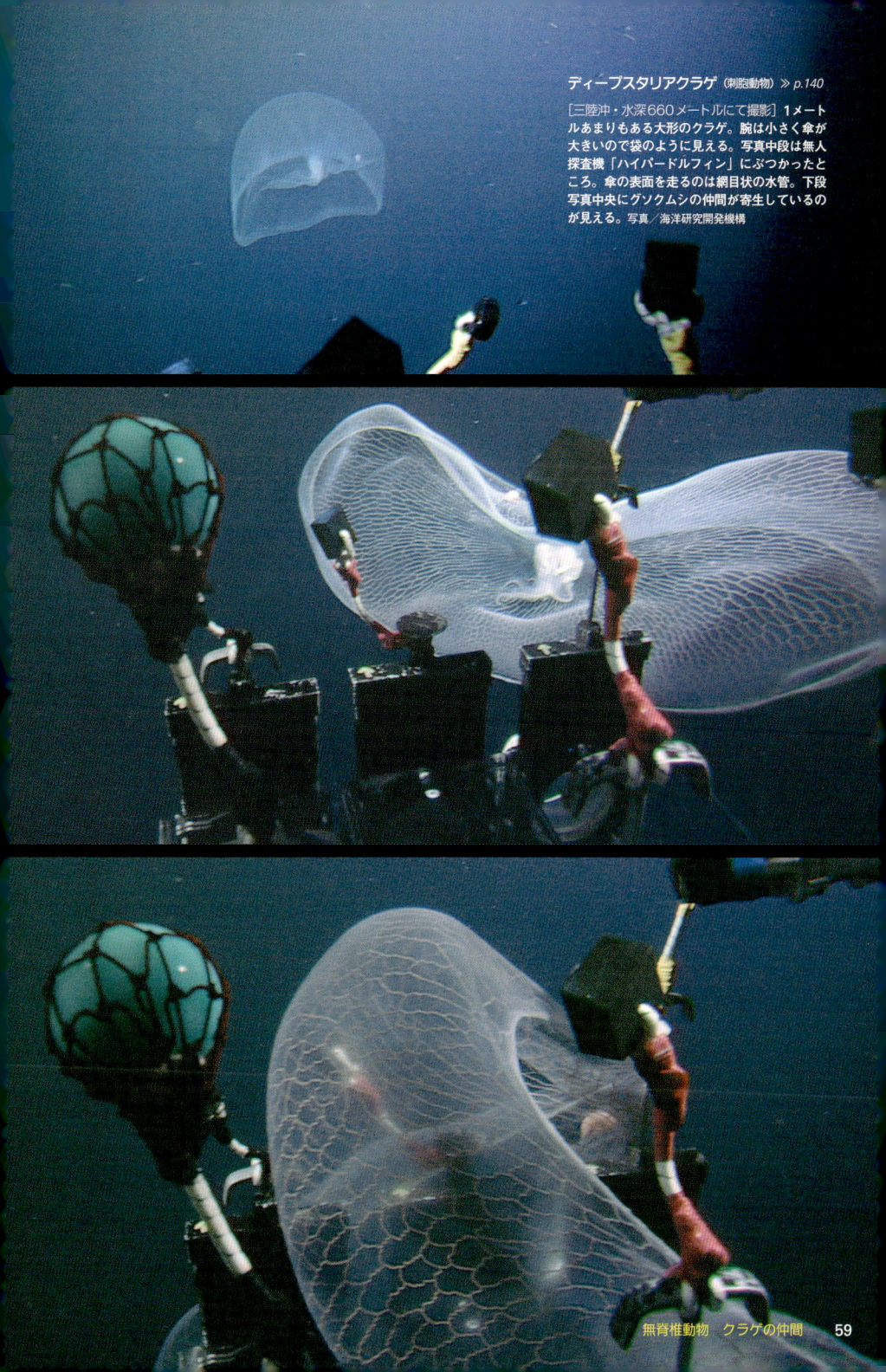

ディープスタリアクラゲ〈刺胞動物〉》*p.140*

［三陸沖・水深660メートルにて撮影］1メートルあまりもある大形のクラゲ。腕は小さく傘が大きいので袋のように見える。写真中段は無人探査機「ハイパードルフィン」にぶつかったところ。傘の表面を走るのは網目状の水管。下段写真中央にグソクムシの仲間が寄生しているのが見える。写真／海洋研究開発機構

無脊椎動物　クラゲの仲間　59

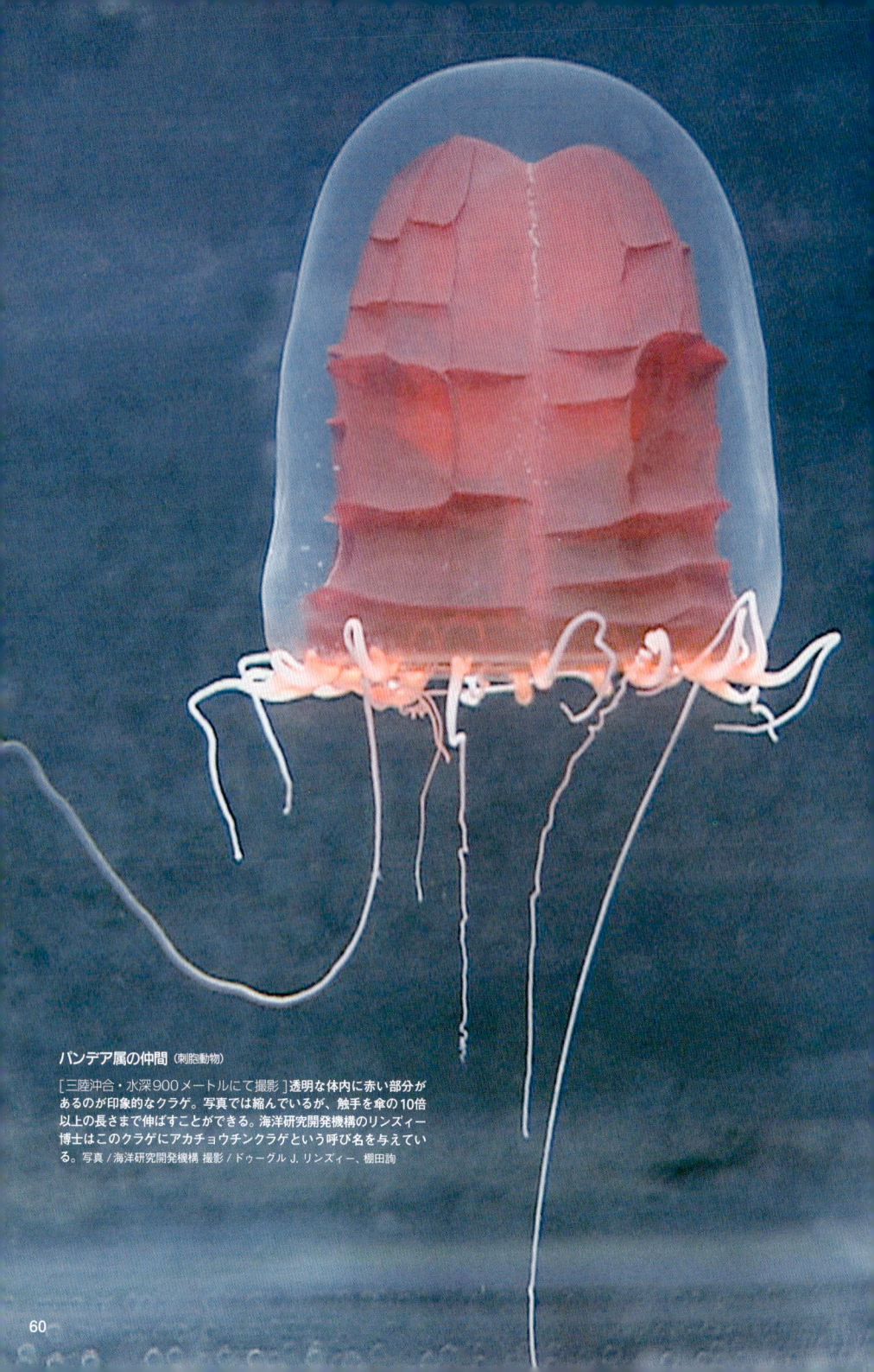

バンデア属の仲間（刺胞動物）

[三陸沖合・水深900メートルにて撮影] 透明な体内に赤い部分があるのが印象的なクラゲ。写真では縮んでいるが、触手を傘の10倍以上の長さまで伸ばすことができる。海洋研究開発機構のリンズィー博士はこのクラゲにアカチョウチンクラゲという呼び名を与えている。写真／海洋研究開発機構 撮影／ドゥーグル J. リンズィー、櫛田詢

カブトクラゲの仲間（有櫛動物）

［相模湾・水深700メートルにて撮影］体の表面を走る繊毛の列で泳ぐゼラチン状の生物で極めてもろい。細かい繊毛は、CDに刻まれた溝と同じように光を回折し虹色に反射させる。繊毛を動かすたびに七色の光がきらめく様子はとても美しい。写真／海洋研究開発機構

チョウクラゲ（刺胞動物）

［相模湾・水深580メートルにて撮影］カブトクラゲの仲間。体がほとんど透明で水管と繊毛の列だけが浮いているようにも見える。大きな袖のようなもので泳ぐ。写真／海洋研究開発機構

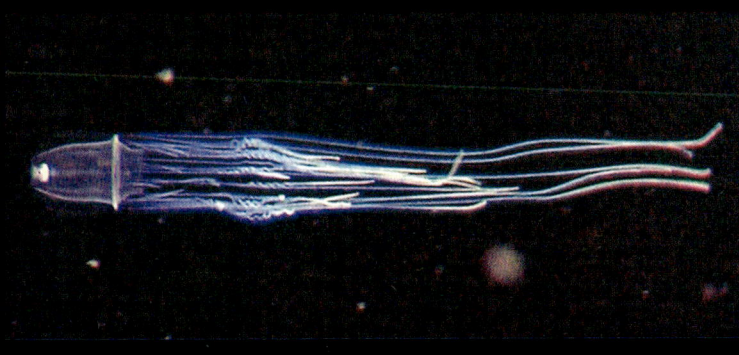

ニジクラゲ（刺胞動物）

［相模湾・水深500メートルにて撮影］傘の大きさが3〜5センチ程度の小さなクラゲ。光る触手を切り離し、敵の目をあざむいて逃げることができる。写真／海洋研究開発機構

無脊椎動物　クラゲの仲間

クラゲにはしばしば寄生動物が付いている。画面中央にいるガラスのように透明な節足動物はヨコエビの仲間。写真／海洋研究開発機構

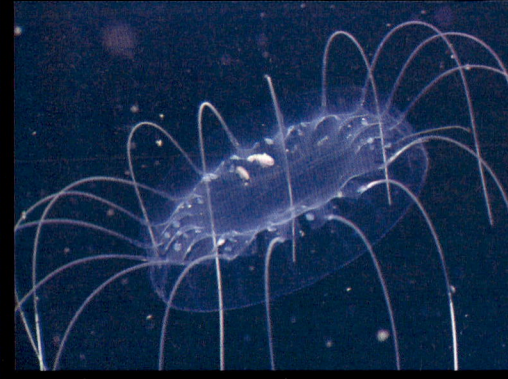

ソルミスス（刺胞動物）≫ *p.140*

［相模湾・水深700メートルにて撮影］数センチ〜20センチ。水深1500メートルまでの深海でよく見られるクラゲで他のクラゲなどを食べている。右は狩りの姿勢で泳ぐソルミスス。体に付いた赤みがかった白いものは寄生性のヨコエビ。写真／海洋研究開発機構　撮影／ドゥーグル J. リンズィー

フウセンクラゲの仲間（有櫛動物）
［駿河湾・水深1270メートルにて撮影］体長15センチあまり。網目状の水管で包まれた赤い体をした美しい生物。長く伸びているのは獲物を捕まえるための触手。写真／海洋研究開発機構

無脊椎動物 イカ・タコの仲間

クラゲダコ（頭足類ハ腕形目）》 *p.114*

［数百〜2000メートルに分布］半透明な柔らかい体をもち、内臓やエラが透けて見える。海中で浮遊生活を行なう。目は望遠鏡型で背中を向いているのが特徴。写真／海洋研究開発機構 撮影／ドゥーグル J. リンズィー

ヒゲナガダコの仲間（頭足類/八腕形目）≫ p.196
［インド洋・水深2768メートルにて撮影］深海に棲むタコにはヒレをもつ種類がいる。体は柔らかく水っぽい。このタコはかなり大きく、体長が1.9メートルはあるらしい。写真／海洋研究開発機構

ジュウモンジダコ（頭足類/八腕形目）≫ p.182
［小笠原水曜海山・水深1380メートルにて撮影］ヒレをもつタコの仲間。水曜海山のカルデラでしばしば見ることができる。写真／海洋研究開発機構

ジュウモンジダコの仲間？（頭足類/八腕形類）
［琉球海溝・水深5082メートルにて撮影］ヒレをもったタコは相当な大深度にも棲んでいて、海溝のすぐ上でも生活している。海底直上で腕を広げる姿勢は餌を探すものらしい。写真／海洋研究開発機構

無脊椎動物　イカ・タコの仲間

メンダコ（頭足類八腕形目）≫ *p.116*
採集されたメンダコを撮影したもの。メンダコは非常に柔らかく、水から出すとペッタンコになってしまう。写真／鳥羽水族館

［相模湾・水深970メートルにて撮影］海底上に鎮座しているところ。目の後ろに見えるのはヒレだが、泳ぎにはあまり役立たない。写真／海洋研究開発機構

コウモリダコ（頭足類コウモリダコ目）》 p.150
体の上に見える黄色っぽいコイル状のものがフィラメント。下は腕を反転させて防御の姿勢をとっていくところ。写真／海洋研究開発機構　撮影／ドゥーグル J. リンズィー

[小笠原諸島・水深850メートルにて撮影] 腕の先や頭の上にある2つの白い斑点が発光する。写真／海洋研究開発機構

無脊椎動物　イカ・タコの仲間

左のイカが色を変えたところ。深海の闇のなかで色を変えることに何の意味があるのか……?
写真／海洋研究開発機構

ホウズキイカの仲間 (頭足類ツツイカ目) » p.112
[三陸沖・水深1110メートルにて撮影] 浮力を付けるために塩化アンモニウムの溶液で体がパンパンに膨らんでいる。ほぼ透明でエラや内臓が透けており、目の下に発光器がある。写真／海洋研究開発機構

ホタルイカ (頭足類ツツイカ目) » p.110
[相模湾・水深700メートルにて撮影] 内臓や目の影を掻き消すための発光器をもつ。この能力と半透明の体とがあいまって薄暗い深海で巧みにカモフラージュする。写真／海洋研究開発機構

未命名の大形イカ
(頭足類ツツイカ目) » p.196
[インド洋・水深2340メートルにて撮影] 2005年現在、名前はまだない。アンノウンとかマグナピニッドと呼ばれる。巨大なヒレと長い腕が特徴。写真／海洋研究開発機構

ユウレイイカ（頭足類ツツイカ目）≫ p.112

［駿河湾・水深410メートルにて撮影］大きな腕に塩化アンモニウム溶液を蓄えて浮力を保ち、海水中を漂っている。このユウレイイカは子供のようだ。
写真／海洋研究開発機構

ユウレイイカの仲間（頭足類ツツイカ目）

［三陸沖・水深560メートルにて撮影］目の下と内臓の下にある白く光っているものが発光器。こうした発光器には不透明な目や内臓の影を掻き消す役目がある。写真／海洋研究開発機構

無脊椎動物　イカ・タコの仲間

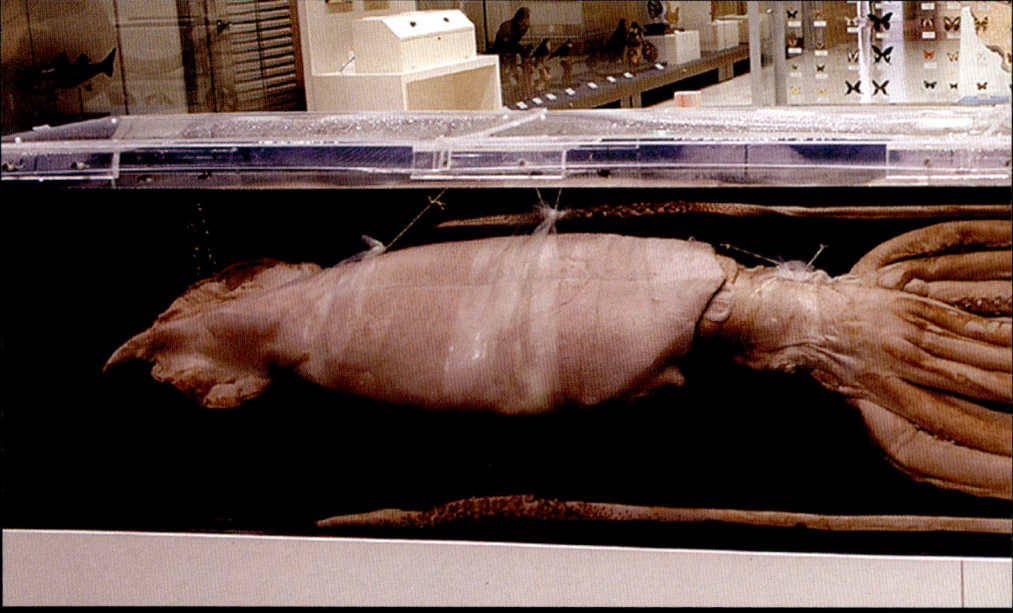

シラタマイカ（頭足類ツツイカ目）

［南米スリナムの大西洋・水深550〜826メートルにて採集］左右の目が非対称で、左目が大きく背中側を向く。写真では腹側から見ている。体の表面にびっしり並んだ黒点は発光器。写真／図鑑『スリナム・ギアナ沖の甲殻類および軟体類』海洋水産資源開発センター刊

クラゲイカ（頭足類ツツイカ目） » p.114

［南米スリナムの大西洋・水深790メートルにて採集］左右の目が非対称で左目が大きい。深海ではかなり数が多い種類。体は軟弱で塩化アンモニウム溶液を多く含んで浮力を得ている。写真／図鑑『スリナム・ギアナ沖の甲殻類および軟体類』海洋水産資源開発センター刊

ダイオウイカ（頭足類ツツイカ目）≫ p.148
[日本近海・水深数百メートルに分布] 巨大なイカで、最大の軟体動物。世界中で目撃される種類が果たして同一種なのか議論の余地がある。この標本は触手を伸ばすと7メートルにもなる。写真／島根県立博物館

オオベソオウムガイ（頭足類オウムガイ目）
鳥羽水族館で飼育されているオオベソオウムガイ。オウムガイの一種で、殻を浮きにして浮力をかせぎ、水を噴くことで移動する。写真／鳥羽水族館

オウムガイ（頭足類オウムガイ目）≫ p.130
[フィリピン・水深200メートルにて採集]
①オウムガイの身と殻は付着が緩く、逆さにすると身が垂れ下がってしまう。②目は穴が開いているだけで、触手はさやに収まっている。写真／重田康成

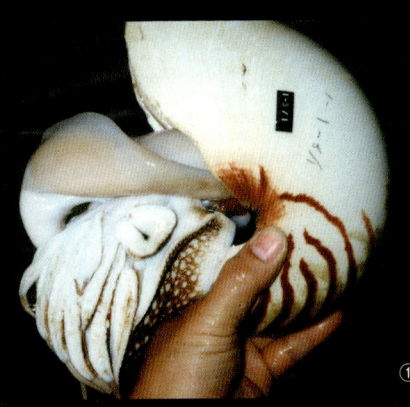

無脊椎動物　イカ・タコの仲間

ユメナマコ〈棘皮動物板足目〉≫ *p.190*

［琉球列島鳩間海丘・水深1468メートルにて撮影］
水の流れを受け止める帆と口のまわりを取り囲む有機物を集める触手が確認できる。半透明な生物で、強い照明を当てると単純なつくりの腸が見える。下に見えるのは食べた泥と有機物の塊。写真／海洋研究開発機構 撮影／ドゥーグル J. リンズィー

無脊椎動物 ナマコの仲間

【駿河湾・水深990メートルにて撮影】体の後ろに見えるのは着地した時にできるブレーキ痕。駿河湾、相模湾では浅い場所で多くのユメナマコが見られる。写真／海洋研究開発機構

【駿河湾・水深990メートルにて撮影】調査船の備品に腹をぶつけているところ。ユメナマコは水深5000メートルあまりまで分布する。写真／海洋研究開発機構

無脊椎動物　ナマコの仲間

[パラオ周辺アユトラフ・水深5214メートルにて撮影] エボシナマコの仲間は種類が多く、海域などによって外見が異なる種類がいる。半透明な体が透けて内臓が見える。写真／海洋研究開発機構

エボシナマコの仲間 （棘皮動物板足目）

[潮岬沖合・水深4835メートルにて撮影] お尻のほうに大きな突起をもつ深海性のナマコ。体の脇に並んだ足が膜でつながってスカートのようになっている。写真／海洋研究開発機構

オケサナマコ （棘皮動物板足目）

[南海トラフ・水深3760メートルにて撮影] ユメナマコ同様、泳ぐことができるナマコ。リング状の筋肉が発達していて、屈伸するような動作で海中を泳ぐ。写真／海洋研究開発機構

センジュナマコ（棘皮動物板足目）≫ p.190

［金華山沖合・水深6527メートルにて撮影］背中に2対の大きな突起があるのが特徴的なナマコ。写真の右下側が口で、泥の表面に積もった有機物を掻き集める触手が見える。写真／海洋研究開発機構

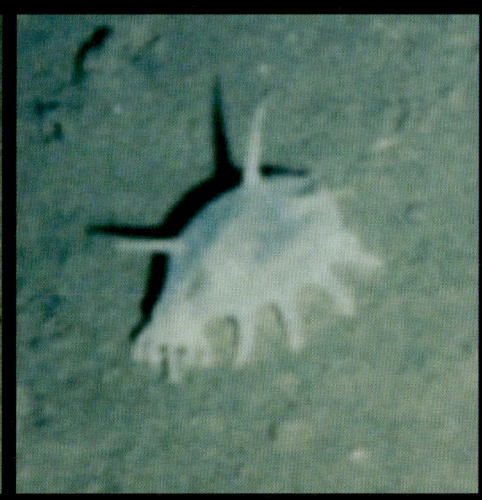

日本海溝の、いわば縁の部分で撮影されたもの。左は6470

キャラウシナマコ（棘皮動物板足目）

［金華山沖合・水深6527メートルにて撮影］ウシナマコの一種で腸や水を通す管が透けて見えている。後ろにいる白っぽい生物は大深度に生息する節足動物ストルティングラ。写真／海洋研究開発機構

ウシナマコ（棘皮動物板足目）

［金華山沖合・水深6470メートルにて撮影］ウシナマコは頭の上に2つの突起があるのが特徴。そのせいでなんとなくナメクジのように見える。このウシナマコはまだ子供らしい。写真／海洋研究開発機構

ペニアゴネ・プルプレア（棘皮動物板足目）

［パラオ海溝・水深6468メートルにて撮影］見た目はずいぶん違うがウシナマコに近い種類。写真上のほうが頭。後ろからの海水の流れで長い突起が2本たなびいている。写真／海洋研究開発機構

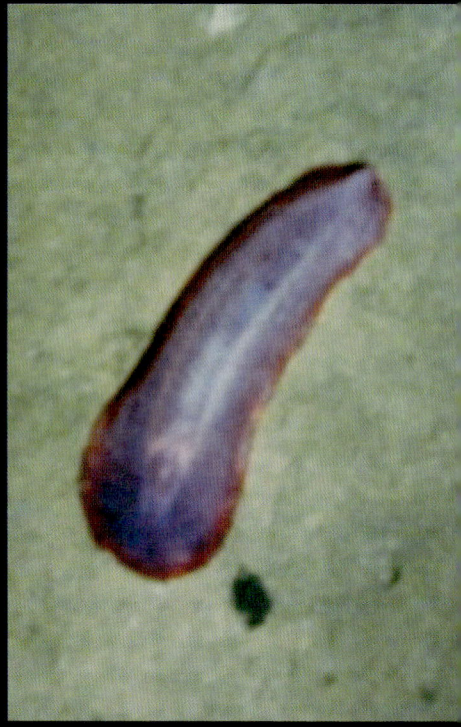

ベントディテス・サングイノレンタ（棘皮動物板足目）

［パラオ海溝・水深6468メートルにて撮影］体の縁にある足が膜でつながり、スカートのようになっている。縁が赤いのが特徴のナマコで、写真下のほうが頭。写真／海洋研究開発機構

クマナマコ（棘皮動物板足目）≫ p.206
[日本海溝・水深7400メートルにて撮影] 水深6500メートルよりも下、日本海溝の内部で最も数が多い生物で、密集していることもある。4対の足をもっている。写真／海洋研究開発機構

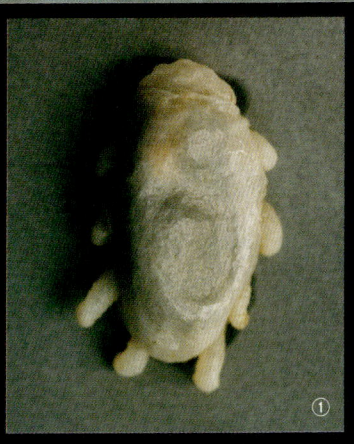

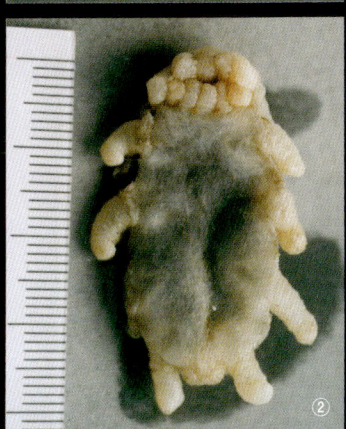

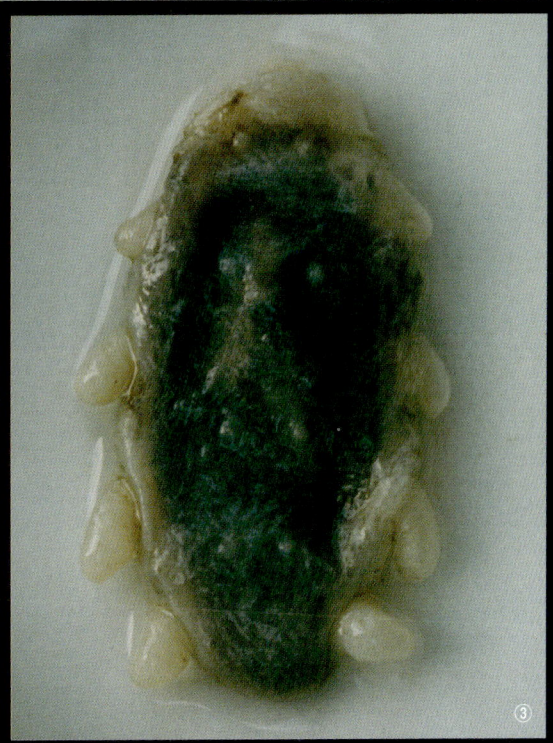

クマナマコは薄くて丈夫な皮に覆われている。①背中側から見た様子。②腹側から見た様子。③背中に小さな突起があることがわかる。写真／太田秀

無脊椎動物　ナマコの仲間　77

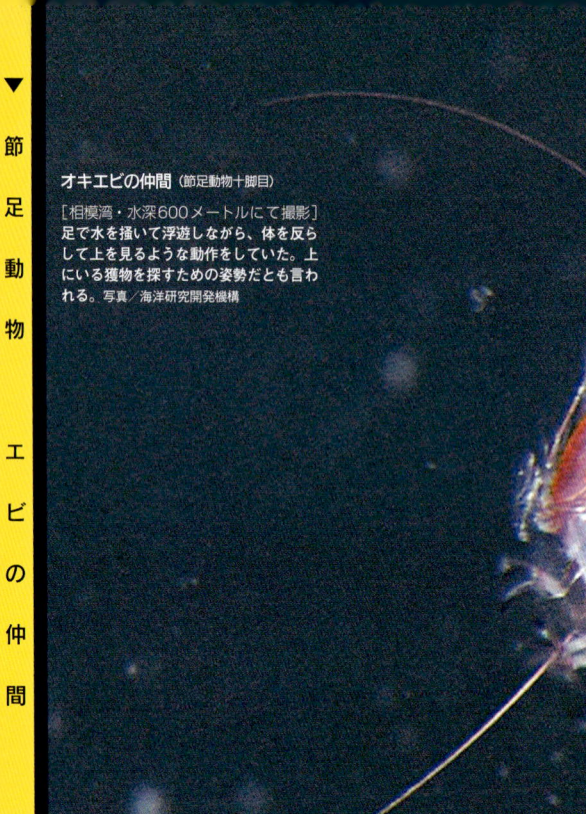

節足動物　エビの仲間

オキエビの仲間（節足動物十脚目）

［相模湾・水深600メートルにて撮影］足で水を搔いて浮遊しながら、体を反らして上を見るような動作をしていた。上にいる獲物を探すための姿勢だとも言われる。写真／海洋研究開発機構

エビの集団（節足動物十脚目）

［日向灘　宮崎市東方・水深246メートルにて撮影］海底に集団でいるエビ。種類は不明だが、写真を見る限り穴の周囲で群れていて、その場から離れないようだ。深海の謎めいた1枚。写真／海洋研究開発機構

サクラエビの大群（節足動物十脚目）≫ *p.102*

［駿河湾・水深245メートルにて撮影］無数のサクラエビ。こういう群れの近くにはタチウオや、あるいはクダクラゲが姿を現すことがある。格好の獲物なのだろう。写真／海洋研究開発機構

アカザエビ（節足動物十脚目）≫ *p.135*

［遠州灘沖合・水深739メートルにて撮影］アカザエビは欧風のオシャレな料理に使われるが深海性のエビだ。深海の泥に穴を掘ってそれを巣にしているらしい。似た種類がいくつかいる。写真／海洋研究開発機構

サクラエビの仲間（節足動物十脚目）

［三陸沖・水深290メートルにて撮影］サクラエビにも似た種類がいくつかいる。彼らは長い触角をもっているが、これはタンポポの綿毛と同じく、体を沈みにくくする効果がある。写真／海洋研究開発機構

節足動物　エビの仲間　　79

キタノサクラエビ（節足動物十脚目）

［相模湾・水深400～500メートルにて撮影］サクラエビに近い種類。この仲間は昼間と夜で生活する水深を変えることが知られている。夜間に海の表面で餌をあさる。
写真／海洋研究開発機構　撮影／ドゥーグル J. リンズィー

オキヒオドシエビ（節足動物十脚目）

［相模湾・水深350～400メートルにて撮影］このエビの仲間は発光することが知られており、刺激を受けると青白く光る液体を放出する。相手を脅すなどする効果があるようだ。写真／海洋研究開発機構　撮影／ドゥーグル J. リンズィー

深海エビ（節足動物十脚目）

［小笠原・水深915メートルにて撮影］深い場所に棲むエビは全身が真紅に染まる。深い場所ではごくわずかな青い光しか届かないので、赤が黒に見えるためだ。写真／海洋研究開発機構

シンカイエビの仲間?（節足動物十脚目）≫ p.104

［相模湾・水深数百メートルにて撮影］深海でネットを曳いて生物を採集すると、こうした数センチあまりのエビがよく獲れる。
写真／新江ノ島水族館

深海エビ（節足動物十脚目）

①小笠原の水深4336メートルで撮影されたもの。②小笠原の水深4146メートルで撮影。③遠州灘沖合の水深2650メートルで撮影されたもの。写真／海洋研究開発機構

ソコビロエビの仲間（節足動物十脚目）

［金華山沖・水深6527メートルにて撮影］エビやカニの仲間は水圧の関係で6000メートルを大幅に超える深い場所で生活することはできない。このエビはかなり限界に近い場所にいるらしい。写真／海洋研究開発機構

▼ その他の節足動物

オオタルマワシ（節足動物端脚目）

［相模湾・水深100〜700メートルにて採集］ウミタルやサルパといった生き物の中身を食べて、残った外皮を巣にする節足動物。ヨコエビに近い生物。白く見えるのが子供で、写真は子供を育てている様子。写真／海洋研究開発機構

オオグソクムシ（節足動物等脚目）≫ *p.170*

ダンゴムシやフナムシに近い生き物だが獰猛。①お尻に幾重にも重なるヒレがある。②棘のある14本の足、鋭い歯をもつ。撮影／北村雄一　③丈夫で飼育しやすい。こちらは新江ノ島水族館で飼育されていたもの。写真／新江ノ島水族館

その他の節足動物　83

ベニオオウミグモ（節足動物真蛭脚目）≫ p.172

①［太平洋・水深1000〜3000メートルに分布］ネットで様々な生物とともに採集されたもの。浅い水深のウミグモは数ミリと小さいが深海には大きくなる種類がいる。足を広げると30センチを超える。撮影／故 堀越増興
提供／太田秀　東京大学海洋研究所所蔵資料

カイアシ類（節足動物橈脚目）≫ p.98

［相模湾・水深数百メートルにて採集］ネットで採集された生物たち。透明なものは大量の小さなカイアシ類で、量が圧倒的に多く、生態系で大きな役割を担っていることが分かる。赤いのはエビ。黒っぽいのはオニハダカなど。写真／海洋研究開発機構　撮影／喜多村稔

カイコウオオソコエビ（節足動物端脚目）≫ *p.210*

［マリアナ海溝・水深10920メートルにて採集］海の最も深い場所、チャレンジャー海淵に棲んでいるヨコエビ。海洋研究開発機構の無人探査機によって採集されたもので、死肉にすぐ集まってくる。写真／海洋研究開発機構

エウリセネス・グリルス

（節足動物端脚目）≫ *p.198*

［全世界・水深数千メートルの海底、その少し上に分布］大形のヨコエビで体長14センチ。浮力を付けるための脂肪をたくさんもっている。撮影／太田秀

ストルティングラ（節足動物等脚目）≫ *p.208*

［水深5000メートルの深海の平原から海溝の中まで分布］グソクムシの親戚。真っ白な体と長い触角が特徴。撮影／太田秀

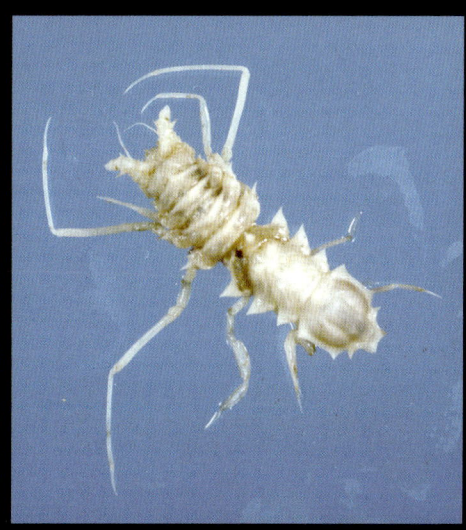

その他の節足動物

その他の無脊椎動物

ヒカリボヤ（原索動物火体目）≫ *p.100*

[世界各地・水深数百メートルぐらいに分布] 小さな生物が集まった集合体で、普通は10センチ、大きいものでは2メートルを超える。写真／海洋研究開発機構 撮影／ドゥーグル J. リンズィー

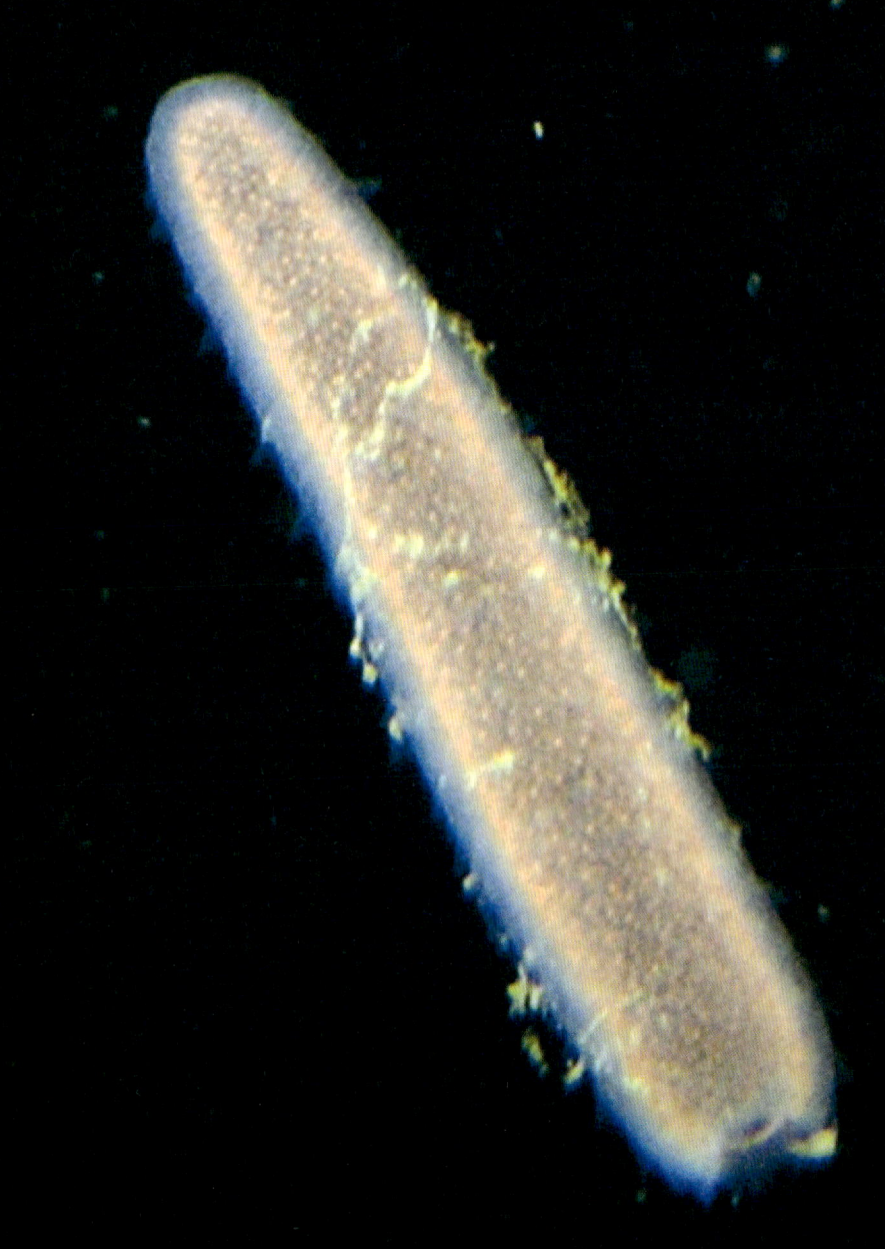

オオグチボヤ〈原索動物腸性目〉》 *p.154*

富山湾の水深およそ700メートルで集団で棲息しているのが見つかっている。ホヤの仲間だが水の吸い込み口が大きく、小動物を捕まえる。写真／新江ノ島水族館（2005年飼育展示時）

ウミユリの仲間〈棘皮動物ウミユリ目〉*p.126*

①［相模湾・水深1250メートルにて撮影］②［小笠原・水深440メートルにて撮影］これでもウニやヒトデ、ナマコの仲間。茎のような器官で海底から立ち上がり、海水の流れにのってくるものを腕で捕らえて食べる。写真／海洋研究開発機構

その他の無脊椎動物

ヨミノフタツノウロコムシ（環形動物遊在目）

［三陸沖・水深6468メートルにて撮影］ゴカイの仲間、ウロコムシ類の一種。この種のゴカイは体が太く短く、トゲやウロコで体を覆っている。しかも泳げる。写真／海洋研究開発機構

ヒドロ虫の仲間（刺胞動物ヒドロ虫目）

［日本海溝・水深6349メートルにて撮影］おそらく大形のヒドロ虫で、いわばイソギンチャクのような生物だ。海水の流れのせいか倒れている。写真／海洋研究開発機構

ゴカイの仲間（環形動物遊在目）

［東太平洋海膨・水深2603メートルにて撮影］形からして体の脇を波打たせて泳ぐ、ゴカイの仲間と思われる。東太平洋の火山地帯、熱水が噴出して生物が多く棲息する場所で目撃された。写真／海洋研究開発機構

88

深海ギボシムシ（半索動物）》 p.192
[パラオ海嶺・水深6468メートルにて撮影] 写真中央上にいるのがギボシムシ。渦を大きくするように海底の有機物を食べていく。排泄した泥が渦巻き模様となって残される。写真／海洋研究開発機構

深海ユムシ（ユムシ動物）》 p.192
[インド洋・水深4500メートルにて撮影] 大き過ぎたミミズのような姿の生物で、自由に伸びる吻という器官で海底の泥をすくって食べる。色が緑色なのは体内の化合物のせい。撮影／太田秀

その他の無脊椎動物 89

化学合成生物群集

熱水噴出域

[南西諸島・水深1500メートルにて撮影]
熱水の噴出域。写真では2つのチムニーが煙突のように熱水を噴き出すのが見える。写真の左で白く群れているのはゴエモンコシオリエビ。写真／海洋研究開発機構

オハラエビ（節足動物十脚目）>> *p.218*

[南西諸島・水深1500メートルにて撮影] **写真左はゆらぐ熱水。そのすぐ脇で群れるオハラエビ。この仲間には目がない。背中にある光り輝く器官はおそらく熱を感知する感覚器官。**写真／海洋研究開発機構

ユノハナガニ（節足動物十脚目）≫ p.218
［小笠原海形海山・水深 449 メートルにて撮影］熱水周辺に点在して暮らす目をもたない真っ白なカニ。まわりにいるのはアズマカレイの仲間で、この取り合わせはこの付近特有の光景。写真／海洋研究開発機構

カイレツツノナシオハラエビ（節足動物十脚目）
［インド洋中央海嶺・水深 2450 メートルにて撮影］中央の真っ黒いものが超高温の熱水で、その周囲にカイレツツノナシオハラエビがものすごい大群を作っている。右下にいるのはユノハナガニ。写真／海洋研究開発機構

化学合成生物群集

シンカイヒバリガイ（軟体動物二枚貝類）
［小笠原水塊海山・水深1380メートルにて撮影］画面中央のもやもやしたのが熱水で、その周辺にシンカイヒバリガイが群れている。この貝は海水中から有機物を濾し取っても生活できる。写真／海洋研究開発機構

シンカイヒバリガイとゴエモンコシオリエビ
［南西諸島・水深1500メートルにて撮影］シンカイヒバリガイのコロニーに、さらにゴエモンコシオリエビが群れている。この熱水の周囲にはオハラエビもいて、豊かなコロニーができている。写真／海洋研究開発機構

チムニー

［南西諸島鳩間海丘・水深1493メートルにて撮影］画面中央がチムニーと熱水。周囲にびっしりといるのがゴエモンコシオリエビ。チムニーの硫化水素を求めて群がっている。写真／海洋研究開発機構

ゴエモンコシオリエビ（節足動物十脚目）》 *p.220*

①新江ノ島水族館で飼育されているもの。写真／新江ノ島水族館　②［南西諸島鳩間海丘・水深1500メートルにて撮影］腹側に毛が密集している。ここでバクテリアを増やしてそれを食べる。写真／海洋研究開発機構

ナギナタシロウリガイ（軟体動物二枚貝類）

[日本海溝・水深6374メートルにて撮影] シロウリガイの仲間は熱水の周辺にもいるが、むしろメタンを含む湧き水がある場所に多い。これは断層に沿ってできたコロニー。写真／海洋研究開発機構

スケーリーフット（軟体動物腹足類）≫ *p.220*

[インド洋中央海嶺・水深2450メートルあまりに分布] 足が黄鉄鉱を主体とした鉄と硫黄の化合物で覆われている。ウロコ状の足は自由に動かせる。写真／海洋研究開発機構 撮影／土田真二

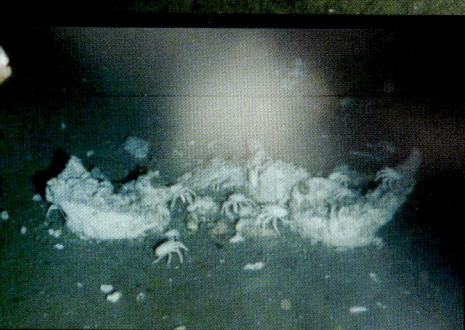

鯨骨生物群集 » *p.224*

[小笠原諸島鳥島海山・水深 4146 メートルにて撮影] ブロック状のものは死んだクジラの骨。死体が腐敗すると硫化水素が発生するので、化学合成生物群集に類似したコロニーが形成される。写真／海洋研究開発機構

クジラの頭の骨に群がるコシオリエビ。
写真／海洋研究開発機構

ゲイコツナメクジウオ（頭索動物）» *p.224*

[鹿児島県野間岬沖合・水深 200～240 メートルにて撮影] ナメクジウオは脊椎動物の親戚で、通常はきれいな場所に棲む。この種類は深海にあるクジラの死体の下から見つかった新種。
写真／新江ノ島水族館 撮影／三宅裕志

化学合成生物群集

ガラパゴスハオリムシ

(環形動物) ≫ p.216

[東太平洋海膨・水深2670メートルにて撮影] 世界最大のハオリムシ。赤いエラから硫化水素と酸素を吸収し、共生しているバクテリアを育てて成長する。写真／海洋研究開発機構

ハオリムシの仲間 ≫ p.216

[相模湾・水深860メートルにて撮影] 日本周辺には何種類ものハオリムシがいて、画面中央で真っ赤なエラを覗かせている。エラの中央にある白いものは身を隠す時に栓のような役目を果たす。写真／海洋研究開発機構

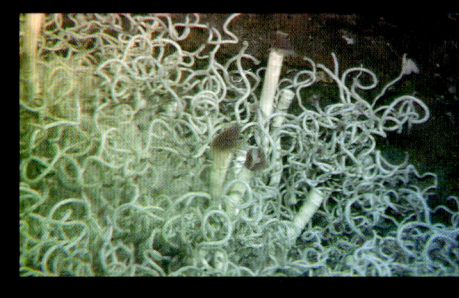

サツマハオリムシの集団 ≫ p.216

[鹿児島湾・水深127メートルにて撮影] 世界で最も浅い場所に棲むサツマハオリムシのコロニー。写真／海洋研究開発機構

第 1 章

200〜700 m に棲む生物

深海は深度によって環境が異なり、それぞれ特徴的な生物が棲む。深海の最上部であるこのゾーンは薄暗い世界だ。最も明るい場所でも海面の1パーセントしかなく、潜るにつれて周囲はさらに暗くなって、水温は10数度から8〜6度程度にまで下がっていく。光は海中を通るうちに散乱してしまうので、ここから太陽の位置をうかがい知ることはできない。ただ頭上が青く見えるだけだ。このゾーンに棲む生物たちは透明な体、銀色の表皮、赤、あるいは黒い色をしているが、いずれも暗い背景に溶け込むための色だ。また、発光する生物が非常に多いのも特徴だ。

透明な餌採り網の中に棲む

オタマボヤ

Appendiculata

　見渡す限りの闇のなか、頭上のみが青く光る世界。深海の最上部にあたるこのゾーンのそこかしこに何かが浮かんでいる。それらは透き通っていて、ライトの光を向けただけではほとんど何も見えない。2つのライトの光を交差させるようにして当てると、ようやく姿をとらえることができる。それは両手で包めるくらいの大きさで、中にはしばしば何かうごめくものがいる。これは**オタマボヤ**という生物で、まわりにある透明なものは巣（ハウス）なのである。

　オタマボヤはホヤの仲間だが、"海のパイナップル"と呼ばれるホヤとは全く似ていない。しかしながらホヤの子供には似ている。ホヤの子供はオタマジャクシのような姿で海底の岩などにくっ付くと、丸っこい姿へと成長していく。しかしオタマボヤは一生、オタマジャクシのような姿のままだ。

　オタマボヤの食べ物は、光にあふれ光合成が行なわれる上の世界から落ちてくる有機物のかけらだ。それはしばしば**カイアシ類**という小さな節足動物の糞であったりする。カイアシ類は小さくて目立たないが、実は海中で重要な役割を果たす生物だ。海面近くに棲むカイアシ類の多くは盛んに植物プランクトンを食べて糞をする。糞の中にはまだ生きている植物プランクトンが入っていることさえある。糞の表面ではバクテリアが数を増やし、もやもやした白い小さな塊になって、ゆっくりと海の深みへと落ちていく。オタマボヤのハウスはこうした有機物を掻き集める、いわばクモの巣やフィルターのように使われる。

　とはいえ、ハウスはやがて目詰まりを起こしてしまう。そうなるとオタマボヤはこれを捨てて泳ぎだし、また別のハウスを作る。この捨てられたハウスも、深海では貴重な有機物であり、生物の餌となるのだ。実際、ハウスには小さな節足動物が取り付いていることがしばしばある。ハウスはもろく砕けやすいが、そうしたかけらはさらに深く沈んで、より深い場所に棲む生物に利用されるようだ。

尻尾

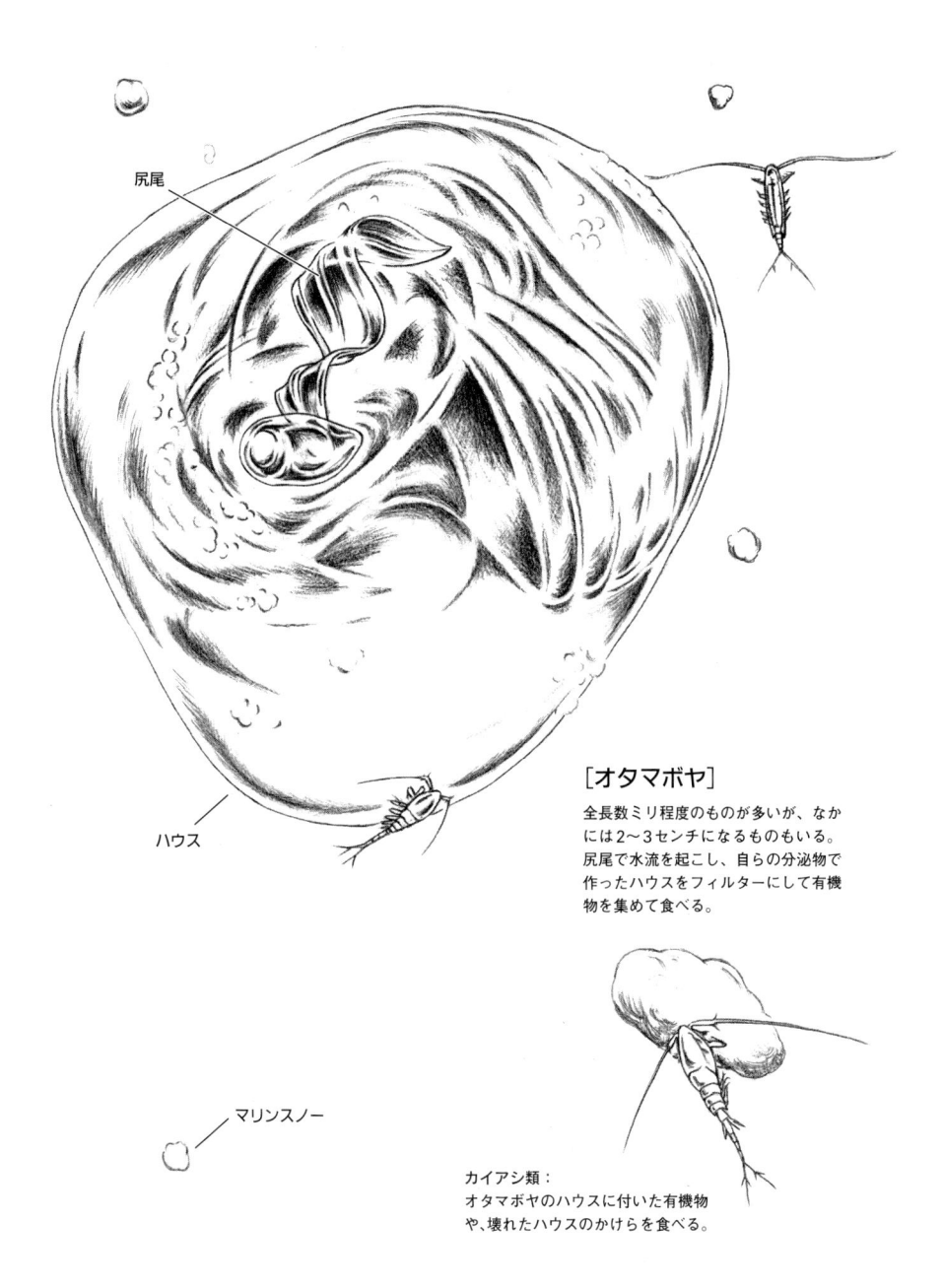

ハウス

[オタマボヤ]

全長数ミリ程度のものが多いが、なかには2～3センチになるものもいる。尻尾で水流を起こし、自らの分泌物で作ったハウスをフィルターにして有機物を集めて食べる。

マリンスノー

カイアシ類：
オタマボヤのハウスに付いた有機物や、壊れたハウスのかけらを食べる。

第1章　200～700mに棲む生物

浮遊する透き通った集合体

サルパ　ヒカリボヤ

Salpida, Pyrosomata

　半透明で、箍のはまった樽のような姿をしている**サルパ**。ずんぐりとしたその姿はどことなくホヤに似ているが、体の構造は少しばかり違っている。普通のホヤは餌を集めるため海水を入水口から取り込んで、となりにある出水口から吐き出す。岩にくっ付いている部分が使えないせいだろうか、入水口と出水口は体の片方に寄っているのだ。

　これとは対照的にサルパの入水口と出水口は、樽のような体の両端に付いている。サルパは体にはまった箍のような筋肉で体を収縮させて水を吐き出し、海中を移動することもできる。また、サルパの成長は少し複雑で、自分の体から自分のクローンを作り、つながりあった何匹かの集合体、群体へと成長する。これは、いわば竹林のようなものだ。竹は地下に伸ばした茎から次々に新しい竹を作り、集合体である竹林を作る。それと同じようなものだ。群体は車輪状の時もあれば、ずらずらと連結してウミヘビのごとく泳いでいたりもする。

　ヒカリボヤも海中を浮遊して過ごすホヤの仲間だが、こちらもまた群体を作る。ただ、そのつくりはサルパの群体とはずいぶん違っていて、片方が閉じた管のような形だ。群体の大きさはたいてい10センチ程度だが、時には人間が中に入り込めるほど大きくなることもあるという。大きな特徴は非常に強く発光することだ。群体を形成する1匹のヒカリボヤが刺激を受けて光ると、それに応じるようにとなりのヒカリボヤも光る。こうして群体の中を光が波のように広がっていくのを観察できる。

　ヒカリボヤにはしばしば居候のエビが取り付いていることがある。彼らは深い海の底へと沈んでしまわないように、ヒカリボヤを足場にしているらしい。しかしなかにはもっと密接な関係をもっているエビもいる。ヒカリボヤにしっかりとしがみ付いている**サガミウキエビ**はヒカリボヤを食べているらしい。彼らの口はものを吸い取るようなつくりで、さながら吸血鬼のような生活をしているようだ。

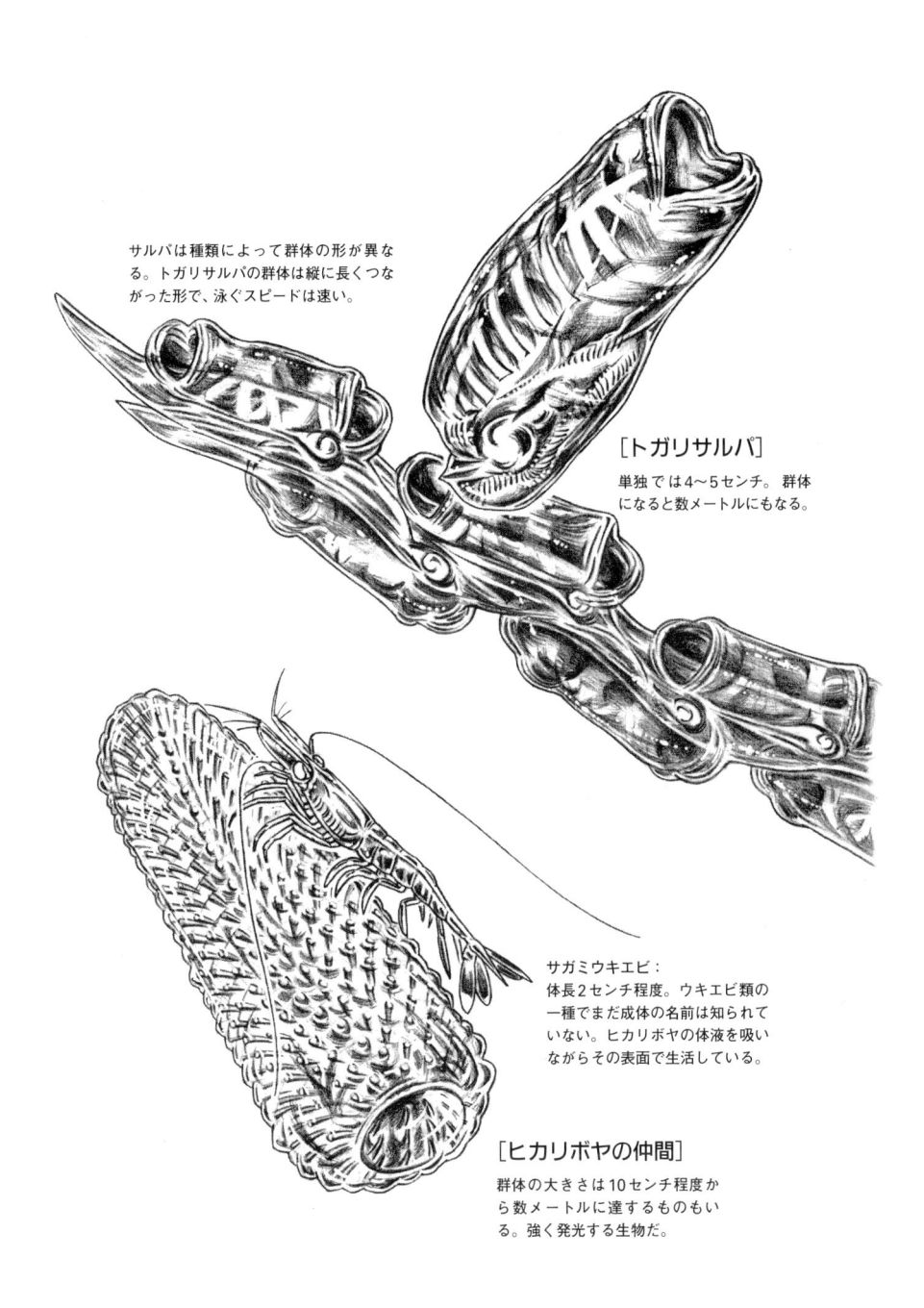

サルパは種類によって群体の形が異なる。トガリサルパの群体は縦に長くつながった形で、泳ぐスピードは速い。

[トガリサルパ]
単独では4〜5センチ。群体になると数メートルにもなる。

サガミウキエビ：
体長2センチ程度。ウキエビ類の一種でまだ成体の名前は知られていない。ヒカリボヤの体液を吸いながらその表面で生活している。

[ヒカリボヤの仲間]
群体の大きさは10センチ程度から数メートルに達するものもいる。強く発光する生物だ。

昼は深海、夜は海面

ハダカイワシの仲間

Myctophidae

　調査船で潜っていくと、ライトの光を反射してあわてて逃げる小さな魚が見える。それはたいてい**ハダカイワシ**の仲間だ。多くは夜店の金魚よりもひとまわり大きい程度で、背中は黒っぽく、体の側面は銀色をしている。

　そして、お腹には発光器がずらりと並んでいる。これは深海のなかでもまだまだ光が届くこのゾーンでカモフラージュに使われるらしい。深海でハダカイワシを下から眺めると、背景が明るい海面なので、体のシルエットがはっきりと浮かび上がってしまう。だが、光を放てば自分の影は掻き消され、海面に紛れ込むことができるというわけだ。

　ハダカイワシの多くの種類は1日の間に生活する水深を変える。例えば**ススキハダカ**は黒潮の海に棲むハダカイワシだが、昼間は水深150〜300メートルに潜んでいる。しかし夜になると海面にまで上昇し、夜明けとともに再び深海まで沈んでいく。そしてこれが毎日繰り返されるのだ。こうした行動は1日の周期で上下に（つまり鉛直に）移動する運動なので、日周鉛直運動と呼ばれている。

　日周鉛直運動が行なわれる理由は海の表面で餌をあさるためであろうと考えられている。海面は光あふれる世界であり、多くの植物プランクトンがいる。そしてそれを食べる**カイアシ類**のような動物プランクトンもまた多い。これら豊富な餌をあさるためにススキハダカは夜間、海面にまで上昇するようだ。また日周鉛直運動はハダカイワシだけでなく、他の魚や甲殻類など多くの生物が行なう。例えば**サクラエビ**も昼間は数百メートルの水深に潜み、夜間は海面近くまで上昇する。このように夜間、海面の近くには様々な生物が集まり、それを狙う生物も上昇してくるのだ。

　おもしろいことにハダカイワシは種類によって浮上する水深と昼間潜む水深がそれぞれ違っている。例えば**センハダカ**という種類は、昼間はススキハダカよりも深い水深に潜み、夜間は100メートルよりも浅い場所まで浮上するが、ススキハダカと違って海面に現れることはない。

＊ カイアシ類 » p.98

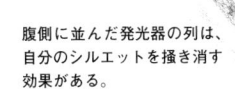

腹側に並んだ発光器の列は、
自分のシルエットを掻き消す
効果がある。

[ススキハダカ]
最大7.5センチ。昼間は200メートル前後の深海に、夜間になると表層へ移動する。

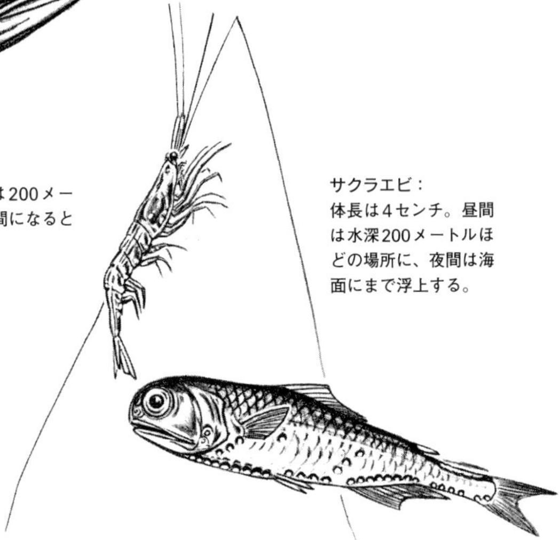

サクラエビ：
体長は4センチ。昼間は水深200メートルほどの場所に、夜間は海面にまで浮上する。

[センハダカ]
最大6センチ。夜間は浅い場所に浮上するが海面に現れることはない。目の下に泣きぼくろのような発光器がある。

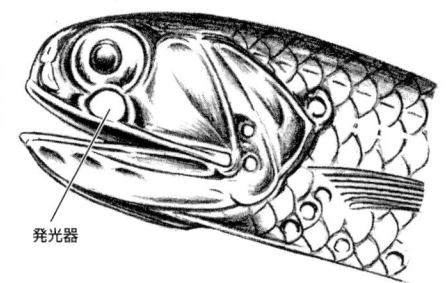

発光器

第1章　200〜700mに棲む生物

海中を漂うリボン

シギウナギ

Nemichthys scolopaceus

　何か白いヒモのようなものが調査船の窓から見える時がある。群体に連なった**サルパ**☆であったりクラゲであったり、あるいは**シギウナギ**だ。この魚はウナギの仲間だがウナギよりもずっと細長い体をしている。研究者の話では、相模湾などで少なくとも1回の潜航につき1匹は見ることができるという。調査船の窓から見える範囲は狭く、それほど遠くまでは見通せない。プールに潜って向こう側を見た時のことを考えてみよう。遠くは青くかすんで見えなくなっているはずだ。このように水中で見通せる距離などたかが知れている。逆にいうと、そんな狭い範囲の観察でも潜航の際にシギウナギを目撃できるわけだから、数多く棲息している魚なのだろう。また深海調査のために網を曳いてもしばしばシギウナギがかかっている。

　体長は数十センチ程度で、頭を横ではなく上か下に向けて海中を漂っている。口と顎は長く飛び出し、先が若干反り返っている。目撃されたシギウナギにはお腹が赤くなっているものもいる。色などから考えるに、これは食べた深海性の真っ赤なエビが透けて赤く見えているものであるらしい。

　深海の海中を漂って生活する節足動物には様々な種類がいるが、それらのうち、いかにも強そうなのが遊泳生活をする真っ赤なエビだ。彼らは小さいながらも立派な捕食者で小魚なども襲っているようだ。数も多く、網で捕れたものを見ると魚と同じか、それよりも多いくらいの時もある。

　深海のエビが赤いのは背景の闇に紛れるためであろうと考えられている。水は分子の特性で様々な波長の光を吸収するが、特に青以外の光をよく吸収する。プールの反対側が青くかすむのはそのせいだ。そのため深海のこのゾーンに届く光はわずかであり、それもほとんどが青である。赤い色素は赤い光だけを反射するから赤く見える。しかしこのゾーンでは反射できる赤い光はごくわずかで、そのかすかな赤い反射光も水に速やかに吸収されて、遠くまでは届かない。エビの赤い色は、ここでは闇に紛れる暗い色なのだ。

☆ サルパ》 *p.100*

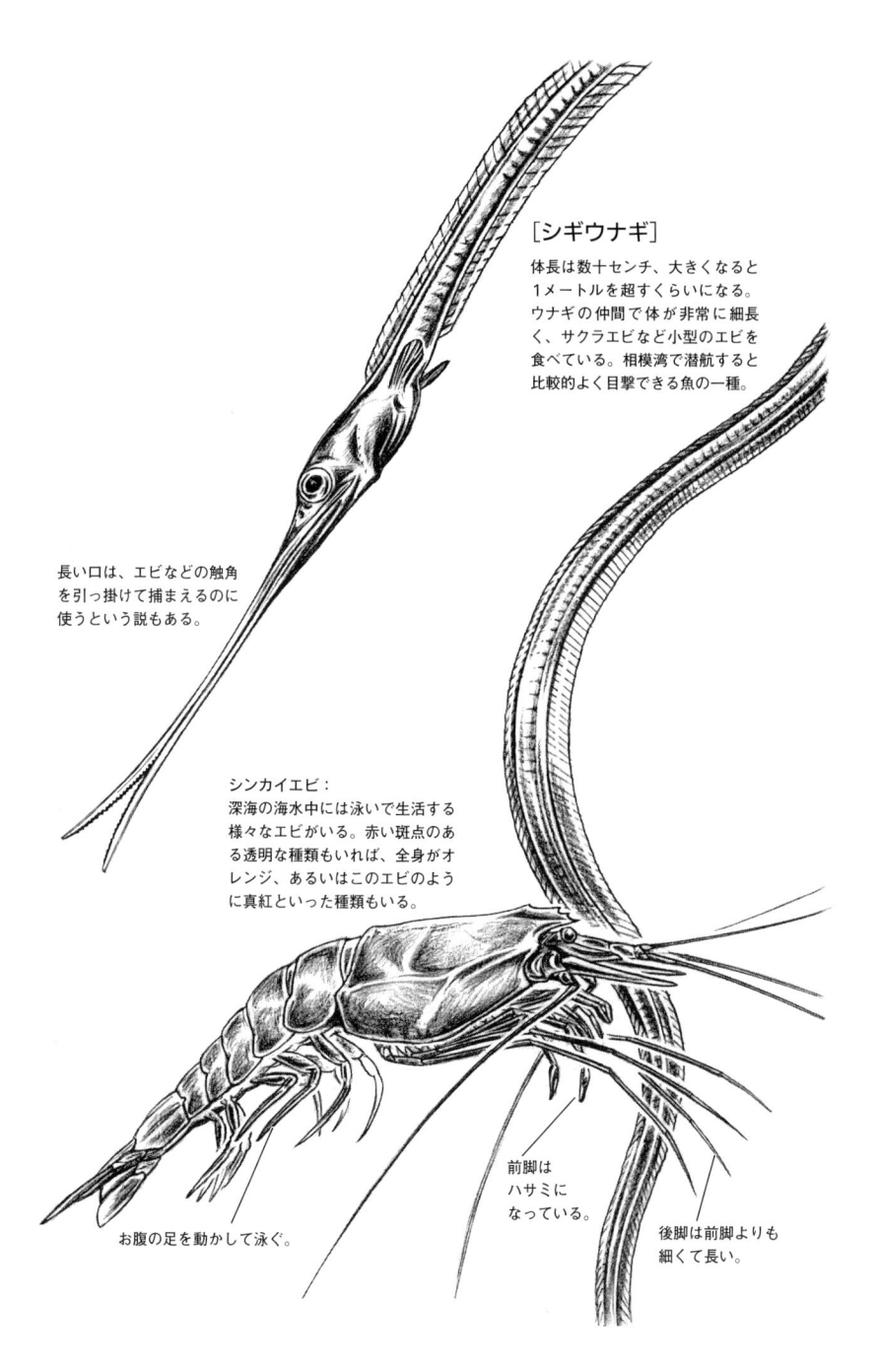

[シギウナギ]

体長は数十センチ、大きくなると1メートルを超すくらいになる。ウナギの仲間で体が非常に細長く、サクラエビなど小型のエビを食べている。相模湾で潜航すると比較的よく目撃できる魚の一種。

長い口は、エビなどの触角を引っ掛けて捕まえるのに使うという説もある。

シンカイエビ：
深海の海水中には泳いで生活する様々なエビがいる。赤い斑点のある透明な種類もいれば、全身がオレンジ、あるいはこのエビのように真紅といった種類もいる。

お腹の足を動かして泳ぐ。

前脚はハサミになっている。

後脚は前脚よりも細くて長い。

第1章　200〜700mに棲む生物

やたらいるのに目立たない

オニハダカの仲間

Cyclothone

　降下していく調査船の窓から見えるのはクラゲや甲殻類、ライトの光にきらめく**ハダカイワシ**などだが、網を曳いて調べると、魚では**オニハダカ**の仲間が一番多く捕まる。それなのに海中でほとんど目撃されていないのは、この魚が小さくて動かないこと、また目立たない色をしているからだろう。

　オニハダカの仲間は何種類かいて、それぞれ異なる水深と海域に棲んでいる。日本の太平洋近辺の最も浅い場所に棲む**ユキオニハダカ**は、水深200～500メートルに棲む。体は大きくても2～3センチ程度で白っぽく透明、見た目はシラスのようで、透けて見える黒い内臓が目立つ。これは消化器官を黒い膜が包んでいるからで、光る生物を食べた場合に、その光が腹から漏れ出して、敵に見つかってしまうことを防ぐ機能があるのかもしれない。

　半透明のユキオニハダカに比べて、より深くて暗い場所に棲む**ハイイロオニハダカ**は多くが褐色、そしてさらに深い暗黒の世界に分布するオニハダカは真っ黒だ。オニハダカの仲間は子供時代を餌の豊富な海の表面近くで過ごし、ある程度成長すると深海へと降下して生活する。ユキオニハダカは祖先に比べて成長の早い段階で成体になってしまうという進化を遂げて、今日のような姿になったようだ。確かに白い体や柔らかな骨はいかにも稚魚を思わせる。ユキオニハダカは浅い場所でしばらく過ごすが、早々と成熟して小さな体のまま深海へと降下し、そこでおそらく1回だけの繁殖と産卵を行なう。

　これらの仲間のうち、グループの名前の由来になったオニハダカの繁殖は少し変わっている。この魚は最初は雄として成熟し、それから雌になる。要するに性転換するのだ。性転換をする理由は、大きな体のほうが卵をたくさん作れるからではないかと考えられている。また、オニハダカに近縁な**ヨコエソ**もこうした性転換を行なうことが知られている。

内臓

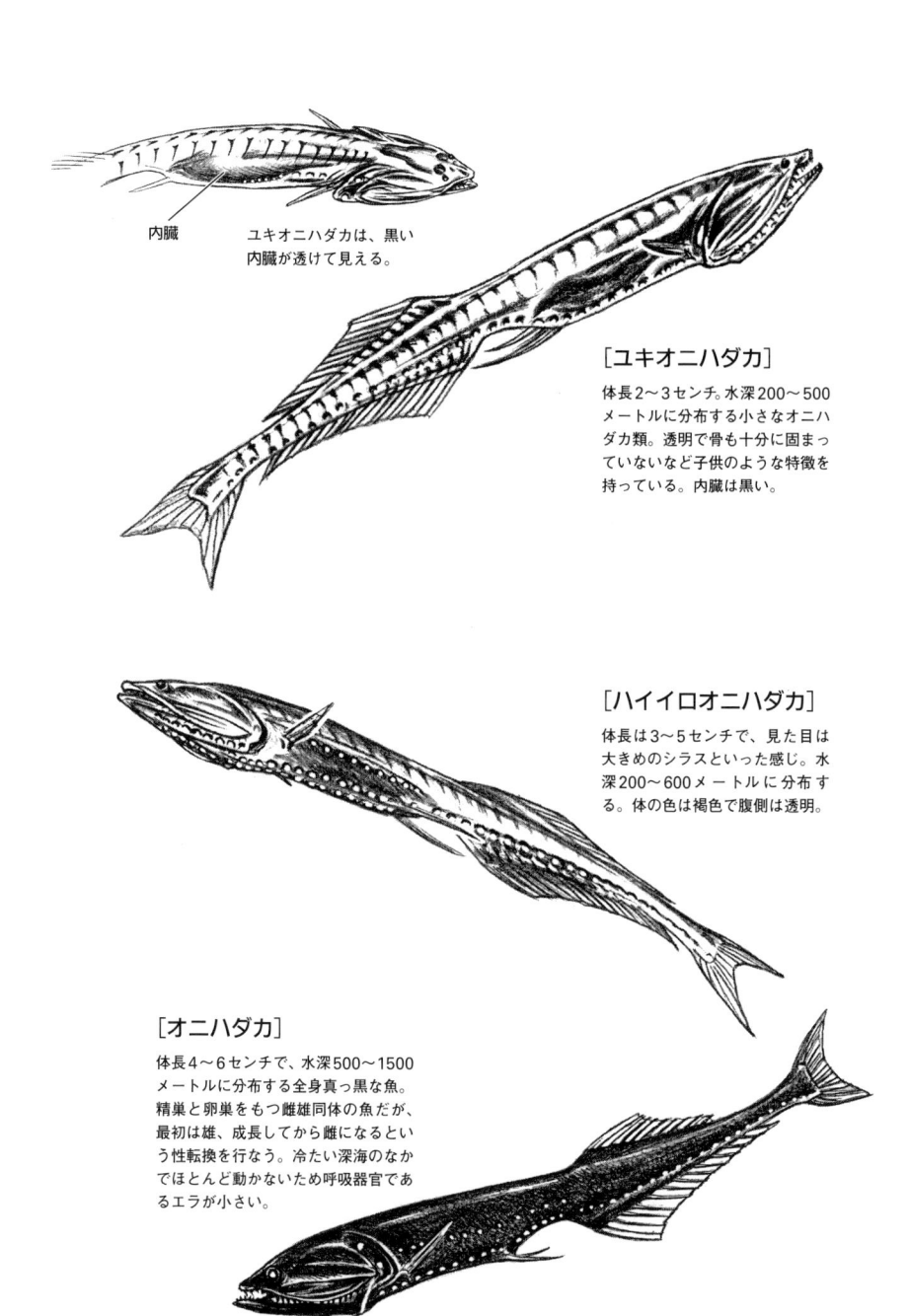

ユキオニハダカは、黒い内臓が透けて見える。

[ユキオニハダカ]

体長2〜3センチ。水深200〜500メートルに分布する小さなオニハダカ類。透明で骨も十分に固まっていないなど子供のような特徴を持っている。内臓は黒い。

[ハイイロオニハダカ]

体長は3〜5センチで、見た目は大きめのシラスといった感じ。水深200〜600メートルに分布する。体の色は褐色で腹側は透明。

[オニハダカ]

体長4〜6センチで、水深500〜1500メートルに分布する全身真っ黒な魚。精巣と卵巣をもつ雌雄同体の魚だが、最初は雄、成長してから雌になるという性転換を行なう。冷たい深海のなかでほとんど動かないため呼吸器官であるエラが小さい。

跳ね上がる牙と顎

ホウライエソ

Chauliodus sloani

　一日中、暗く冷たい、餌の乏しい深海の海中を漂って生活している**ホウライエソ**。彼らは**オニハダカ**に近縁な魚で、ワニトカゲギス類というグループの一員だ。この仲間の多くは日周鉛直運動を行なわないか、ほとんど移動しない。そして深海魚という言葉から誰もが連想する怪異な姿をしている。大きな口と長く伸びた牙、体に並ぶ発光器。しかし恐ろし気な姿と裏腹に体は最大で35センチほどで、多くはイワシくらいの大きさで、薄っぺらい。とはいえ、これら奇怪な体つきは全て深海の環境に適したものなのだ。

　生物の体は筋肉や骨格でできている。筋肉は海水よりも重く、骨格はさらに重い。だから生物には沈まないような工夫が必要となる。例えばアオリイカは筋肉質の体で泳ぎ続けるし、サンマやアジはガスの詰まった浮き袋でその身を浮かべている。一方、ホウライエソやその仲間の浮き袋は小さく、中身は脂肪だ。また、筋肉や骨格は水分が多くて軟弱で軽く、体全体は海水とほとんど同じ比重になっている。おかげで彼らは餌の乏しい深海でしきりに泳ぐこともないまま浮かび続けることができる。また、脂肪の詰まった浮き袋は水圧でつぶされることがないので、水深を変えて移動しても浮力を調節したりする必要はない。こうした適応は**ハダカイワシ**でも見られる。

　貧弱な体に対して、獲物を捕まえるために使う顎の骨格は頑丈で、特に頭の後ろ、人間でいうと首にあたる部分は非常に特殊な構造をしている。大きな頭と顎は特殊な脊椎骨に支えられていて、背中の筋肉を収縮させ、この骨を支点に顎を頭ごと上に跳ね上げ、口を大きく広げることができる。こうしてホウライエソは獲物をうまく捕まえることができ、長い牙は捕えた獲物を逃がさない。

　また、獲物の乏しい深海で生活する深海魚にしばしば見られる性質だが、ホウライエソは自分の体に対してかなり大きな獲物を呑み込むことができる。ある例ではおよそ8センチのホウライエソが3センチのハダカイワシを食べていたことが知られている。

＊　オニハダカ》 *p.106*　ハダカイワシ》 *p.102*

背ビレ

あぶらビレ

[ホウライエソ]
体長最大35センチ。体は寒天質の柔らかい透明な膜に覆われている。背ビレが前方にあるので、代わりにあぶらビレが推進力を生み出すため後方に付く。

体の下には発光器が並んでいる。

ハダカイワシの仲間

ホウライエソは頭を跳ね上げて、口を大きく開けることができる。8センチのホウライエソが3センチのハダカイワシを食べていた例がある。

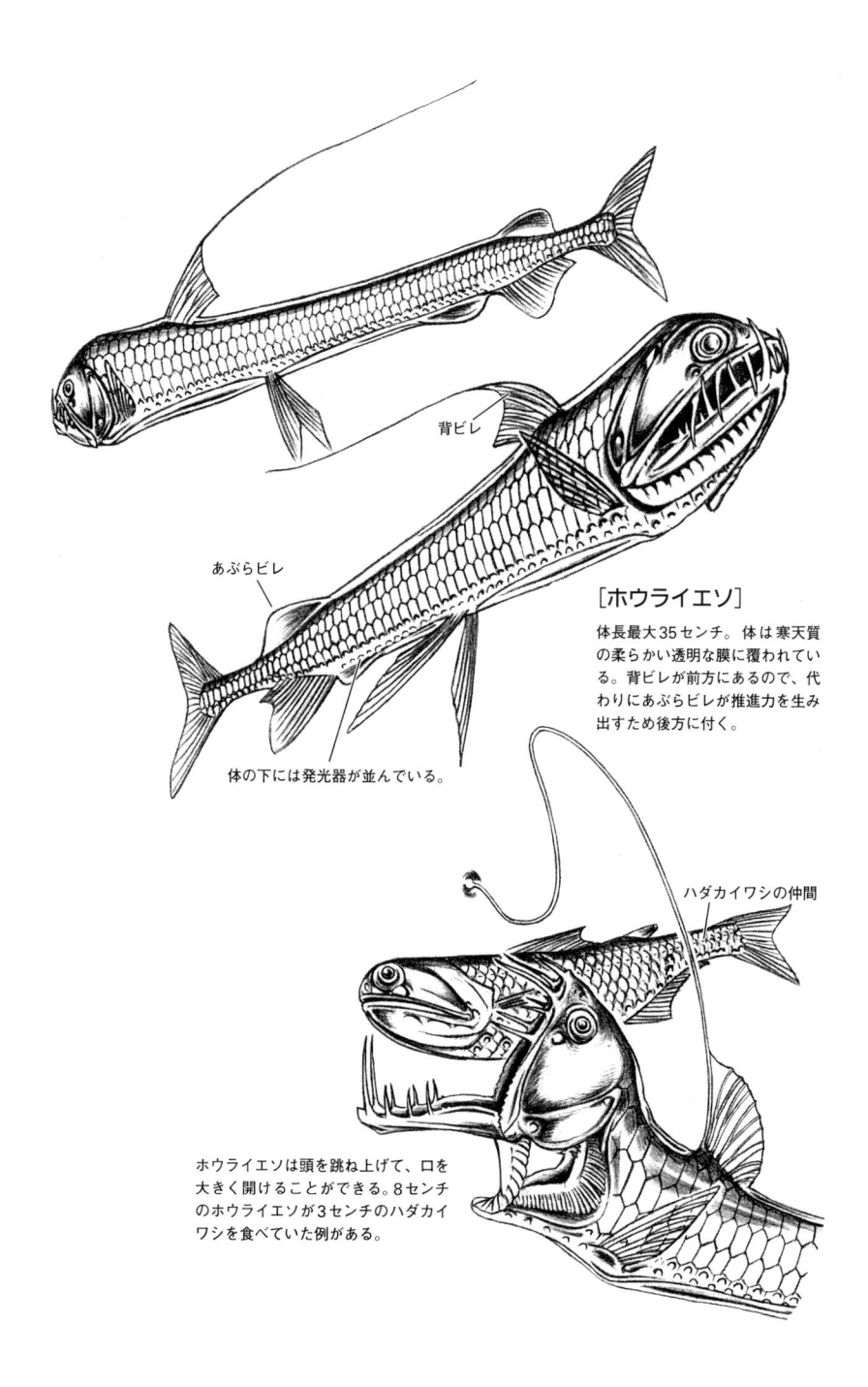

第1章 200〜700mに棲む生物

光でカモフラージュする

ホタルイカ

Watasenia scintillans

　200〜700メートルあまりの水深では、視界のやや上から頭上にかけては青く見えるが、他はほとんどが漆黒の闇だ。頭上から届く光は、反射するものもなく海水に吸収されて闇のなかに消えてしまう。このゾーンには銀や黒、赤い体の生物が多く、銀色は闇を写し、黒と赤は背景の闇に紛れ込んで目立たない。

　このゾーンでは**ハダカイワシ**などのように多くの生物が発光器をもつようになった。発光器の多くは体の腹側に集中していて自らの影を掻き消す機能（カウンターシェーディング＝背景への溶け込み）があると考えられている。私たちにおなじみの**ホタルイカ**もそうした生物だ。ホタルイカは体の表面に小さな発光器をたくさんもっていて、この光で自分の体の影を掻き消す。この時、発光器の明るさは背景に合わせなければ意味がないのだが、そのあたりもよくできている。彼らの目の後ろの一部は、そこだけ透明度が高く、まるで窓のようになっていて、ここで上から降りそそぐ光を感じとっているらしい。また、別の感覚器が自分の発光器をモニターしているのだ。つまり自分の発光器の光を直接感じることで、2つの光を比較して明るさを調整しているのである。

　また、ホタルイカの4対目の腕の先端には3つの強い光を出す発光器がある。これは茹でたイカを見ても黒い点としてちゃんと観察することができる。ホタルイカはこれを威嚇のために使う。漁で網から上げられたホタルイカがチカチカ光るのがそれだ。

　ホタルイカは水深数百メートルの深海で生活しているが、このあたりにはもっと大きなイカがいることも確認されている。いずれも群れで移動する筋肉質の活発なイカで、腕を広げてブレーキをかけては素早く方向転換しながら機敏に動き回っているという。イカは頑丈な口を使って相当大きな獲物も食べられる肉食動物だ。一見、魚だけが君臨するかのように思える海だが、イカも優勢な捕食者として振舞っているのだ。

＊　ハダカイワシ ≫ *p.102*

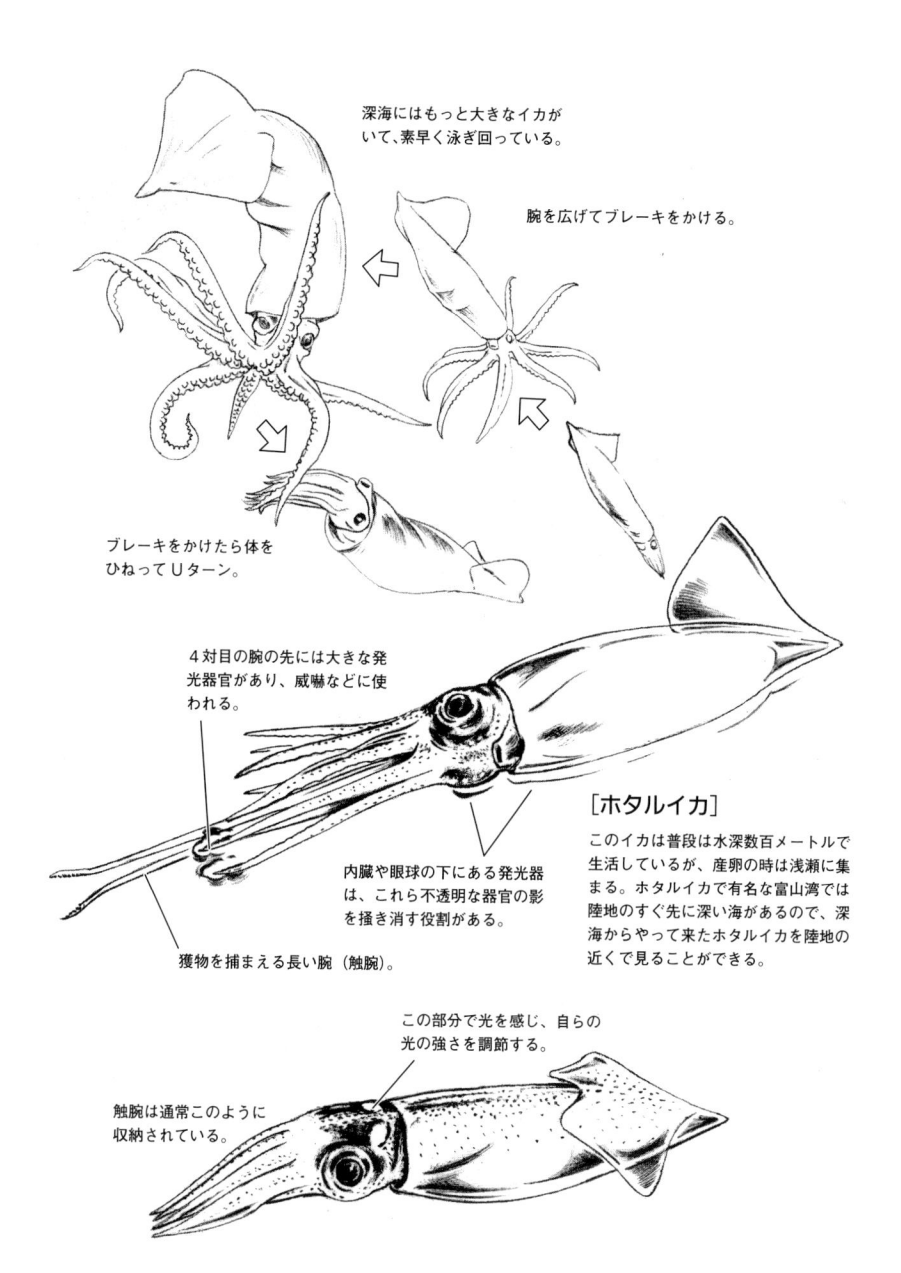

深海にはもっと大きなイカが
いて、素早く泳ぎ回っている。

腕を広げてブレーキをかける。

ブレーキをかけたら体を
ひねってUターン。

4対目の腕の先には大きな発
光器官があり、威嚇などに使
われる。

内臓や眼球の下にある発光器
は、これら不透明な器官の影
を搔き消す役割がある。

獲物を捕まえる長い腕（触腕）。

[ホタルイカ]

このイカは普段は水深数百メートルで
生活しているが、産卵の時は浅瀬に集
まる。ホタルイカで有名な富山湾では
陸地のすぐ先に深い海があるので、深
海からやって来たホタルイカを陸地の
近くで見ることができる。

この部分で光を感じ、自らの
光の強さを調節する。

触腕は通常このように
収納されている。

第1章　200〜700mに棲む生物

塩化アンモニウムの浮き袋

ユウレイイカ　ホウズキイカの仲間

Chiroteuthis imperator, Teuthowenia aff. *megalops*

　多くの魚は内部にガスを満たした浮き袋をもち、浮力を保っている。しかしほとんどのイカは、そうした浮きをもっていない。そのためイカたちは魚とは少々違う条件で海中で生活しなければいけない。例えば**ホタルイカ**のような筋肉質の体をもつ種類は活動的で、沈まないように活発に泳いでいる。しかし、全く違う方法で生活するものもいる。**ユウレイイカ**とその仲間は深海のなかを1匹だけで孤独に生活するイカだ。海中を漂うだけのその姿は、遠くから見ると英字のYのように見える。そして、第4対目の腕が異常に大きく太いが、実はこの腕が彼らの浮力の秘密を握っている。

　この腕の組織には塩化アンモニウムを含む体液が大量に詰まっている。塩化アンモニウムを含んだ体液は周囲の海水、つまり塩化ナトリウムが溶けている水よりもわずかに軽い。その軽さはわずかな差でしかないが、体液を貯め込んで軽さを積み上げれば、イカの筋肉の重みを打ち消すくらいにはなる。大量の体液を含んだ第4対目の腕は浮きとして作用し、そのため胴体（イカの頭巾）を下にして海中を漂うことになる。ユウレイイカの体は水っぽくて軟弱であり、寒天のようなので活発な行動はとてもできそうにない。実際、獲物を捕まえるための腕には発光器がずらずらと並び、小さな吸盤がたくさん付いている。どうも水中を漂いながら獲物が近づくのを待ち伏せているようだ。

　一方、**ホウズキイカ**とその仲間も海中を漂うイカで、彼らも塩化アンモニウムを含んだ体液を浮きにしている。ただし、この仲間のイカは体液を胴体に貯め込んでいる。体液を大量に貯め込んだホウズキイカの胴体はパンパンに膨らんで丸い。

　ユウレイイカもホウズキイカも体は半透明か、あるいは完全に透き通っているが、墨を貯める袋や内臓と目はさすがに透き通ってはいない。よくしたもので彼らはそれらの器官の下側に発光器をもっている。おそらく、影ができてしまう不透明な器官をカウンターシェーディングするためなのだろう。

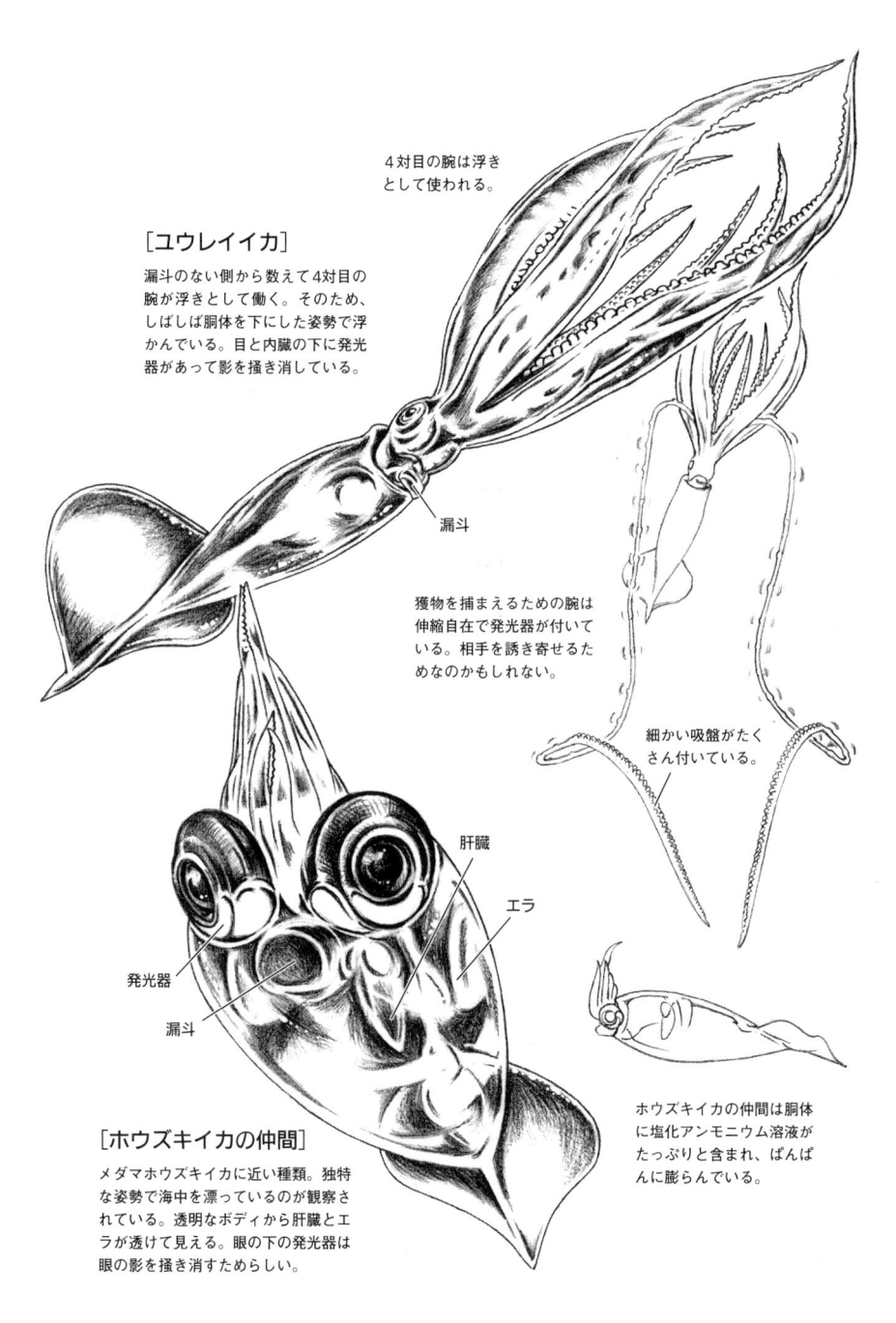

[ユウレイイカ]
漏斗のない側から数えて4対目の腕が浮きとして働く。そのため、しばしば胴体を下にした姿勢で浮かんでいる。目と内臓の下に発光器があって影を搔き消している。

4対目の腕は浮きとして使われる。

漏斗

獲物を捕まえるための腕は伸縮自在で発光器が付いている。相手を誘き寄せるためなのかもしれない。

細かい吸盤がたくさん付いている。

肝臓

エラ

発光器

漏斗

[ホウズキイカの仲間]
メダマホウズキイカに近い種類。独特な姿勢で海中を漂っているのが観察されている。透明なボディから肝臓とエラが透けて見える。眼の下の発光器は眼の影を搔き消すためらしい。

ホウズキイカの仲間は胴体に塩化アンモニウム溶液がたっぷりと含まれ、ぱんぱんに膨らんでいる。

筒状の目をもつ頭足類

クラゲイカ　クラゲダコ

Histioteuthis dofleini, Amphitretus pelagicus

　海中で浮遊生活を営む**クラゲイカ**。体の組織には塩化アンモニウムが溶けた体液がたくさん含まれていて、これで浮力を保っている。左目は右目の2倍以上もあって、斜め上の方、つまり背中側を向いており、右目は小さく腹側を向いている。また、腹には発光器がいくつも並んでいるが、これらの発光器は斜めになっている。どうやらこのイカは体をやや傾けて腹側を下に浮遊しているらしい。大きな左目は上を向いて生物の発光器の光を、小さな右目は下にいる生物の発光をとらえるのではないかとも考えられている。

　おもしろいことにこのイカの左目の水晶体は黄色みがかっている。黄色の水晶体は青い光をよく吸収してしまうはずだ。深海に届く日の光はほとんど青なのに、わざわざそんな色をしているのは何故だろう？　ひとつの説明としてこういうものがある。黄色い水晶体は緑色がかった生物の光よりも、海面から届いた青い光をよく吸収する。だとしたら背景の光に同調して自分の発光器を使って影を消しているはずの生物は、クラゲイカからすると逆に目立って見えるはずだ。彼らの黄色い水晶体は光によるカモフラージュを打ち破る効果があるのかもしれない。

　クラゲイカの左目は筒のような形をしている。こういう形の目は、微かな光を集める大きな水晶体が必要になる、その一方で大きな目を頭にちゃんと収めなくてはいけない、という2つの要求を同時に解決できる。

　クラゲダコも筒状の目をもつ頭足類だ。このタコも浮遊生活を送る生物で、内臓とエラが外から見えるくらいに体は透き通っている。クラゲイカと違って、こちらは両目とも筒状で、さらに体の背面に付いている。浮遊生活に適応したため体の組織はゼラチン質でできているので軽く、そのぶん脆い。水深数百メートルからもっと深い場所にいるらしいが、まだ幼くて小さなものは比較的浅い水深にいるらしい。生態についてはほとんど知られておらず、また、発光器はもっていない。

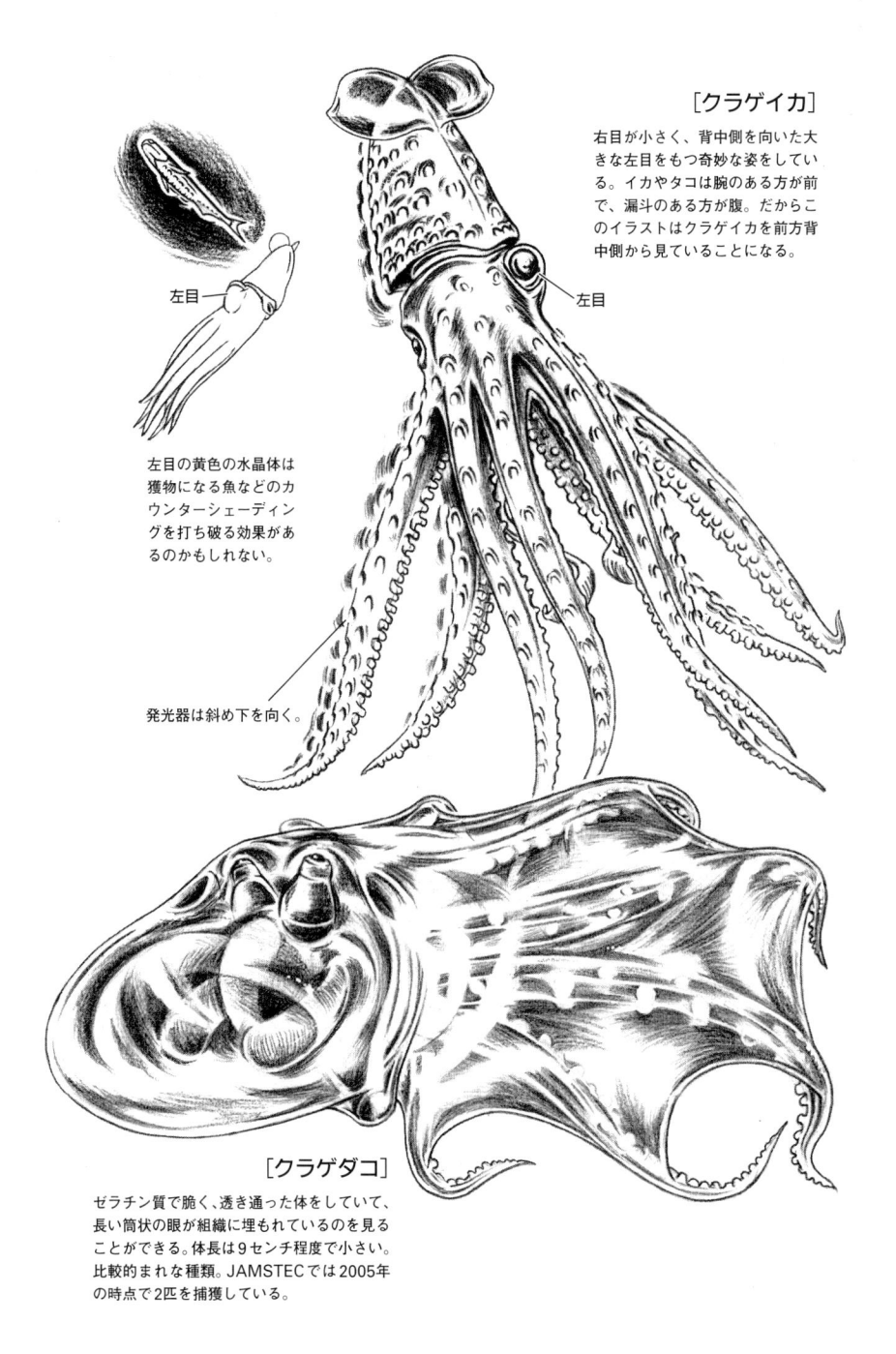

[クラゲイカ]

右目が小さく、背中側を向いた大きな左目をもつ奇妙な姿をしている。イカやタコは腕のある方が前で、漏斗のある方が腹。だからこのイラストはクラゲイカを前方背中側から見ていることになる。

左目

左目

左目の黄色の水晶体は獲物になる魚などのカウンターシェーディングを打ち破る効果があるのかもしれない。

発光器は斜め下を向く。

[クラゲダコ]

ゼラチン質で脆く、透き通った体をしていて、長い筒状の眼が組織に埋もれているのを見ることができる。体長は9センチ程度で小さい。比較的まれな種類。JAMSTECでは2005年の時点で2匹を捕獲している。

第1章　200〜700mに棲む生物　　　　　　　　　　　　115

滑り動く省エネの円盤

メンダコ

Opisthoteuthis depressa

　深海性のタコには墨を吐く力を失っているものがいる。暗黒の世界で墨を吐いてもあまり意味がないからだろう。墨を吐かないうえに、さらに私たちが見なれているタコとはずいぶん違った姿をしたものもいる。

　メンダコは赤っぽいプリンのような姿をした生物だ。水深数百メートルの海底の上にまるっと鎮座していて、しかも耳たぶのようなヒレが目の近くに付いている。もっともこのヒレ、体に比べてずいぶん小さい。メンダコの親戚にはヒレを力強く打ち振って泳ぐ種類もいるが、メンダコのヒレにはそんな力はないようだ。調査船などが接近すると広げていた腕をすぼめて、まるでクラゲのように海底から浮かび、小さなヒレをピコピコとせわしなく動かすが、それが推進力になっているかというと、見た人に言わせればそうでもないようだ。メイン動力というよりは姿勢制御程度の役割しかないようで、彼らはそのまま、まるで深海の円盤のように水のなかを滑るように動く。

　そして、彼らはあまり活動的な生物ではない。例えば普通のタコは体に水を取り込んで漏斗から吹き出し、すばやく動くことができる。だが、メンダコには不可能だ。普通のタコの体には水を取り込む隙間が大きく開いているが、彼らの取り込み口はひどく狭い。その代わりに腕とその間の膜、そしてヒレを使って泳ぐ。こういった泳ぎ方はゆっくりだが、あまりエネルギーを使わないので食べ物が比較的少ない深海ではむしろ好都合かもしれない。つまりメンダコは省エネな生物なのだ。また、深海の生物でよく見られるように脆弱で柔らかい体をもち、水に浮きやすくなっている。海中でこそ丸まった姿をしているが、水から上げられて重力が直接かかると薄っぺらく、ぺちゃんこになってしまう。魚とりの網にも時々引っかかるのだが、実はこのタコ、なんとも形容しがたい化学薬品のような臭いがするそうだ。そのため、魚に臭いがついてしまわないよう、網の中に見つかると「これはいかん」と船から捨てられたりするのである。

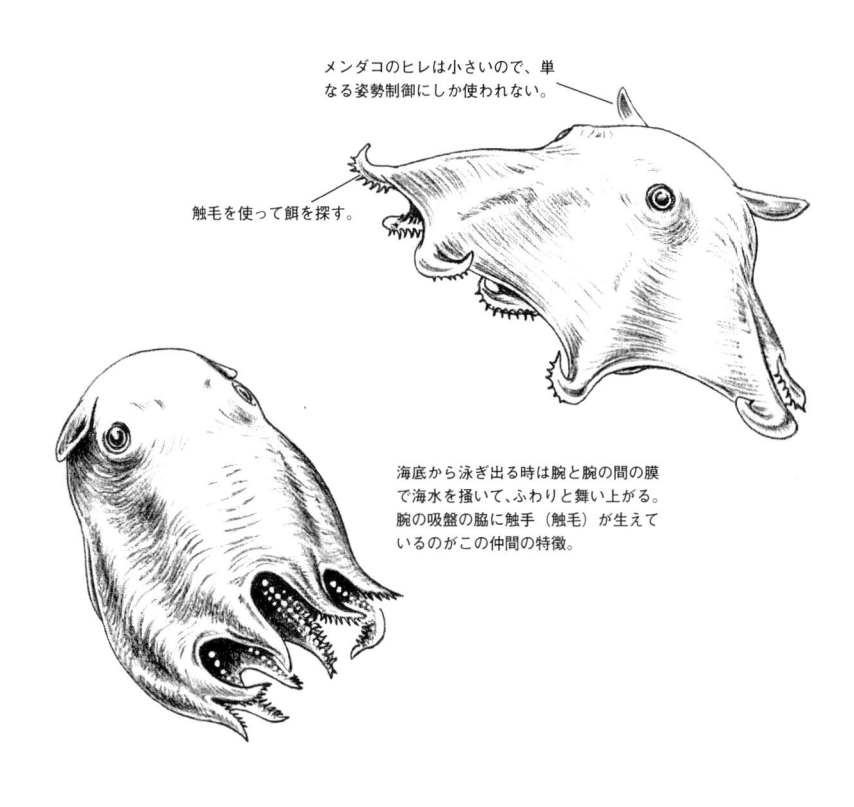

メンダコのヒレは小さいので、単なる姿勢制御にしか使われない。

触毛を使って餌を探す。

海底から泳ぎ出る時は腕と腕の間の膜で海水を掻いて、ふわりと舞い上がる。腕の吸盤の脇に触手（触毛）が生えているのがこの仲間の特徴。

［メンダコ］
水深数百メートルの海底に棲み、ぺたりと座っている時は体が丸くてかわいらしい。赤い色をしており体は非常に柔らかい。

漏斗

貪欲な肉食魚

ミズウオ　バラムツ

Alepisaurus ferox, Ruvettus pretiosus

　水深数百メートルに棲む肉食魚**ミズウオ**は、鋭く大きな歯をもった凶暴そうな大きな顔と、ほっそりとして痩せた銀色の体をしている。大きいものは1メートルを超え、輝くグリーンの目がとても印象的だという。そして、何でも無差別に食べてしまう魚だ。胃の中を調べると海底にいるはずの魚やウニのかけら、海藻やら木材、果てはプラスチックのゴミまでが出てくる。プラスチック製品などを食べたミズウオは消化できずに死んでしまうわけで、海や川にこうした製品を捨てるべきではない。

　ともあれ、ミズウオの胃の中を調べると、その海にどんな生物がいるのかを知ることもできる。彼らの胃から見つかる深海生物は様々で、駿河湾の例では**ユウレイイカ**、**ハダカイワシ**、**ミツクリエナガチョウチンアンコウ**など、もっと陸から離れた海では**オニキンメ**、**クラゲイカ**の仲間などが見つかっている。また共食いも多く、あるいは大きすぎる獲物を呑み込んで死んでしまうこともある。ミズウオは冷たい水を好む魚であるが、カタクチイワシなど、浅い場所にいる魚も食べているようだ。実際に、寒い季節には海面近くにまで上がってきて海岸に打ち上げられているのが発見されている。そんな彼らの肉は深海魚にありがちな水っぽいもので、名前もそこからきている。何しろ、乾かすと骨と皮だけになってしまうほどである。

　バラムツも深海に棲んでいる大形の肉食魚だが、はるかに頑強で深海釣りのターゲットにもなる魚だ。食べてみた人の感想はいずれも美味しいというもの。しかし、食用には向かず、法的にも食用にすることが禁止されている。バラムツの体には油が10数パーセント含まれ、それで浮力を保っているのだが、これはロウであり、人間にとっては非常に消化吸収が悪いシロモノだ。おかげでバラムツを食べると消化されなかった油が体内を通り抜けて、そのまま勝手に下のほうから外へ出てしまう。つまり、バラムツの肉を一定量を超えて食べてしまうと腹痛や吐き気に加えて、それはそれは大変なことが起こるのだ。

＊　ユウレイイカ》 *p.112*　　ハダカイワシ》 *p.102*　　クラゲイカ》 *p.114*

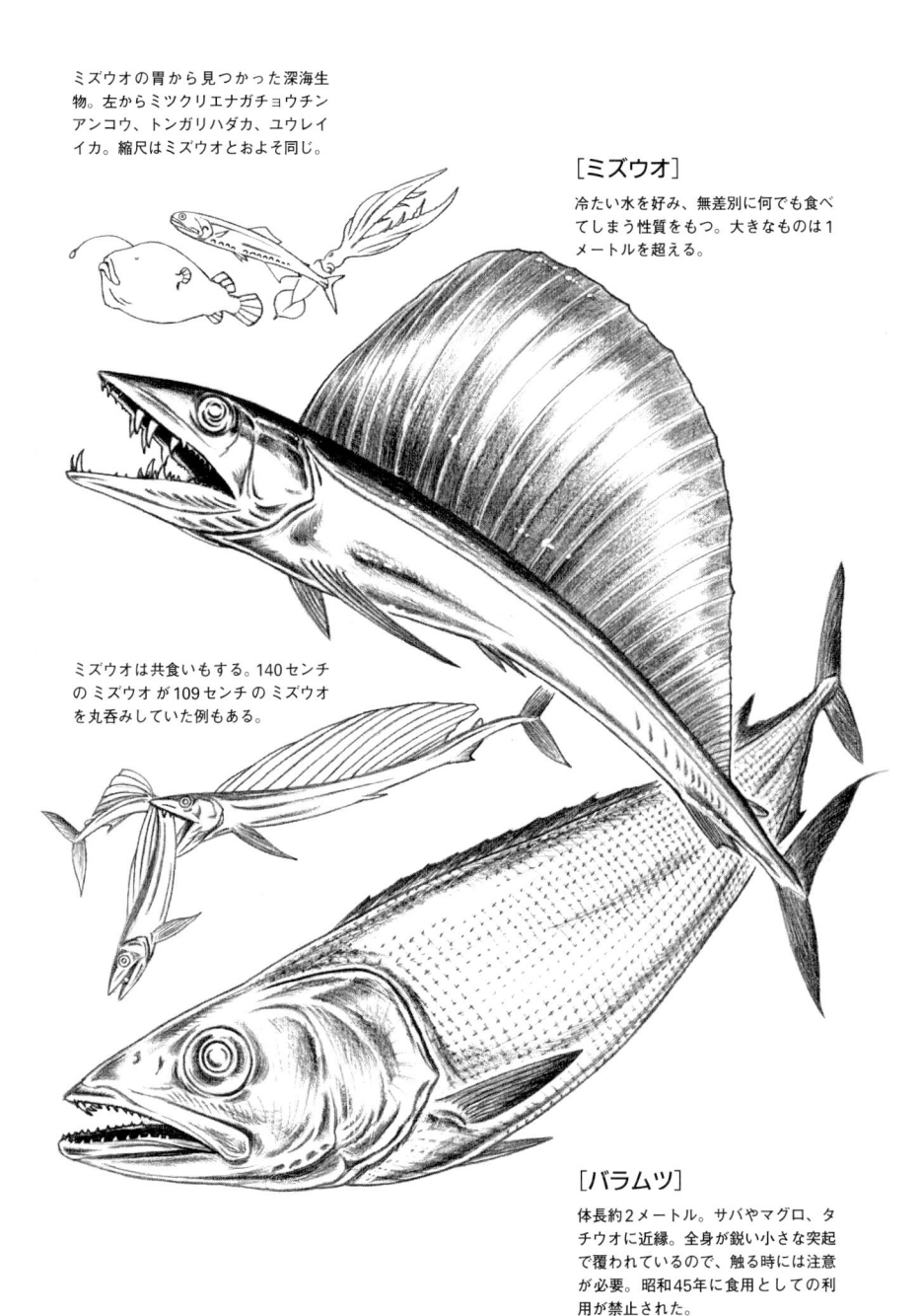

ミズウオの胃から見つかった深海生物。左からミツクリエナガチョウチンアンコウ、トンガリハダカ、ユウレイイカ。縮尺はミズウオとおよそ同じ。

［ミズウオ］
冷たい水を好み、無差別に何でも食べてしまう性質をもつ。大きなものは1メートルを超える。

ミズウオは共食いもする。140センチのミズウオが109センチのミズウオを丸呑みしていた例もある。

［バラムツ］
体長約2メートル。サバやマグロ、タチウオに近縁。全身が鋭い小さな突起で覆われているので、触る時には注意が必要。昭和45年に食用としての利用が禁止された。

第1章　200〜700mに棲む生物

長く飛び出る顎をもつ

リュウグウノツカイ　スティレフォルス

Regalecus russellii, Stylephorus chordatus

　まれに海岸に漂着したり、網にかかったり、海を泳ぐところが目撃されている**リュウグウノツカイ**は、見る人に強い印象を与える魚だ。長大で銀色、板のように薄い体。全身にわたって伸びる朱色の背ビレをひらめかせながら泳ぎ、その背ビレは頭の上で大きく形を変えて、たてがみのようにたなびいている。体長は2〜3メートルあり、大きなものは5メートルを超える。

　打ち上げられた時の海の状況などから考えると深海の最上部、200メートルあまりの水深で生活しているようだ。また、胃の内容物から考えると小さな甲殻類、例えば**オキアミ**などを食べているらしい。

　オキアミとはエビによく似た甲殻類だ。海中にいる節足動物のほとんど全ては甲殻類で、そのなかには**カイアシ類**もいれば、数センチもある強力そうな捕食者であるエビ、そしてオキアミなどがいる。

　魚の顎は人間とずいぶん違ったつくりで、種類によっては上顎を構成するいくつかの骨を互いにずらすことで口を大きく開けることができる。リュウグウノツカイの場合、上の顎が前方へスライドするようにできている。下顎を前に倒すと上顎がスライドして口全体を前に突き出すことができ、そうして獲物を捕まえて食べるらしい。また、深海では立った状態で遊泳しているのではないか、という推測もある。

　スティレフォルスはリュウグウノツカイに比較的近縁な魚で、立ち泳ぎをしているとされるが、体長は30センチ程度しかない。体型はリュウグウノツカイに似ているが顔はまるで違っていて、大きなレンズがはまった目は、さながら双眼鏡のように前方に飛び出し、その下におちょぼ口が付いている。この魚も口を前に、それもとても長く突き出すことができる。こうすると口の内部の空間は一気に数十倍にも拡大する。どうもこの魚は獲物を海水ごと口の中に吸い込んでいるようだ。言ってみれば口全体がスポイトのような機能をもっているのである。

[リュウグウノツカイ]
普段は立ち泳ぎをしているが、移動時は特徴的な朱色のたてがみのような背ビレをたなびかせながら横泳ぎで移動するという。大きなものでは5メートルを超える。

スティレフォルスは獲物を見つけると、顎を突き出して捕まえる。この時、口の容積は38倍にも膨れ上がる。

[スティレフォルス]
体長約30cm。リュウグウノツカイに近縁の魚だが、日本近海からは見つかっていない。深海で立ち泳ぎをしているらしい。

その名も"デカ口"の巨大ザメ

メガマウス

Megachasma pelagios

　体長が4メートルから、大きなものでは5メートル以上にもなるサメ、**メガマウス**。それほど大きいにもかかわらず、メガマウスが人間に認識されたのは1976年のこと。ハワイのオアフ島沖にいたアメリカの調査船が、下ろしていた機材を引き上げたところ、それに絡まっていたという。その後、網にかかったものや、海岸に漂着していた死体など今日までに20あまりのメガマウスが見つかっている。見つかった範囲から考えると世界中のあちこちの海にいるらしい。メガマウスの最大の特徴はメガ＝大きい、マウス＝口という呼び名の通り、口が大きいところだ。口先はまるっこく、体は後ろにいくほど細くなっている。巨大な体と口に似合わずメガマウスの歯はとても小さく、たいていは数ミリ程度しかない。小さな歯からも分かるように獲物を食いちぎるタイプではなく、プランクトンなどを食べており、胃の中からは**オキアミ**や**カイアシ類**などが見つかっている。メガマウスは大口を開けてオキアミなどの群れに突っ込んで、口から海水ごと獲物を取り込んで、エラ孔から海水を排出する。その過程で獲物をエラの前についたクシの歯のような器官（鰓耙）で漉しとって集め、食べるのだ。

　メガマウスはいくつか奇妙な特徴をもっているが、そのひとつが喉と口のまわりが銀色であることだ。この部分が光って獲物を口の中に誘い込むという説もあるが、実際にこの組織が光るかどうかは確認されておらず、発光器も見当たらない。もうひとつが顎を突き出した時に現れる白いバンドだ。サメの仲間の多くは顎が脳を収める軟骨の塊から吊り下がったような状態で、自由に突き出すことができる。バンドは顎を突き出した時、縮んでいた皮膚が伸びると姿を現わす。深海の暗い環境では、このバンドはかなり目立つと考えられている。夜間、暗い場所へ行くと分かるが、わずかな光の中では白いものが光っているように見える。このことから考えると、このバンドは餌を捕ることや、あるいは仲間同士の識別に使うのかもしれない。

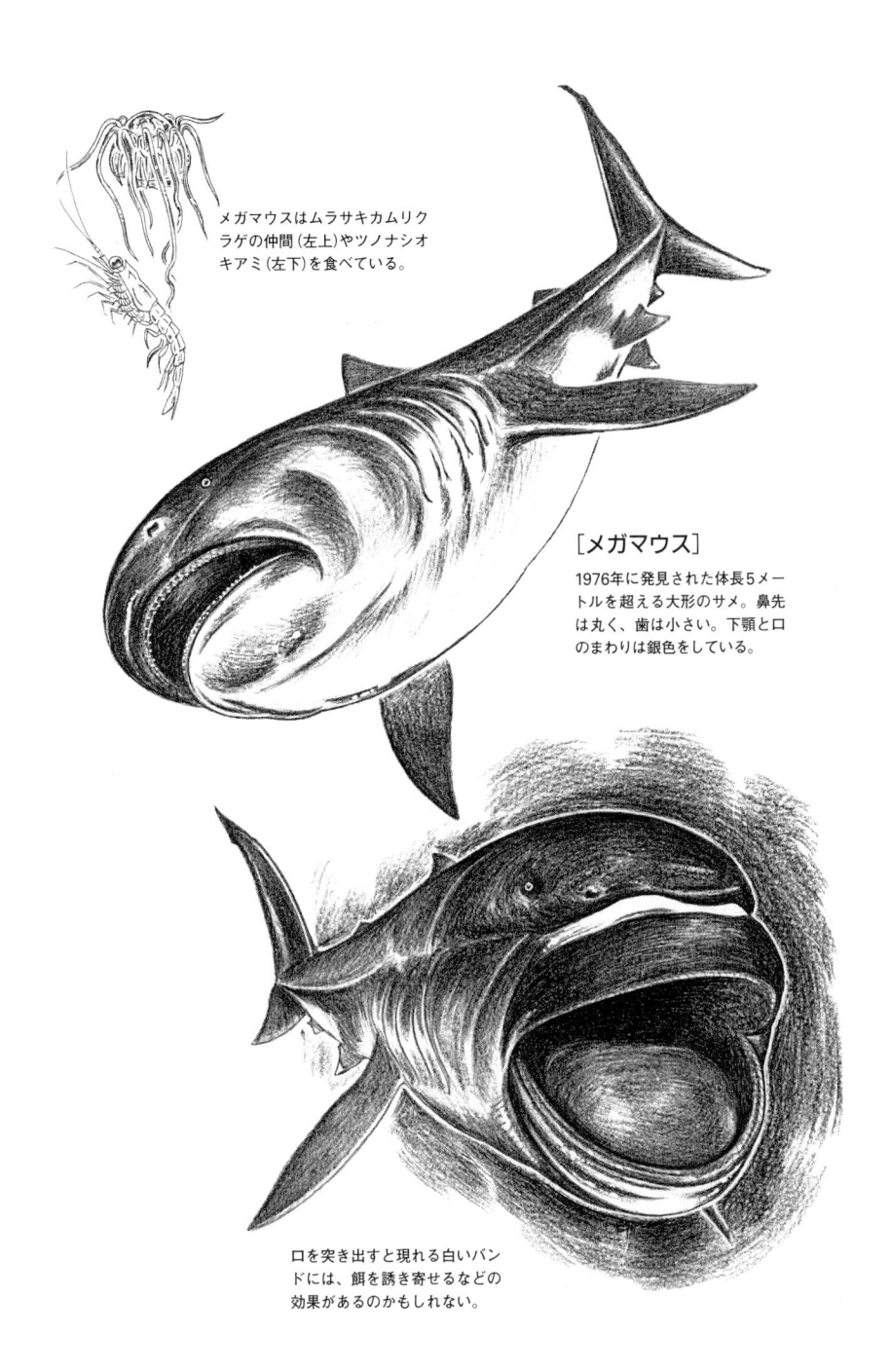

メガマウスはムラサキカムリクラゲの仲間(左上)やツノナシオキアミ(左下)を食べている。

[メガマウス]

1976年に発見された体長5メートルを超える大形のサメ。鼻先は丸く、歯は小さい。下顎と口のまわりは銀色をしている。

口を突き出すと現れる白いバンドには、餌を誘き寄せるなどの効果があるのかもしれない。

肉をえぐる"クッキーカッター"

ダルマザメ

Isistius brasiliensis

　サメとその仲間の歴史は古い。約3億6000万年前、すでに現在のサメとよく似たクラドセラケが出現しており、断片的な化石も入れるとその歴史はさらに遡るかもしれない。いずれにせよ大昔から海のなかでは何度も新しい大型捕食者が現れた。巨大な**オウムガイ**、装甲をまとった肉食魚、肉食爬虫類、それらの多くは滅び去っていったが、サメはいまだに強力なハンターとして君臨している。

　多くのサメの顎は自由に前に突き出せるが、**ダルマザメ**はこの顎を使って実に器用に獲物の肉をかじりとる。その狩りの仕方は獲物を殺して食べるというよりは肉をもち去っていくと言ったほうがいい。ユニークな狩りの仕方に適応して奇妙な歯をしており、上顎の歯は小さくて針状。下顎の歯は大きく鋭く三角形で、列をなして並んでいる。網でイカなどと一緒に捕えられたダルマザメの行動や獲物の体に残された傷跡から考えると、彼らの狩りは次のようなものらしい。まずは獲物の体に上顎とその歯を押し付ける。そして顎を突き出し、下顎の歯を獲物に食い込ませてそのまま上顎を軸にして体をツイストさせる。すると、肉に食い込んだ下顎の歯は体と一緒に回転し、獲物の肉をえぐるように切っていく。この一連の動作はとても素早く、ほとんど一瞬でダルマザメは獲物の肉をスプーンですくいとるようにもち去っていく。彼らの英語名クッキーカッターシャーク、つまり"クッキーの型抜きザメ"という呼び名はここからきているのだ。

　ダルマザメによるこうした特徴的な傷跡は、クジラやイルカ、マグロ、**メガマウス**などにも見られるので、これらが標的にされているらしい。時には原子力潜水艦にさえ攻撃をしかけてくることもあるという。サメは電気や磁力を感じることができ、獲物の発する電気的な信号に反応するが、獲物と勘違いして機械の出す電気や磁気に反応する時があるからだ。深海に下ろした調査機具を引き上げたらダルマザメが挟まっていることがあるが、これも調査機具を獲物だと思って近づいたためだと考えられる。

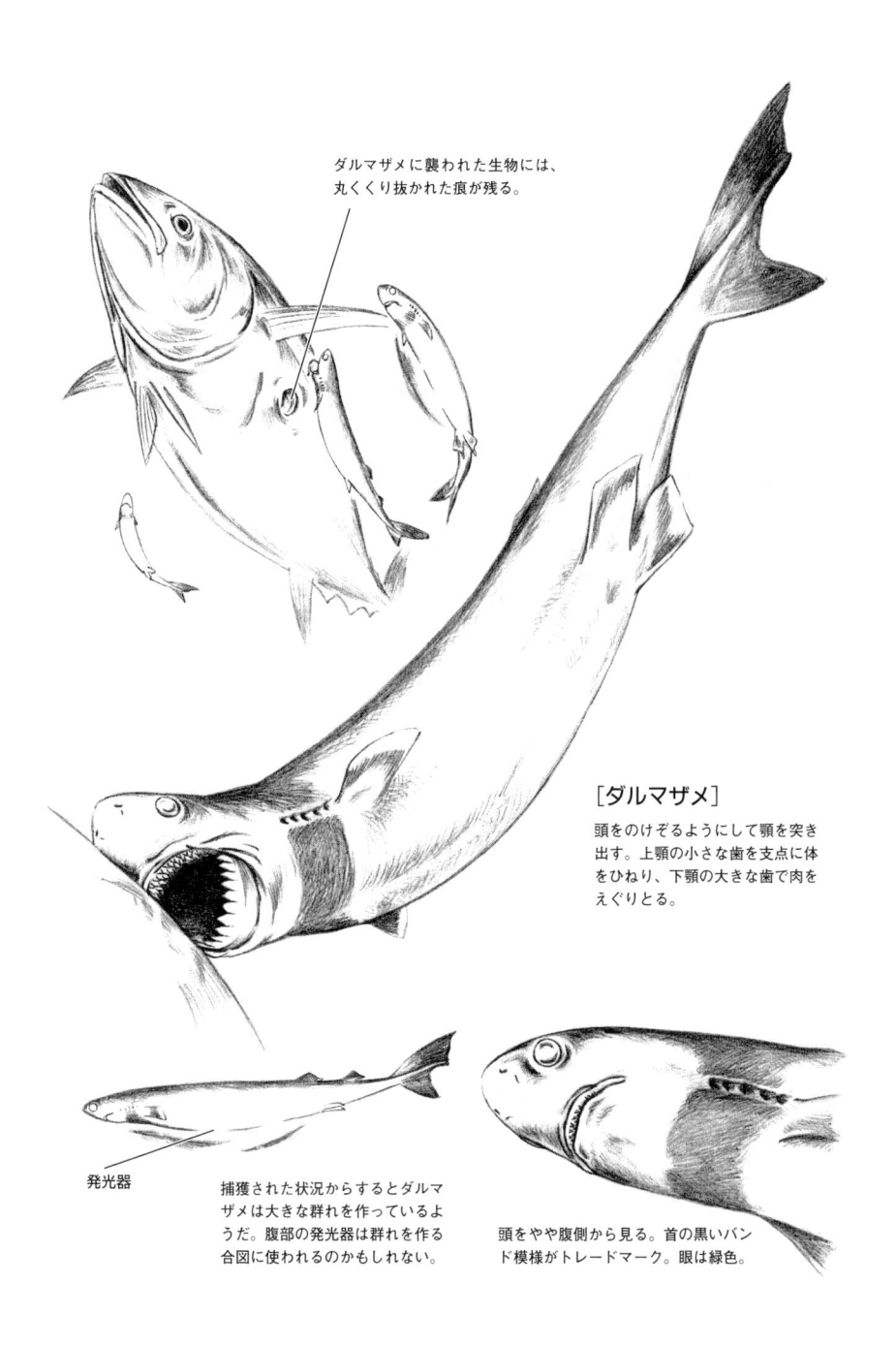

ダルマザメに襲われた生物には、
丸くくり抜かれた痕が残る。

[ダルマザメ]
頭をのけぞるようにして顎を突き出す。上顎の小さな歯を支点に体をひねり、下顎の大きな歯で肉をえぐりとる。

発光器

捕獲された状況からするとダルマザメは大きな群れを作っているようだ。腹部の発光器は群れを作る合図に使われるのかもしれない。

頭をやや腹側から見る。首の黒いバンド模様がトレードマーク。眼は緑色。

骨と皮だけで海底に咲く花

ウミユリ

Crinoidea

　海底は落下してきた有機物が辿り着き集まる場所で、それを糧に海中よりずっと多くの生物が生活することができる。海底の様子は場所によって様々だ。ある場所では砂や泥が溜まり、またある場所は岩場になっていて横縞のある**ユメカサゴ**が鮮やかな赤い姿を岩かげに潜めている。また、植物のようなものが伸びていることもある。それらはイソギンチャクやサンゴの仲間や**ウミユリ**だ。ウミユリは白い花のような、あるいは打ち上げ花火のような姿をした生物で、ヒトデやウニの親戚だ。彼らは棘皮動物と呼ばれていて、そのなかでもウミユリは原始的な状態を留めている。

　太古の昔、棘皮動物の歴史の初期に現れた種族は、腕と口、消化管を収めた体を茎のような器官で支えて、海底から立っていた。ウミユリは今でもそういう生活スタイルを受け継いでいる。彼らはパラボラアンテナのように円形に広げた腕で水中を流れる有機物を集める。腕の中央には溝があって、そこには繊毛が生えている。溝は口まで続いていて、腕でキャッチした有機物は繊毛によってベルトコンベァーのように溝の中を口まで運ばれるのだ。

　自分で水流を作り出し、有機物を集める**オタマボヤ**などとは違い、ウミユリは全くの受け身で餌を集めている。そのためウミユリには有機物を運んできてくれる水の流れがどうしても必要だ。そこで、ウミユリは長い茎を使って海底から高く伸び上がり、その身をなるべく水の流れに置こうとする。

　現在、ウミユリのほとんどは深海で暮らしているが、恐竜のいた１億年あまり前までは浅海にいたことが分かっている。しかしこの時代を境にウミユリは浅海から徐々に姿を消した。この時代の化石から腕を食いちぎられた痕が増えており、ウミユリの体をついばんで食べてしまう魚などがいたことが分かる。そうした証拠からすると、天敵の増大によってウミユリは深海のみに分布するようになったらしい。ウミユリは積極的な防衛能力をもっておらず、もっぱら強力な再生能力でしか敵に対抗できないのだ。

内臓を収めた体と腕を、細い茎で支え、海中を漂う餌を集める。

[トリノアシ]

ウミユリの一種で、比較的浅い水深に棲んでいる。

トリノアシは再生能力が非常に強い。下図のように体のほとんど全部を失っても、右図のように再生することが可能だ。

第 1 章　200〜700m に棲む生物

127

太古の魚の生き残り

シーラカンス

Latimeria chalumnae

　もともと化石のみで知られていたので、とっくの昔に滅び去った種族であると考えられていた**シーラカンス**。彼らが生きた状態で見つかったのは1938年のことだ。場所はアフリカ、マダガスカルの近くにあるコモロ諸島。インドネシアの深海からも見つかっている。シーラカンスの仲間の化石はおよそ3億8000万年あまり前の地層から見つかっているが、棲息場所は現在とは違っており、いずれも浅い海や、あるいは淡水に棲んでいたようだ。また現在の種類は体長が2メートルと大きいが、化石で知られている種類のほとんどは金魚か、あるいはフナくらいの大きさしかない。

　シーラカンスと南半球の淡水に棲むハイギョは人間に比較的類縁が近い魚類だ。逆に言うと、海から地上へ進出し、異なる環境に適応した魚が私たち陸上脊椎動物なのだ。シーラカンスにはヒレを支える肉質の柄があるが、これは陸上へと進出した私たちの祖先が腕や脚へ転用した構造の原型である。

　だからシーラカンスが発見された時、彼らは頑丈なヒレで海底を歩いているのではないかと言われていた。しかし実際には単純にヒレとして使っており、時には逆立ちをして獲物を探している。おそらくシーラカンスやハイギョ、人間の共通の祖先も頑丈なヒレを単に泳ぐために使っていたのだろう。シーラカンスはそうした機能を今でも受け継いでおり、むしろ立派な魚のままだ。ヒレで歩くという特殊な進化を遂げたのは人間の祖先だけだったのである。

　シーラカンスは他にも古い特徴を残している。例えば頭骨の途中に関節があって、それを使って頭の前方部分を上へ折り曲げ、反らすことができる。下顎を開くのと同時に頭を曲げて口を大きく開け、うまく獲物を捕まえるのだ。化石から考えるとシーラカンスもハイギョも人間も、いずれの祖先もこの関節をもっていたようだ。しかし私たちとハイギョはこんな関節をとっくの昔に失ってしまい、シーラカンスだけが今でも残している。

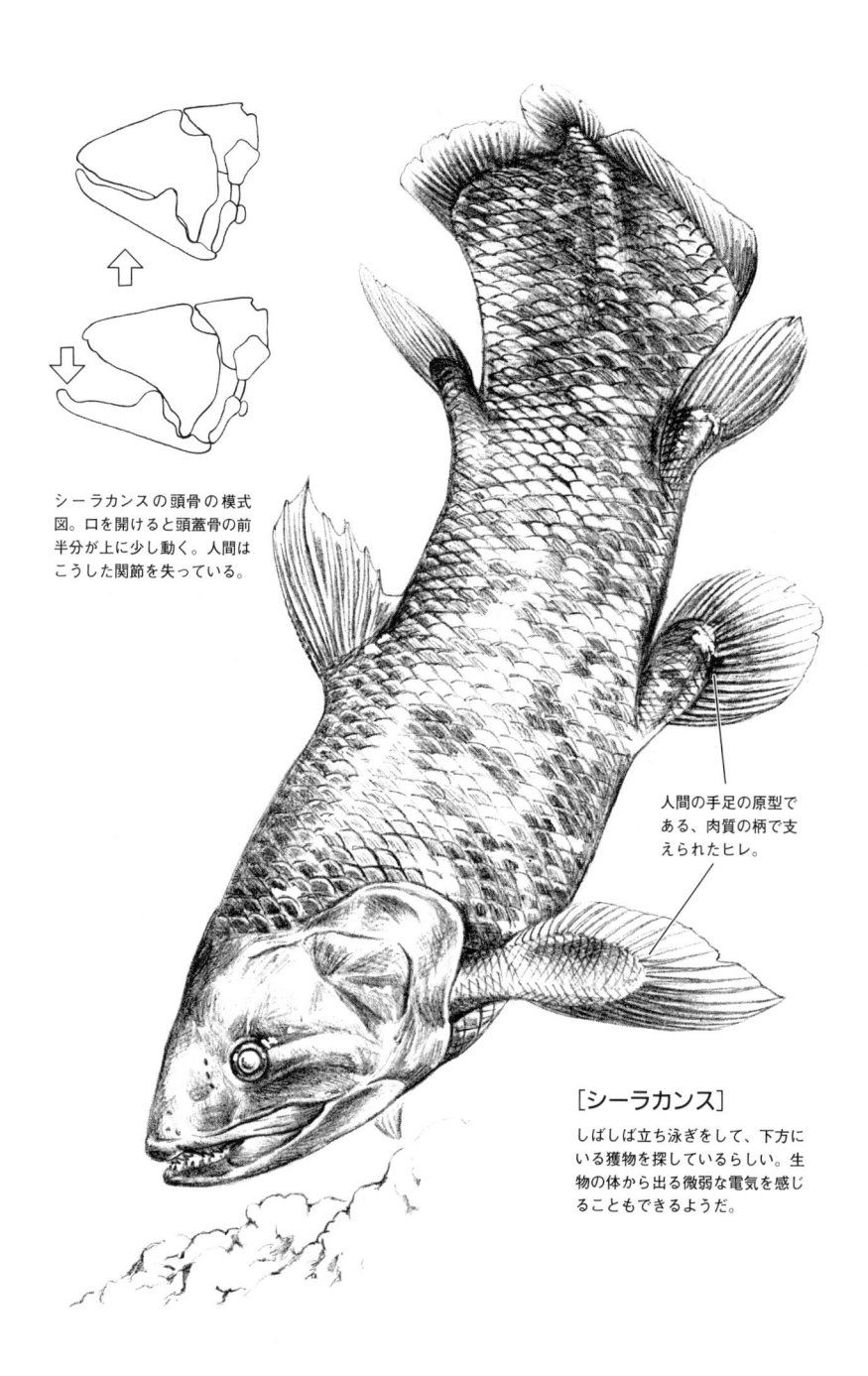

シーラカンスの頭骨の模式図。口を開けると頭蓋骨の前半分が上に少し動く。人間はこうした関節を失っている。

人間の手足の原型である、肉質の柄で支えられたヒレ。

［シーラカンス］
しばしば立ち泳ぎをして、下方にいる獲物を探しているらしい。生物の体から出る微弱な電気を感じることもできるようだ。

第1章 200〜700mに棲む生物

優雅に浮かぶ大きな殻

オウムガイ

Nautilus pompilius

　シーラカンス同様オウムガイも、古い特徴を留める生物である。しかし存在自体が古くからよく知られていたのは、死ぬと殻が浮き上がり、浜辺に打ち上げられるからだ。また、殻は貝ボタンの材料に使われている。

　そんなオウムガイはフィリピンからフィジーにかけて分布し、水深100〜500メートルの海底に棲む、タコやイカの仲間だ。殻をもっている頭足類は他にもいるが、彼らと違ってオウムガイは自分の殻の中に棲んでおり、さらに殻の構造もはるか昔に出現した祖先たちと基本的には同じである。要するにオウムガイは太古の生活様式を留める原始的な生物なのだ。いくつにも区切られた殻の中にはガスが詰まっていて、体は海水よりほんの少し重いだけだ。そのおかげで、漏斗から水を噴射すれば体は軽々と動き出し、漏斗を後ろに向ければスイスイと前進することもできる。

　海中での移動は容易にこなすがイカやタコほど筋肉質ではなく、腕はむやみに多くて約90本あり、細長くて軟弱だ。獲物を見つけると彼らはサヤから腕をにゅ〜っと伸ばして近づく。腕に吸盤はないが、細かいリング状のシワがあって物に引っ付くことができる。実際に触ってみると、セロハンテープのようなピタピタした感覚だそうだ。イカ、タコなら獲物を力強い腕で押さえ込むが、オウムガイの場合は何十本もある腕でエビや魚を絡めとって捕まえる。捕まえてしまえば、こっちのものだ。堅く頑丈な顎で獲物を噛み砕いて食べてしまう。

　また、浮きがあるからといって海中を泳いで生活しているわけではなく、海底から離れて上昇してもせいぜい1メートルぐらいのものらしい。夜行性であるため、夜になると海底に沿って浅い場所まで移動し、明るくなると再び深い場所まで戻る。また、冷たい海水を好むが、産卵は浅い暖かい場所で行なって、2〜4センチほどの卵を産む。何千万年も前、オウムガイの仲間は世界中に分布していたが、このように産卵を水温の高い場所で行なうので、地球の寒冷化にしたがって分布が限られてしまったのかもしれない。

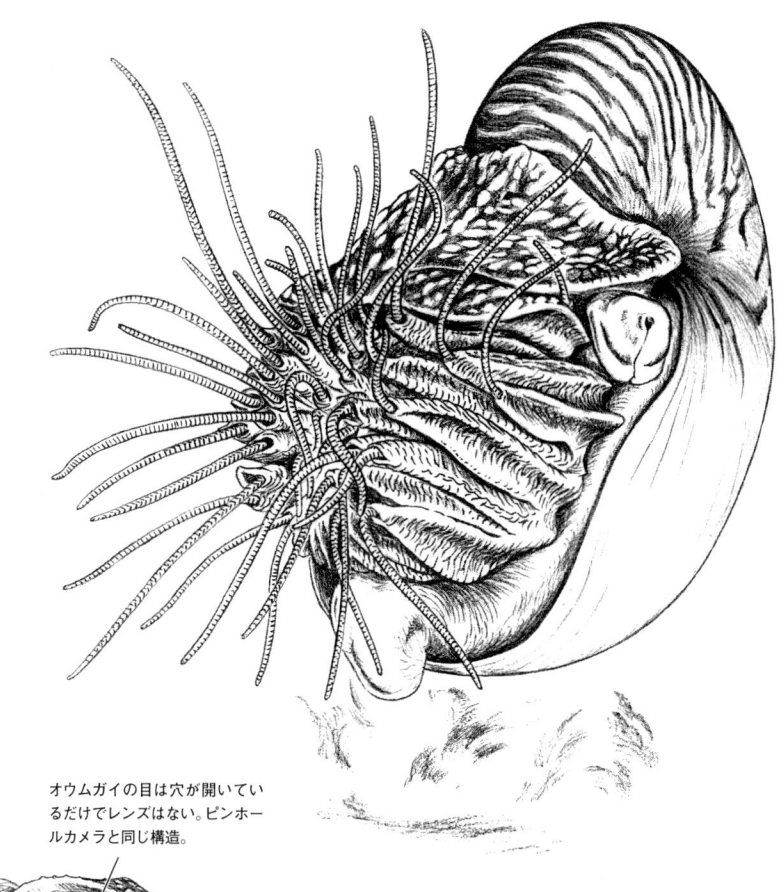

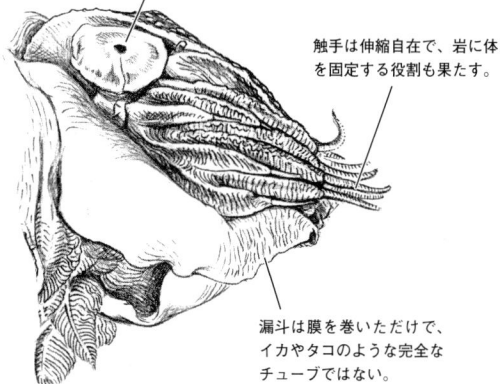

オウムガイの目は穴が開いているだけでレンズはない。ピンホールカメラと同じ構造。

触手は伸縮自在で、岩に体を固定する役割も果たす。

漏斗は膜を巻いただけで、イカやタコのような完全なチューブではない。

［オウムガイ］

水を噴く漏斗を後ろに向けて前進するオウムガイ。獲物を捕まえるために触手を広げている。ほんの少しだけ海水より比重が高いので、動かない時は海底の岩などにくっ付いている。

第 1 章　200 〜 700m に棲む生物　　　131

閉鎖された海の生物

ノロゲンゲ　ザラビクニン　ズワイガニ

Allolepis hollandi, Careproctus trachysoma, Chionoecetes opilio

　長い歴史のなかで大陸は移動し、その過程で海流は変わり、地球の環境も変わってきた。はるか数千万年前、地球は温室の星だった。しかし大陸の配置が変わり、暖かい海流が南極に届かなくなると南極は冷え、さらには地球全体が冷えはじめた。約250万年前になると陸上で氷河が発達し、海から水が少なくなり、氷河期の間、海面は低下する。

　北は津軽海峡、南は対馬海峡によって、日本海は太平洋と連絡しているが、どちらも水深は浅く、氷河期に海面が下がると海水の行き来は悪くなった。一方、陸地から川が流れ込むので表面付近の塩分は少しずつ薄くなっていく。こうして日本海は塩分の少ない水の層に覆われてしまったのである。しかし海の表面では光合成が続き、有機物が深海へと落下する。動物もバクテリアもその有機物を食べ、酸素を利用してエネルギーを手に入れ、二酸化炭素を排出する。だが表面を塩分の少ない水に覆われた深海に酸素は供給されず、やがて動物は姿を消した。現在日本海の深海にいる魚などは氷河期が終わった後、浅い場所にいたものが再度、深い水深へ進出したものだ。そのため日本海では深度が違っても生物の顔ぶれにほとんど違いがない。

　そんな日本海の泥に覆われた海底に**ズワイガニ**は棲んでいる。小さな生物や死んで沈んできた生物などを食べているらしく、調査船がイワシなどを網に入れてもって行くとワラワラと集まってくる。また、しばしば見られるのが**ノロゲンゲ**という魚だ。体はぬるぬるしていて細長く、肉はゼラチン質で柔らかい。海底で体を巻いていることがあるが、この姿勢は警戒のポーズらしい。異様なのが**ザラビクニン**や**サケビクニン**だ。この2種は近縁で、色以外に大きな違いはない。どちらも巨大で太り過ぎたオタマジャクシのような姿をしており、銀色に輝く目が印象的だ。この魚は胸ビレが変形して、まるで手のように見える。半分逆立ちしたような姿勢で泳ぎながら、このヒレで海底の小動物を探し、見つけるとぱっと呑み込んで食べてしまうのだ。

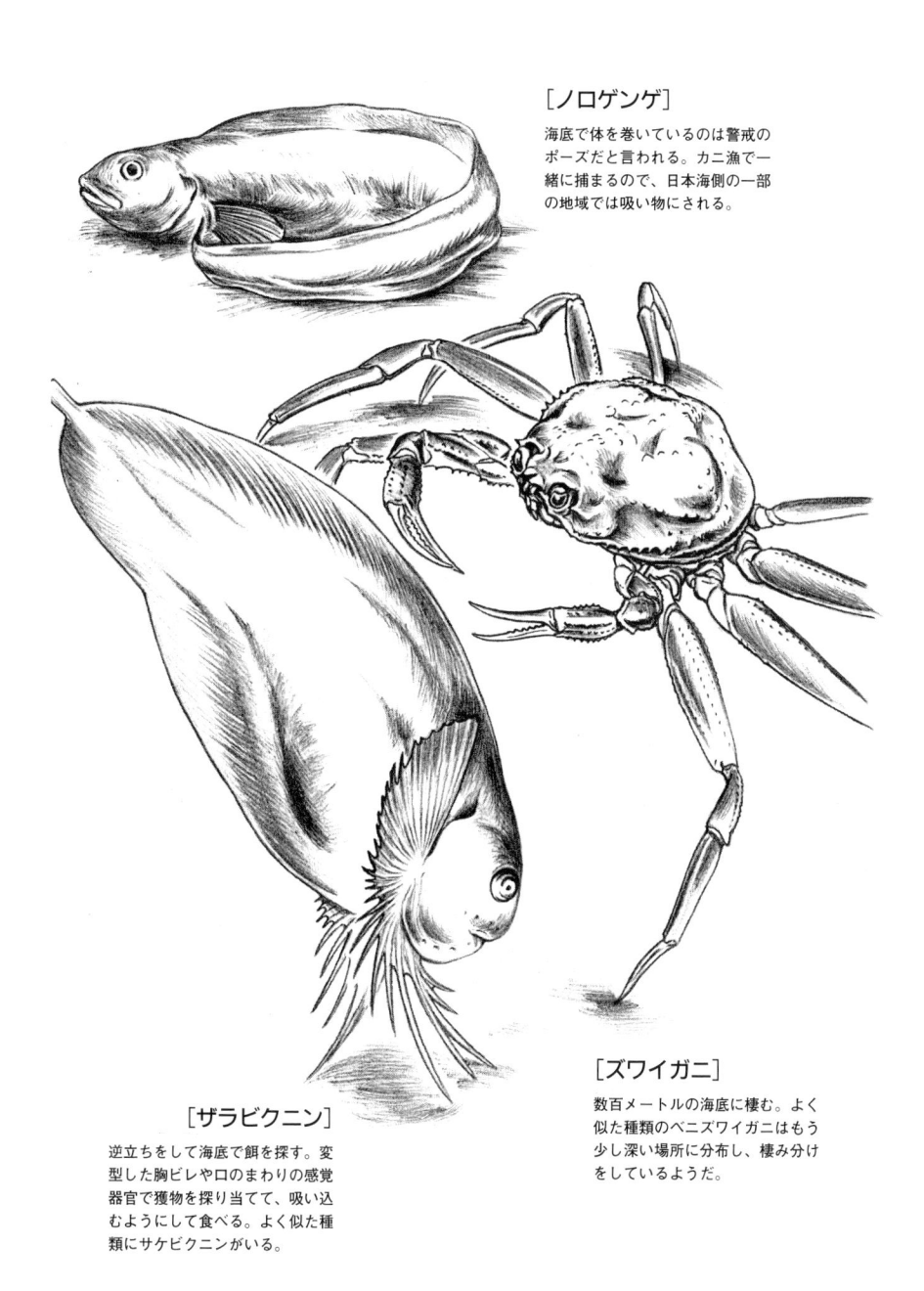

［ノロゲンゲ］

海底で体を巻いているのは警戒のポーズだと言われる。カニ漁で一緒に捕まるので、日本海側の一部の地域では吸い物にされる。

［ズワイガニ］

数百メートルの海底に棲む。よく似た種類のベニズワイガニはもう少し深い場所に分布し、棲み分けをしているようだ。

［ザラビクニン］

逆立ちをして海底で餌を探す。変型した胸ビレや口のまわりの感覚器官で獲物を探り当てて、吸い込むようにして食べる。よく似た種類にサケビクニンがいる。

第 1 章　200〜700m に棲む生物

深海マメ知識 ❶
意外に食べてる深海魚

深海魚なんて奇妙な生物、見たことも食べたこともない？
とんでもない！　普段食べている魚のなかにも実は……

　私たちは多くの魚介類を食べているが、そのなかの何種類かは水深200メートルよりも深い場所にいる生物、つまり深海生物だ。白身の魚マダラは水深数百メートルに棲んでいる。近縁のスケトウダラも普段は深い水深にいて、卵は辛子明太子の材料にされる。どちらも冷たい北の海を好む魚で東北以北や日本海で水揚げされる。ハンバーガーのフィレオフィッシュにはタラの仲間のメルルーサなどが使われている。メルルーサは南半球の深海に棲んでいて、それぞれの海域によって違う種類がいる。

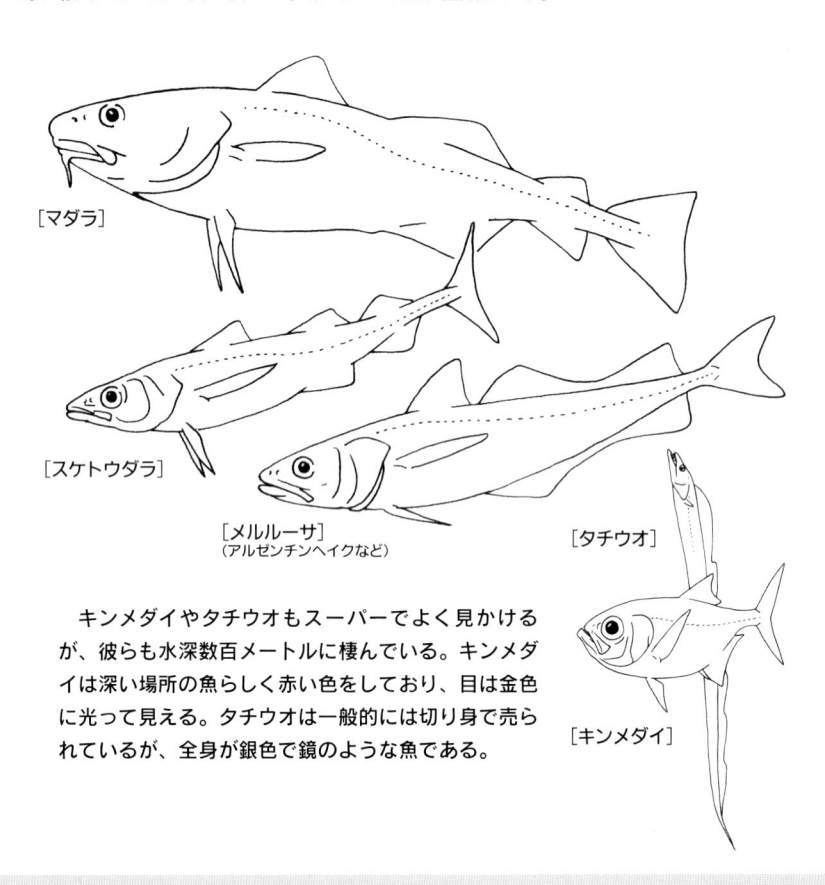

［マダラ］

［スケトウダラ］

［メルルーサ］
（アルゼンチンヘイクなど）

［タチウオ］

［キンメダイ］

　キンメダイやタチウオもスーパーでよく見かけるが、彼らも水深数百メートルに棲んでいる。キンメダイは深い場所の魚らしく赤い色をしており、目は金色に光って見える。タチウオは一般的には切り身で売られているが、全身が銀色で鏡のような魚である。

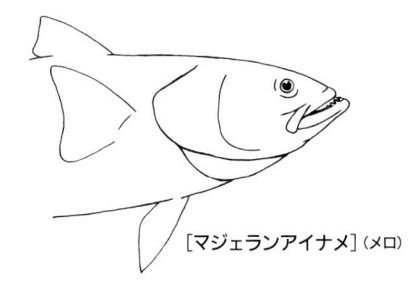

メロは銀ムツとも呼ばれている深海魚だが、ムツの仲間ではなくて南極海とその周辺にだけ分布するノトセニア魚類というグループに属する大きな魚である。脂がのっていて美味しいが、最近、数が減ってしまっているらしい。メロや銀ムツは商品名で、正式名はマジェランアイナメという。

［マジェランアイナメ］（メロ）

私たちが食べるエビ、カニには深海性の種類が多い。タカアシガニは甲殻類のなかで最大級の種類で、大きなものでは脚を広げると３メートル以上にもなる。比較的ポピュラーなアマエビは、なんと性転換をする。最初は雄として生まれ、成長すると雌になって産卵する。西洋料理などによく使われるアカザエビも実は水深数百メートルに棲んでいる深海生物である。

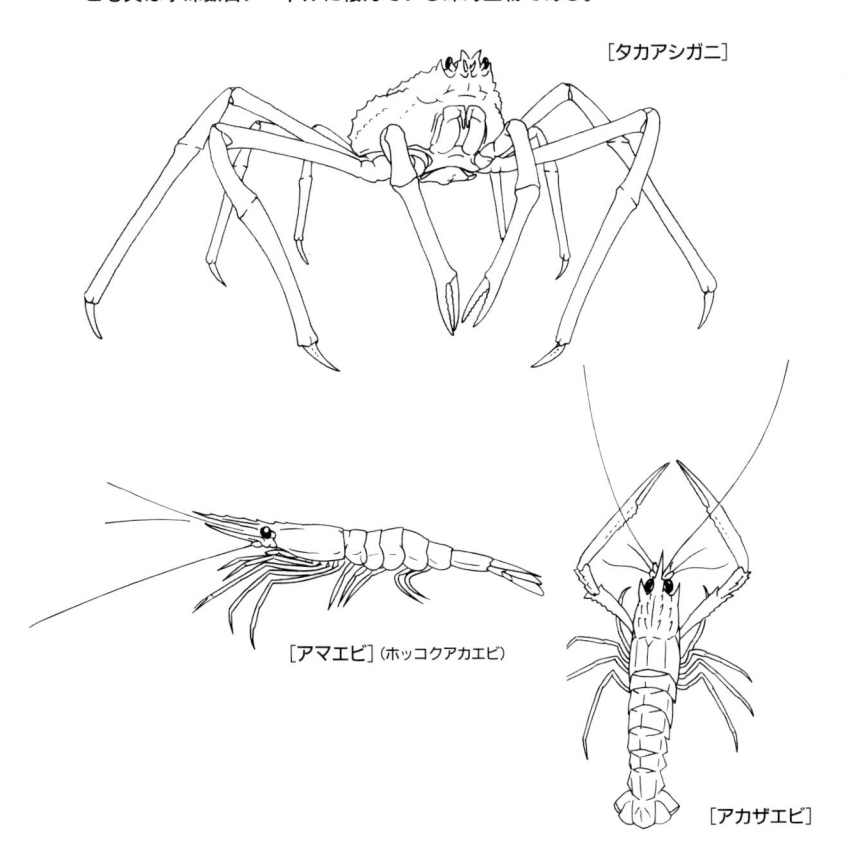

［タカアシガニ］

［アマエビ］（ホッコクアカエビ）

［アカザエビ］

深海マメ知識 ❷

標本採集が困難な生物

深海を調査するためには生物を分類し記録しなければならない
しかしデリケートなクラゲは標本が残しにくい困った生物なのだ

　深海に棲む生物は一体何をしているのだろう？　海の体積の95パーセントを占める深海ではどんな生態系が成り立っているのだろう？　それを調べるには、海のどこに、どんな生物が、どのくらいいるのか、それを調べなければならない。ところが海は見通しがまるで利かない。そのため潜水艇や無人探査機が完成される以前、網で生物を捕まえて調べるぐらいしか深海調査の方法がなかった。ところがクラゲやサルパ、オタマボヤなどの柔らかい生物は網で捕まえると壊れてしまう。比較的堅くて壊れないものもいるが、たいていのものはバラバラになってしまったり、ほとんど痕跡さえ残らなかったりする。

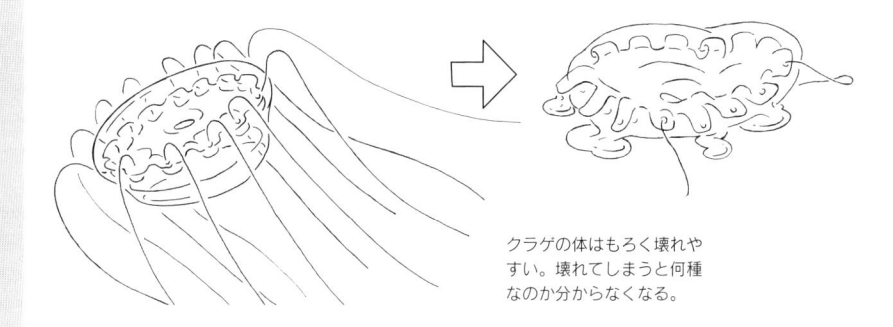

クラゲの体はもろく壊れやすい。壊れてしまうと何種なのか分からなくなる。

　人間が潜水艇を作って深海を直接観察するようになると、深海ではクラゲや、ゼリー状のもろい体をもつ生物、つまり観察しようとすると壊れてしまう生物が予想以上に多いことが分かってきた。このことは観察するという行為そのもののせいで、本来観察するべき深海の生態系の状態が分からなくなってしまうことを意味している。

　クラゲは数が多いだけでなく、甲殻類や魚を食べる活発な肉食性の生物で、生態系では重要な位置を占めている。そんなクラゲを深海の生態系を探る際に無視することはできない。とはいえ、採集が難しい。確かにアクリルの円筒形の筒に海水ごとクラゲを採集することはできるが、これは大きな装置なので探査機に多くは乗せられない。2匹のクラゲを採集することができても、このことで"何がいるのか？"を調べることはできるが、"どれだけいるのか？"は分からないままだ。

さらに、こうしたクラゲを"どう記録するのか？"という問題がある。"何がいるのか？"を知るには採集するだけでなく、それが何ものなのか判定しなければいけない。だからまず、生物を整理整頓してデーターベースを作り、それと照らし合わせる必要がでてくる。そして生物をデーターベースに記録するには基準がいる。例えば新種を見つけたら、その種の基準となる標本を残さなければいけない。標本というのは大事なものだ。押し花のような植物標本は水に戻せば解剖することだってできる。しかしクラゲやゼリー状生物ではそうはいかない。

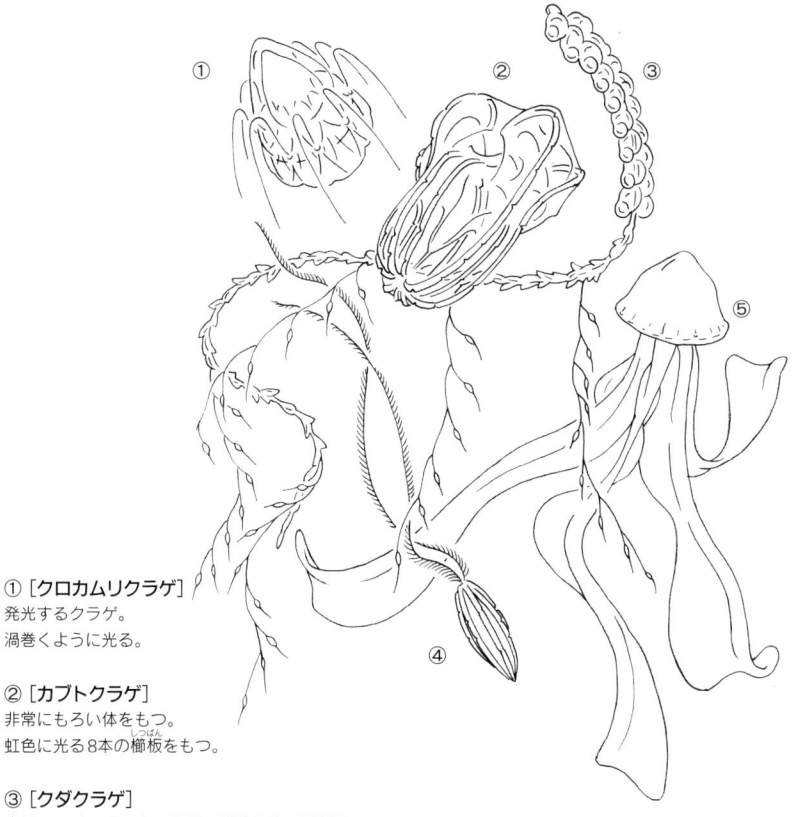

①［クロカムリクラゲ］
発光するクラゲ。
渦巻くように光る。

②［カブトクラゲ］
非常にもろい体をもつ。
虹色に光る8本の櫛板をもつ。

③［クダクラゲ］
全長40mという、とても長い群体を作る種類もいる。

④［フウセンクラゲ］
有櫛動物系の特徴である虹色に光る櫛板をもつ。
長い2本の触手で餌を捕まえる。

⑤［スティギオメデューサの仲間］
ユビアシクラゲに近いクラゲで、腕が非常に大きい。

クラゲを標本にしても、それらは崩れたり溶けたりする。クラゲの保存は種類によってはなかなかうまくいかないのだ。少しばかり時間の経った標本を見たら、標本瓶の底にペチャンコになった何かが残っているだけだったり、ひどい場合には溶けてなくなる時もある。そもそもクラゲをきれいに採集することさえ容易ではないのだ。特徴的な部分が壊れてしまうと、それがA種なのかB種なのか分からなくなってしまうし、調査船の運用時間にも制限がある。

　だからクラゲでは画像記録というものが他の生物よりも少しばかり大事になる。採集した標本が崩れたり溶けたりしても、画像がたくさん残っていればその生物の記録はそれなりに残せそうだ。透き通った種類なら、焦点を次々にずらして撮影していけばCTスキャンよろしく立体的な構造や内部の様子、消化器官などのつくりを把握して記録することもできる（もちろんできない種類もいる）。

　とはいえ、工夫をしても、クラゲとは扱うのが難しい生物であり、かつ深海を知るためには重要な生物群なのである。

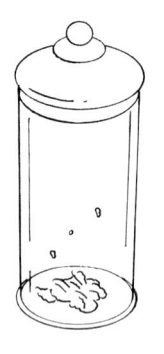

原形がまるで分からなくなった
クラゲの標本。

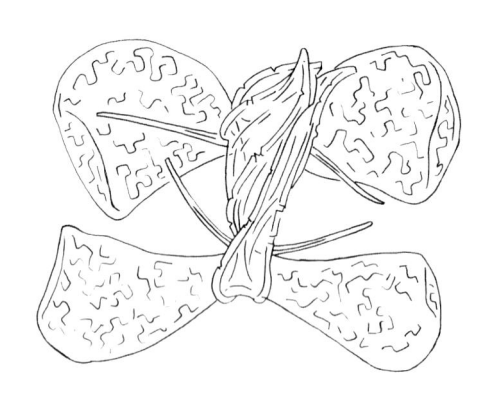

生きている時はこのような姿の
キヨヒメクラゲも、標本にする
と見る影もなくなってしまう。

第2章

700〜1000mに棲む生物

深く潜るにつれて届く光の量はいよいよ少なくなっていく。魚は赤や黒の種類が増え、甲殻類では赤いもの、あるいは赤みが強いもの、オレンジよりも真紅、そして全身が赤いものが数を増やす。これらはいずれも暗黒への適応だ。この水深に棲む生物の多くは発光器の発達があまりよくない。水温は数度程度となり、酸素が少なくなる傾向がある。上から降り注ぐ有機物をバクテリアや生物が食べる際、水中の酸素を呼吸のために消費する。ここには当然のことながら二酸化炭素から酸素を生み出す植物がいないので、海中の酸素は減少する一方だ。海域によっては、ほとんど無酸素状態の層があるくらいだ。しかし、そうした層で息を潜めている生物もいる。

ゼラチン質のハンター

ソルミスス　ディープスタリアクラゲ　カリコプシス・ネマトフォラ

Solmissus spp, Deepstaria enigmatica, Calycopsis nematophora

　傘が透明なディスクのような形をしていて、大きなもので直径が20センチぐらいになる**ソルミスス**。彼らはクラゲや**サルパ**などのゼラチン質の生物を襲うハンターだ。普段は12〜36本の腕を傘から振り上げるように伸ばしているが、実はこれ、獲物に自分の接近を感じさせないための姿勢らしい。ソルミススが動くと、当然その運動で波が生まれ、それを感じた獲物は逃げてしまう。しかし、腕を傘の上に振り上げるように伸ばせば、相手が気付く前に獲物を捕まえることができるのだ。レーダーに映らないステルス戦闘機のようだ。なお、日本の研究者はソルミススをカッパクラゲと呼ぶが、この名で呼ばれるクラゲにはどうもいくつか異なる種類が含まれているらしい。

　ディープスタリアクラゲは1メートル以上もある大きなビニール袋のような珍しい生物で、その体の表面には規則正しい模様がきれいに走っている。これは胃から分岐したチューブのようなもので、胃で消化された栄養を体の隅々にまで送り届けている。他のクラゲと違って腕は小さく、傘の外から見ることはできない。大きな袋のような体を広げて小さな獲物を包み込んでは、傘の縁をすぼめていき、さらに脈動しながら全身を絞るようにして、獲物を口と腕のある場所まで集めるらしい。

　カリコプシス・ネマトフォラも珍しい種類で、2種類の腕をもつおもしろい生物だ。ひとつは数本ある太めの腕で、もうひとつは先がボール状で小さく、傘を縁取るように並ぶ腕だ。このボール状になった腕は獲物を傘の中に閉じ込めるために使うものだ。大きな触手で獲物を捕まえると、傘を脈動させて腕ごと獲物を中に吸い込む。すると小さなボール状の触手も傘の内部に入り込むことになる。ボール状の先端は、まるで傘の入り口を塞ぐかのように立体的に並んで獲物を逃さず、まさに相手の行動を妨害するために敷設された機雷のようである。JAMSTECのドゥーグル J. リンズィー博士はこのクラゲにキライクラゲという名前を与えている。

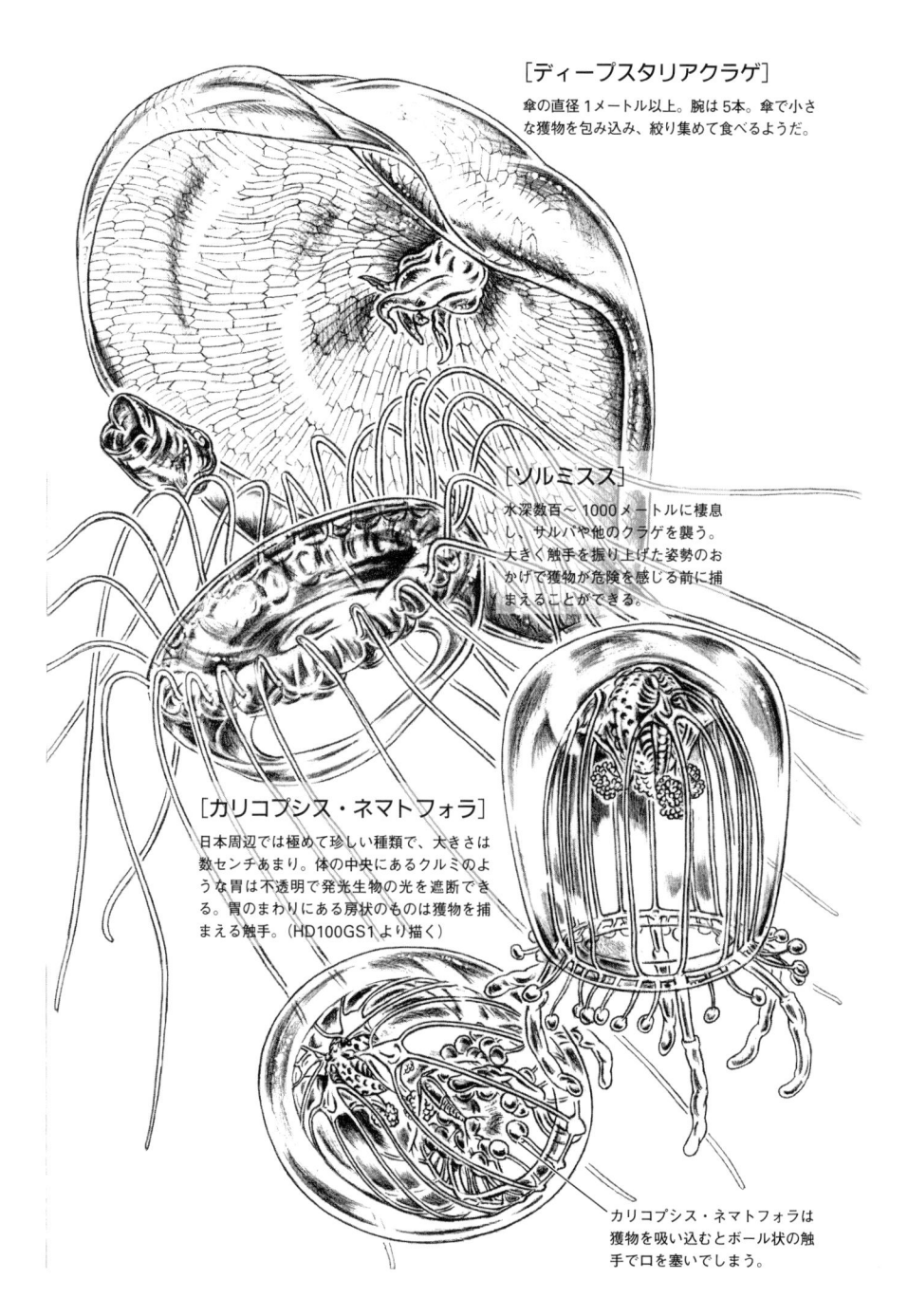

[ディープスタリアクラゲ]

傘の直径1メートル以上。腕は5本。傘で小さな獲物を包み込み、絞り集めて食べるようだ。

[ソルミスス]

水深数百～1000メートルに棲息し、サルパや他のクラゲを襲う。大きく触手を振り上げた姿勢のおかげで獲物が危険を感じる前に捕まえることができる。

[カリコプシス・ネマトフォラ]

日本周辺では極めて珍しい種類で、大きさは数センチあまり。体の中央にあるクルミのような胃は不透明で発光生物の光を遮断できる。胃のまわりにある房状のものは獲物を捕まえる触手。(HD100GS1より描く)

カリコプシス・ネマトフォラは獲物を吸い込むとボール状の触手で口を塞いでしまう。

望遠鏡のような目

シロデメエソ　ボウエンギョ

Scopelarchoides danae, Gigantura chuni

　深海魚には一見何とも理解に苦しむ顔をしたものがいる。例えば**シロデメエソ**は目が筒状で、しかも上を向いているのだ。こういう目を望遠眼とか筒状眼と呼ぶが、これは光をたくさん集めるためにレンズを大きくして、なおかつ頭の限られたスペースに目を収めるための苦肉の策らしい。大きいレンズは長い焦点距離が必要だ。筒状になると目は小さくて済むが、像を結ぶのに充分な距離をもち得るのが筒の底の網膜だけになり、大部分はレンズに近過ぎて焦点が合わなくなってしまう。視界の大部分はぼやけてしまうが、その代わり大きなレンズをもった目を頭に収めることができるのだ。

　ボウエンギョという魚も筒状の目をしているが、こちらの顔はさらに珍妙だ。目は前方をまっすぐ凝視するかのように向いていて、まるで頭に双眼鏡がくっ付いているようだ。これは、片目で見るよりも両目で見たほうがわずかな光を感じとれるので有利だからだろう。

　ボウエンギョは海中を泳ぐ生物だが、浮き袋をもっていない。代わりに体の骨はあまり発達せず、組織に水を多く含むので体の密度は低く、楽に海中を漂うことができる。体の大きさは10センチ程度しかないが、大きな獲物を呑み込むことが可能だ。8センチのボウエンギョが14センチの**ホウライエソ**の一種を呑み込んでいた例がある。胴体がすでに消化されていたことなどから考えると、最初に胴体に噛み付き、長い時間をかけて呑み込んだらしい。ボウエンギョの胃袋は伸縮自在の丈夫なもので、さらに黒い膜に覆われている。これは食べた生物の発光器の光を遮断するためのようだ。

　他にも望遠眼をもつ魚がいる。**スティレフォルス**もそうであるが、お互いに親戚であるというわけではない。進化の過程で同じ構造の目をもつようになっただけのことだ。おもしろいことにシロデメエソとボウエンギョも比較的近い仲間ではあるが、望遠眼自体は別々に進化したようだ。

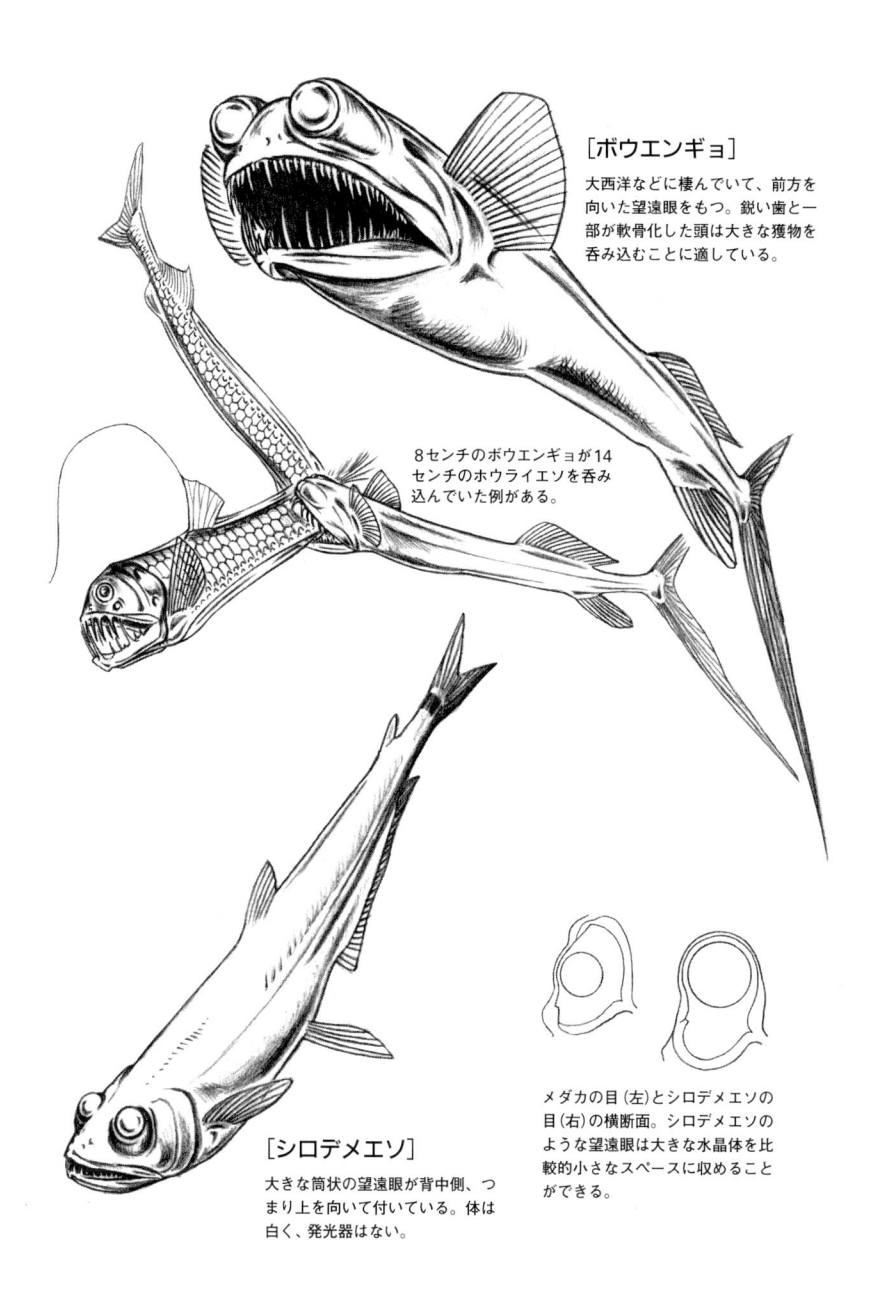

［ボウエンギョ］
大西洋などに棲んでいて、前方を向いた望遠眼をもつ。鋭い歯と一部が軟骨化した頭は大きな獲物を呑み込むことに適している。

8センチのボウエンギョが14センチのホウライエソを呑み込んでいた例がある。

［シロデメエソ］
大きな筒状の望遠眼が背中側、つまり上を向いて付いている。体は白く、発光器はない。

メダカの目（左）とシロデメエソの目（右）の横断面。シロデメエソのような望遠眼は大きな水晶体を比較的小さなスペースに収めることができる。

第2章　700〜1000mに棲む生物

赤外線スコープを装着している!?

オオクチホシエソ

Malacosteus niger

　海は青の世界だ。だから魚のなかには青い光しか感じない種類がいる。その一方で何種類かの深海魚は青以外の光を見ることができ、なかには青以外の光を自ら放つことができるものもいるらしい。

　深海魚の発光器には赤や紫、紫紅色の膜が被さっていることがある。しかし生物の放つ光というのはホタルを見れば分かるように、概して緑がかった色だ。そういう光をいくら色付きの膜で覆っても、果たして膜の色になってくれるのだろうか？　こうした疑問は以前からあったのだが、最近の見解や観察では少なくとも何種類かの深海魚の発光器は、体の状態がいい時には白い光を放ち、膜の通りの色が出せるのだという。

　オオクチホシエソは全身が真っ黒な魚で、**ホウライエソ**に近縁な魚だ。目の下にかなり大きな赤い発光器をもっているが、これはどんな役割があるのだろう？　オオクチホシエソの網膜は赤い光を感じることができるので、仲間同士の信号に使うのかもしれない。そして次のような考えもある。この魚は赤い光を発することで周囲にいる獲物を照らし出す。相手が赤い光を感じない相手であれば好都合。こちらは相手を照らし出しているのに、相手はそれに気が付かず一方的に見ることができるのだ。例えると、闇夜を赤外線スコープでうかがいながら獲物を探すようなものかもしれない。自分の発光器の光で獲物や周囲を照らし出す。こういう行動は、熱帯のサンゴ礁などにいる**ヒカリキンメダイ**という魚が夜間、実際に行なうという報告もあるので、有り得ない話ではないのかもしれない。

　オオクチホシエソは、体型もかなり特徴的だ。胸ビレは退化して小さく、背ビレと臀ビレは体のずいぶん後ろに付いていて、その体型は魚雷のようだ。こうしたヒレの配置は、普段はあまり動かないがいざとなると突進するタイプの魚にしばしば見られる。オオクチホシエソも、獲物などを見つけると素早く襲いかかっているのだろう。

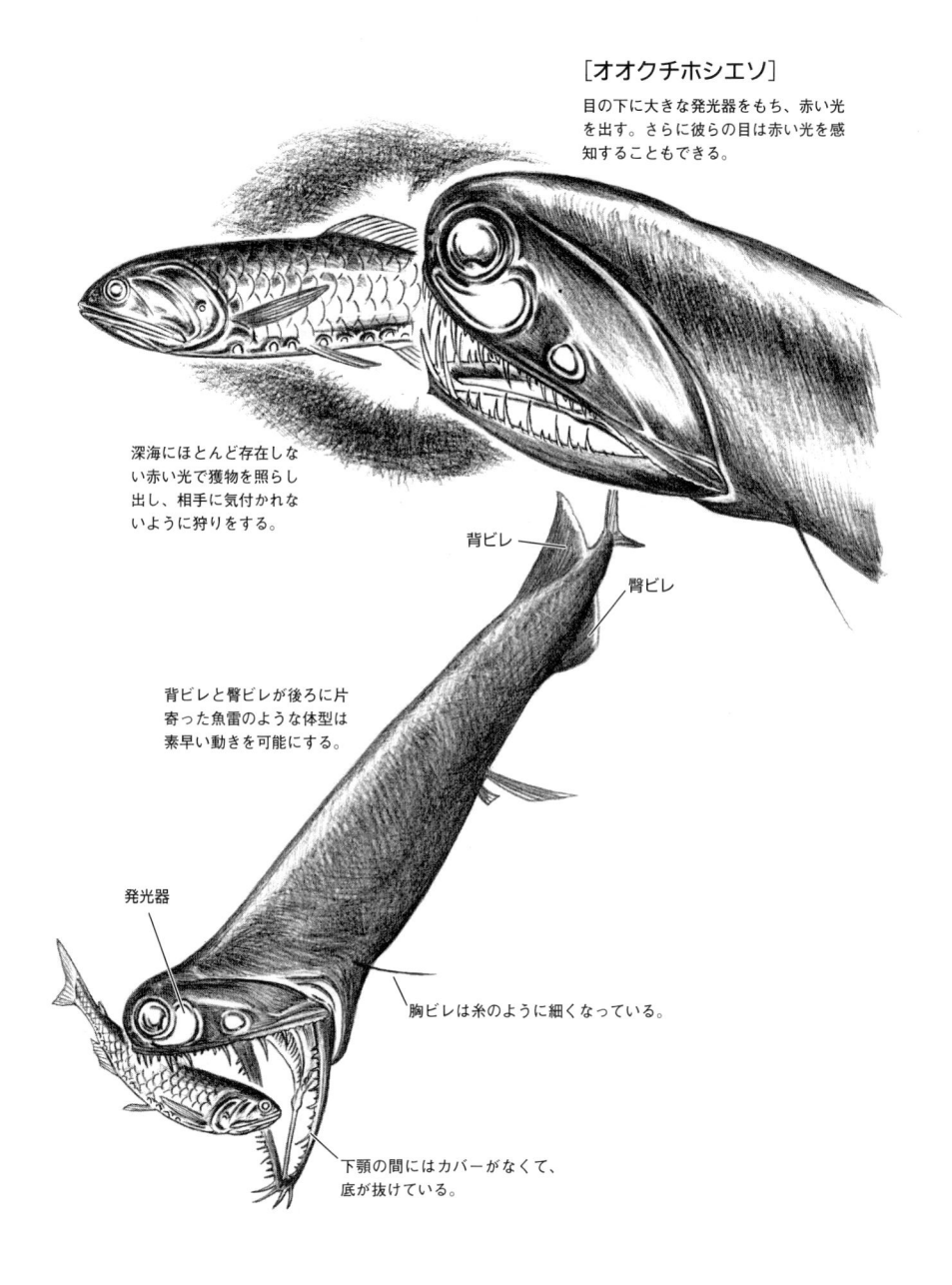

[オオクチホシエソ]

目の下に大きな発光器をもち、赤い光を出す。さらに彼らの目は赤い光を感知することもできる。

深海にほとんど存在しない赤い光で獲物を照らし出し、相手に気付かれないように狩りをする。

背ビレ

臀ビレ

背ビレと臀ビレが後ろに片寄った魚雷のような体型は素早い動きを可能にする。

発光器

胸ビレは糸のように細くなっている。

下顎の間にはカバーがなくて、底が抜けている。

第2章 700〜1000mに棲む生物

身のほど知らずの大食らい

ペリカンアンコウ　フタツザオチョウチンアンコウ　オニボウズギス

Melanocetus johnsoni, Diceratias pileatus, Chiasmodon niger

　深海の魚はまんべんなく分散しているものらしく、しかも生物の量は浅い水深よりも少ない。数も少なく生物も分散しているので、深海では獲物に出会う機会が少ない。そのため、深海魚のなかには出会ったチャンスを逃さないよう、たとえ相手が自分に比べて大きくても呑み込んでしまう生物がいる。

　ペリカンアンコウは体長2〜3センチ程度の小さなチョウチンアンコウ類だが、8.5センチあまりもある**ハダカイワシ**の仲間を呑み込んでいた例がある。胃のみならず腹部が非常に大きく膨らむので、ペリカンアンコウは自分の2倍以上もある相手を体内に収めることができるのだ。そして、大きな口に並んだ鋭い歯は後ろには倒れるが前には倒れないため、獲物は口の中から逃げられない。しかし、そんなチョウチンアンコウ類とはいえ、力のある大きな獲物を捕まえると大変なことになってしまうらしい。およそ28センチの**フタツザオチョウチンアンコウ**が39センチの**ソコダラ**の仲間を食べていた例があるが、このフタツザオチョウチンアンコウは死んでしまっていた。おそらく体内でソコダラの仲間が暴れたからだろう。

　ペリカンアンコウと同じく、**オニボウズギス**も胃が異様に膨らむ魚だ。昔の図鑑などを見るとキャスモドンという名前で紹介されている魚がいて、空腹時の普通の姿と獲物を呑み込んでグロテスクなまでに膨れ上がった腹部を抱えた姿とが対比されている。おそらくキャスモドンとはオニボウズギスの属名 *Chiasmodon* をラテン語読みしたものなのだろう。少し意外だが、オニボウズギスはスーパーに並ぶハタハタに比較的近縁な魚。全身が真っ黒で、最大体長は25センチあまりになる。おもしろいことに多くの深海魚で発達している感覚器官であり、獲物の接近などを察知する側線器官がさほど発達していない。これは、オニボウズギスが自分よりもずっと大きな獲物を餌食にするので、そんなに高感度な側線器官は必要ないからだと見られている。

＊　ハダカイワシ》 *p.102*　　ソコダラ》 *p.176*

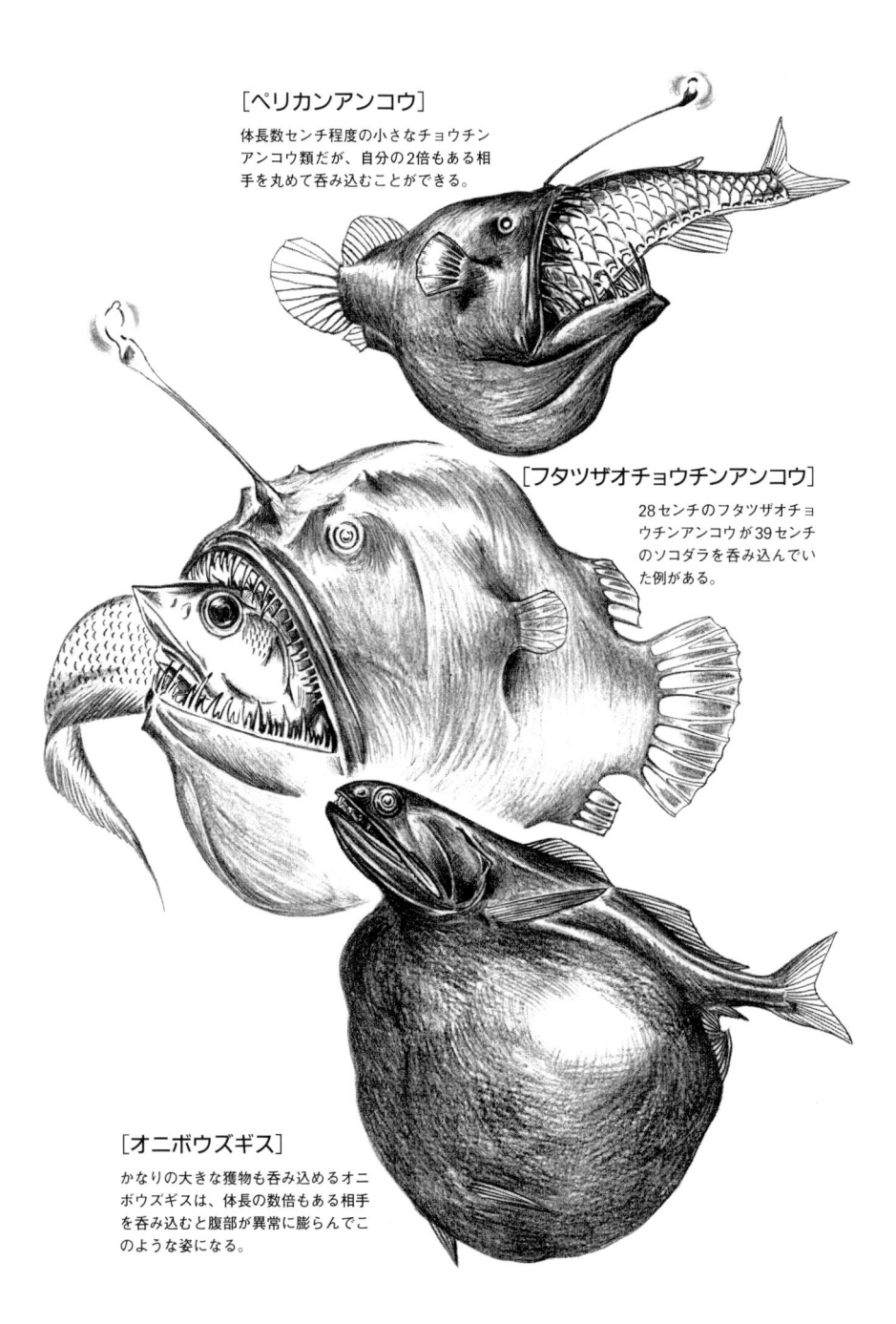

[ペリカンアンコウ]
体長数センチ程度の小さなチョウチンアンコウ類だが、自分の2倍もある相手を丸めて呑み込むことができる。

[フタツザオチョウチンアンコウ]
28センチのフタツザオチョウチンアンコウが39センチのソコダラを呑み込んでいた例がある。

[オニボウズギス]
かなりの大きな獲物も呑み込めるオニボウズギスは、体長の数倍もある相手を呑み込むと腹部が異常に膨らんでこのような姿になる。

深海に潜む巨人たち

ダイオウイカ　ニュウドウイカ

Architeuthis martensi , Moroteuthis robusta

　イカにはとても大きくなる種類がいる。例えば日本近海の深海に潜む**ダイオウイカ**は胴体の部分が2メートルにもなる巨大なイカで、腕を含めるともっと大きい。時々日本の海岸に打ち上げられニュースにもなるが、世界中にいて、それぞれの海域で少しずつ種類が異なっているようだ。例えばヨーロッパのものは日本より大きく、ある記録では胴体の長さが5〜6メートルに達する。ダイオウイカは獲物を捕らえるための腕がとても長いので、それも含めればさらに長くなる。18メートルという記録もあるくらいだ。

　ユウレイイカなどと同じく、ダイオウイカの体には塩化アンモニウムを含んだ体液が大量に詰まっている。海岸に打ち上げられるなどした新鮮な肉を試しに食べた人が言うには、柔らかくて歯ごたえがなく、おまけにやたらしょっぱかったそうだ。深海を浮遊していると見られていて、ヒレが小さく、それをコントロールする神経も発達がよくない点などから考えると、泳ぎ回って獲物を捕まえるようなハンターではないようだ。その一方で、獲物を捕まえる腕はかなり発達している。近年、小笠原の深海で生きている姿が初めて観察されたが、積極的に腕を使っていたことが確認されている。

　ニュウドウイカも深海性の巨大なイカで、胴体の長さが2メートル以上になる。北太平洋の冷たい海の水深数百メートルの場所に棲んでおり、日本では東北沿岸の浅い場所に流れ着いたりしている。胴体には多数のしわがよっていて、不気味である。これら大きな深海イカは**マッコウクジラ**の主要な食べ物のひとつだ。興味深いことに、マッコウクジラの胃の中から出てくる深海イカの大きさは、人間が網を曳いて捕まえたものよりも大きい場合がある。これはマッコウクジラが優秀なハンターであることを示しているが、逆に言えば、調査用の網も相手が活動的だったり、大型の生物だったりすると逃げてしまう可能性があるので、人間の調査では拾いきれないデータが深海にあることも示しているのだ。

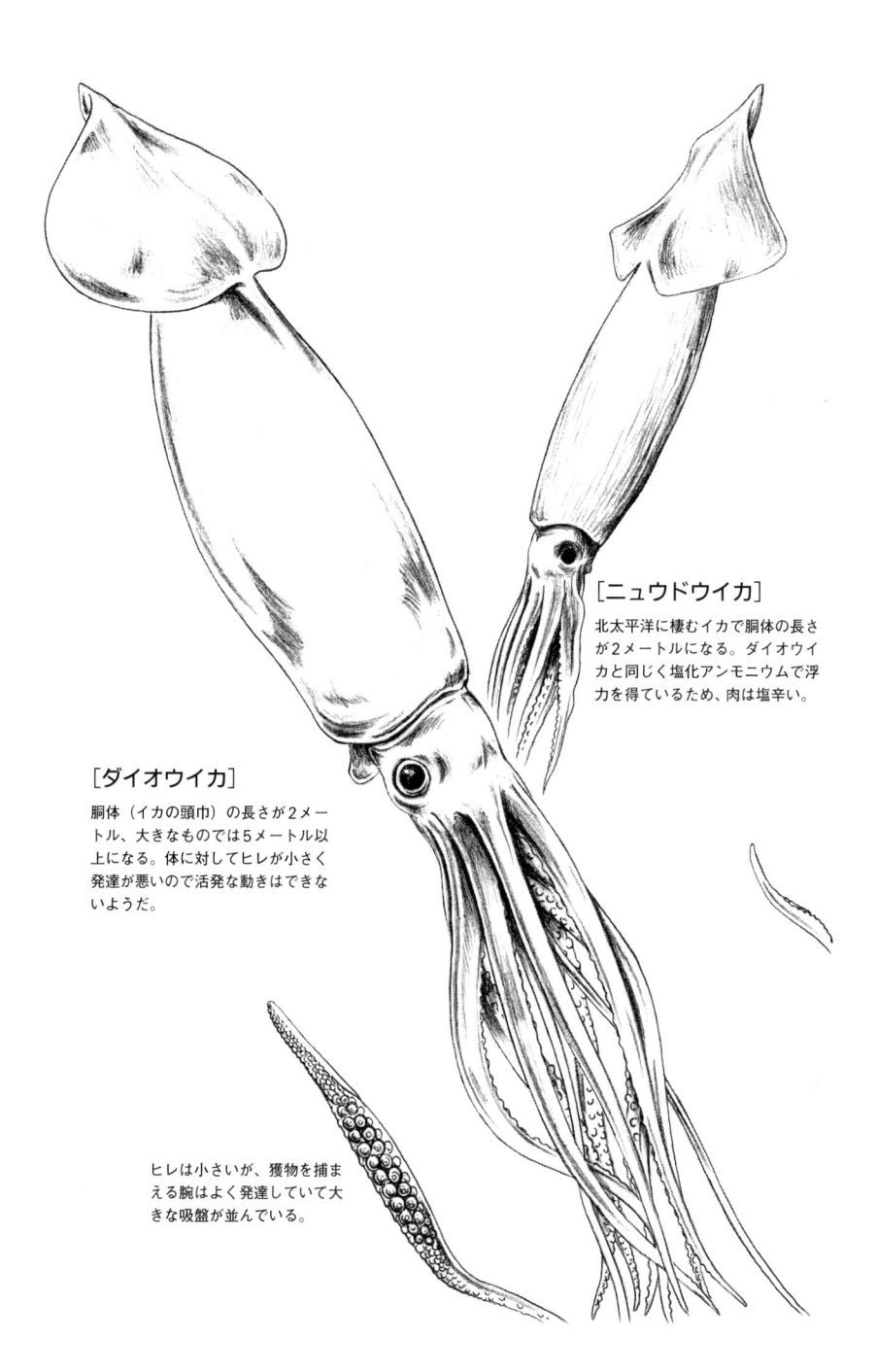

[ニュウドウイカ]
北太平洋に棲むイカで胴体の長さが2メートルになる。ダイオウイカと同じく塩化アンモニウムで浮力を得ているため、肉は塩辛い。

[ダイオウイカ]
胴体（イカの頭巾）の長さが2メートル、大きなものでは5メートル以上になる。体に対してヒレが小さく発達が悪いので活発な動きはできないようだ。

ヒレは小さいが、獲物を捕まえる腕はよく発達していて大きな吸盤が並んでいる。

第2章　700〜1000mに棲む生物　　　　　　　　　　　149

恐怖！"地獄の吸血イカ"

コウモリダコ

Vampyroteuthis infernalis

　学名を直訳すると"地獄の吸血イカ"という意味になる**コウモリダコ**。とはいえ、この生物はイカではないし、吸血鬼でもない。大きさも10センチ程度でとても小さく、手のひらに乗ってしまうほどだ。しかし、名前を差し引いても、とても興味深い生物である。腕の数は8本だが、よく見ると背中側の腕の間にオレンジ色の細長い糸のようなものが顔をのぞかせ、時折くるくるとコイルのように巻いていたりする。この器官はフィラメントと呼ばれているが、位置からすると、どうも腕が変化したものらしい。卵から産まれたばかりのコウモリダコのフィラメントは、もっと太くて腕らしく見える。

　コウモリダコは2本の腕がフィラメントに変化してしまったので、事実上8本腕となっている。そういったところはタコと似ているし、外見も似ている。さらに体の様々な特徴や内臓や脳の構造にも共通点がある。こうした証拠からするとコウモリダコはイカではなく、むしろタコに近い生物のようだ。

　タコの祖先はイカのように海中を自在に泳ぐ生物であったと考えられている。それが海底で暮らすようになって現在のタコが生まれたと言われるが、コウモリダコはそうしたタコの進化を探る手がかりになり得る生物なのだ。タコに近いがタコではないコウモリダコの外見からすると、タコの祖先は浮遊生活をしていた段階からある程度タコ型をしていたのだろう。

　コウモリダコの体の色は褐色で、浮遊生物にありがちなゼラチン質の軟弱な体をしている。泳ぐ速度は比較的速いが、普段はあまり動かないらしい。おもしろいことに北米西岸、カリフォルニアの海では水深700メートル前後の酸素の少ない層に多く棲息することが分かっている。酸素が少ないと敵も少なくなるからなのか、コウモリダコは酸素の少ない海のなか、フィラメントを長く、大抵の場合は片方の1本だけを自分の体長よりも長く伸ばして漂っている。フィラメントは感覚器官であるらしく、餌となる生物が触れるのをじっと待つようだ。

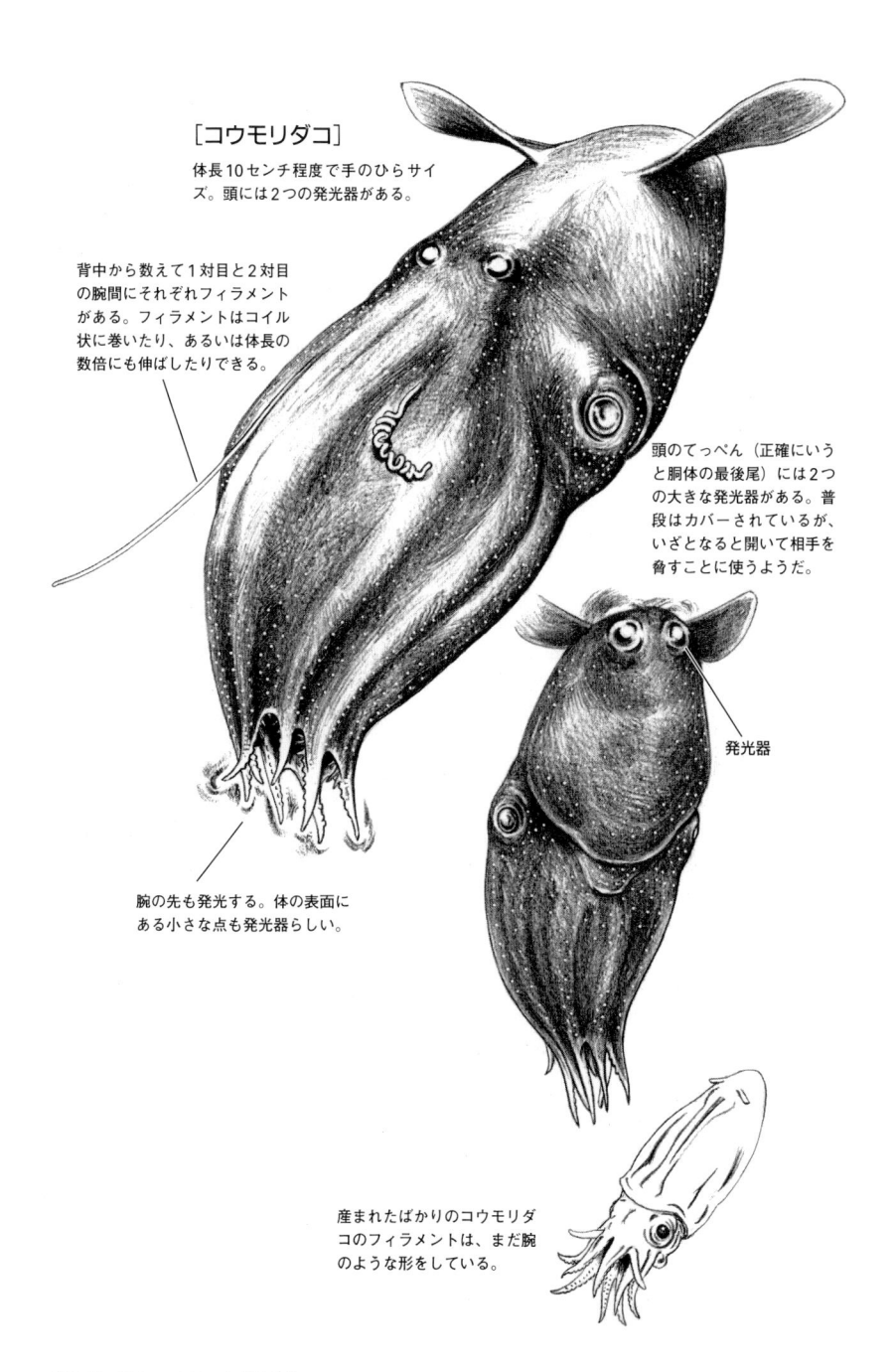

[コウモリダコ]
体長10センチ程度で手のひらサイズ。頭には2つの発光器がある。

背中から数えて1対目と2対目の腕間にそれぞれフィラメントがある。フィラメントはコイル状に巻いたり、あるいは体長の数倍にも伸ばしたりできる。

頭のてっぺん（正確にいうと胴体の最後尾）には2つの大きな発光器がある。普段はカバーされているが、いざとなると開いて相手を脅すことに使うようだ。

発光器

腕の先も発光する。体の表面にある小さな点も発光器らしい。

産まれたばかりのコウモリダコのフィラメントは、まだ腕のような形をしている。

海底にじっとしている魚

ナガヅエエソ　ソコエソ

Bathypterois guentheri, Bathytyphlops marionae

　腹にある左右1対の腹ビレと尾ビレの一部が非常に長く伸び、ちょうどカメラの三脚のように海底に突っ立っている**ナガヅエエソ**は、その姿からサンキャクウオとも呼ばれる。

　彼らの胃袋からは泥の中に棲む小さな生物も見つかるが、海中にいる**カイアシ類**や遊泳生活を行なう甲殻類も見つかっている。どうもこの魚は海水の流れに乗ってやって来る小動物を食べているようだ。頭の後ろには胸ビレが変化したパラボラアンテナのようなものがあるが、これで水の流れや流れてくるものを感知するらしい。ナガヅエエソの生活スタイルは、**ウミユリ**やイソギンチャクの仲間に似ている。同じ場所からほとんど動かないまま、海底から離れたところに身を置いて流れてくるものを食べようというものだ。

　ナガヅエエソが海底から身を離す理由は、タンポポを思い出せばよい。タンポポは寒い季節、地面に伏せているが、綿毛を飛ばす時は茎を高く伸ばす。地面から離れれば風の流れがよくなるからだ。つまり底に近いほど流れが弱く、離れれば強くなるということだ。ナガヅエエソは海水に流されていく生物や有機物をキャッチしようと、海底から身を離して伸び上がる。

　ナガヅエエソはこういう"あまり動かない"という生活をしているせいか、"動きたがらない"生物であるらしい。彼らの仲間は、調査船が近くを通っても、少しばかり泳いでそのまま海底にふわふわと静かに降りていくか、調査船にあおられてそのままゴロンと横倒しになってしまったりする。

　ソコエソはナガヅエエソに近縁で外見もよく似ているが、こちらは三脚をもっておらず、海底に腹ばいで寝そべるような生活をしている。口が大きく、近くにやってきた小さな甲殻類などを食べているようだ。親戚には目を発達させた**ボウエンギョ**や**シロデメエソ**がいるにもかかわらず、ソコエソもナガヅエエソも、その目はビーズのようにとても小さい。調査船の照明による光を反射してやっと、その存在が分かるくらいである。

＊　カイアシ類》 *p.98*　　ウミユリ》 *p.126*　　ボウエンギョ》 *p.142*　　シロデメエソ》 *p.142*

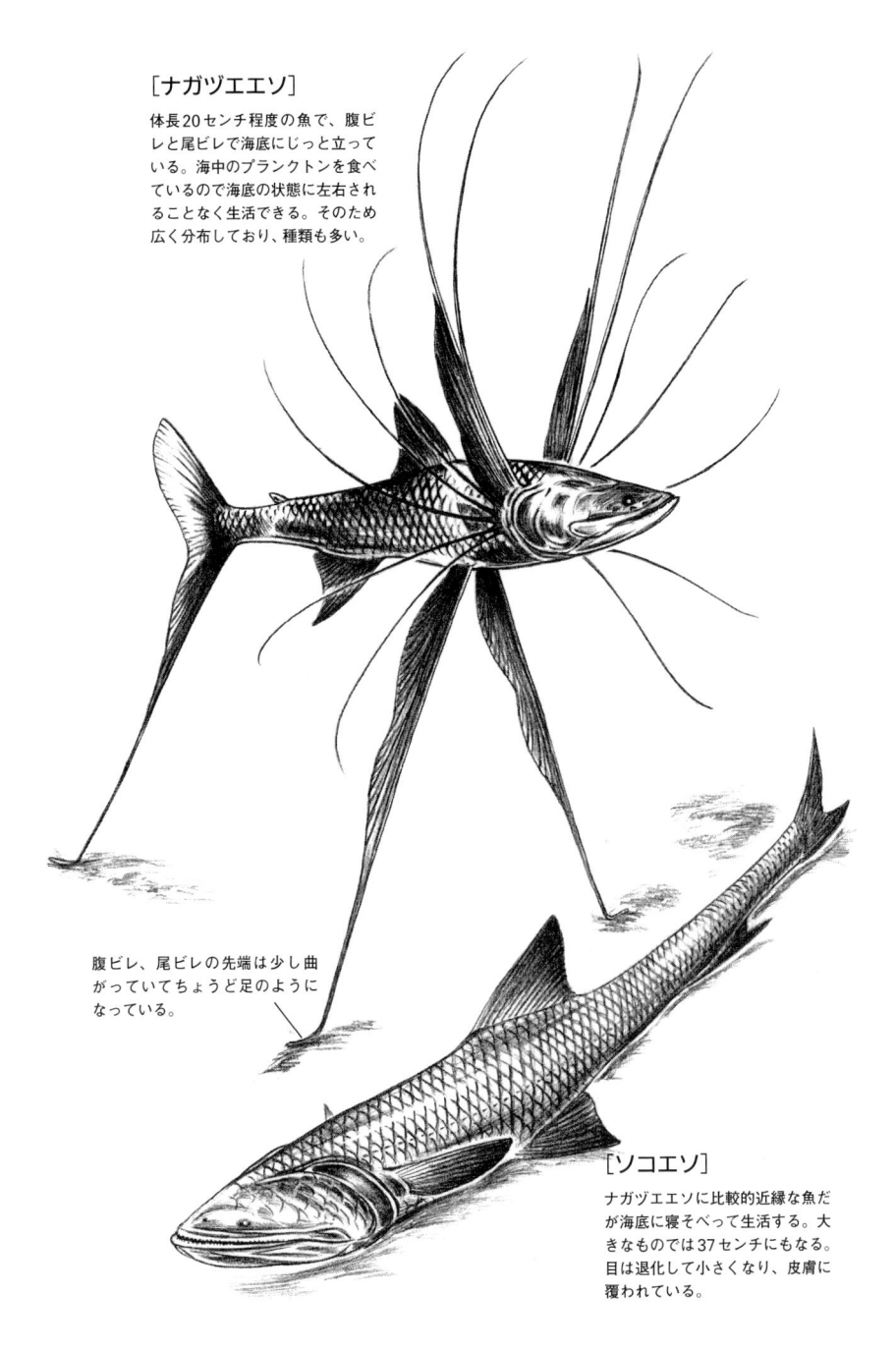

[ナガヅエエソ]

体長20センチ程度の魚で、腹ビレと尾ビレで海底にじっと立っている。海中のプランクトンを食べているので海底の状態に左右されることなく生活できる。そのため広く分布しており、種類も多い。

腹ビレ、尾ビレの先端は少し曲がっていてちょうど足のようになっている。

[ソコエソ]

ナガヅエエソに比較的近縁な魚だが海底に寝そべって生活する。大きなものでは37センチにもなる。目は退化して小さくなり、皮膚に覆われている。

いつもは大笑い、時にしょんぼり

オオグチボヤ

Megalodicopia hians

　ホヤを調理しようと中身を開けてみると、黄色い肉の間に泥のようなものが詰まっているが、これは有機物などである。ホヤは海中の植物プランクトンやごく小さな生物のかけらを集めて食べる生物だ。しかし、深海で生活するホヤのなかにはハンターと言える生き物になってしまったものが何種類かいる。**オオグチボヤ**はその名前の通り、大きな口を開けて笑っているような姿をしているホヤで、この口に入り込んだ生物を食べて生活している。海底からにょきっと生えていて、柄の先端に内臓が透けて見える丸い体が付いている。そして、その体にはガマグチのような大きな口があるのだ。

　日本海の富山湾で見つかったオオグチボヤの群れを見ると、皆で海水の流れに顔を向け大口を開けている。消化器の中身や飼育観察結果などから考えて、水の流れに乗って運ばれてきたものが口の中に入ると、何でも無差別に食べてしまうようだ。もちろん、生きている小さな甲殻類も呑み込んでしまう。つまり肉食性のホヤというわけだが、深海では海中に含まれる有機物の量が減ってしまうので肉食へと変化したのだ、という意見がある。

　とはいえ、富山湾は食べ物が乏しいという状況にはとても見えない。海底には上から落ちてきた有機物と思わしき、もやもやした泥が溜まっており、水温１度という非常に冷たい場所にもかかわらず、あちこちに小さな甲殻類やプランクトンがたくさん泳いでいる。栄養に乏しい環境で進化した**オオグチボヤ**が豊かな海底で数を増やしてコロニーを作ったのだろうか？　はたまた、もっと別な理由でオオグチボヤは肉食へと進化したのか？　富山湾の例を見るとちょっと謎だ。

　そんなオオグチボヤは愛嬌があって、調査船が近づくなどの刺激を受けると口を閉じ、さらに体を曲げて丸まるような仕種をする。その様子はまるで怒られてしょんぼりしているかのようだ。彼らの体は水で維持されており、水を吐き出せばしぼんでしまうのである。

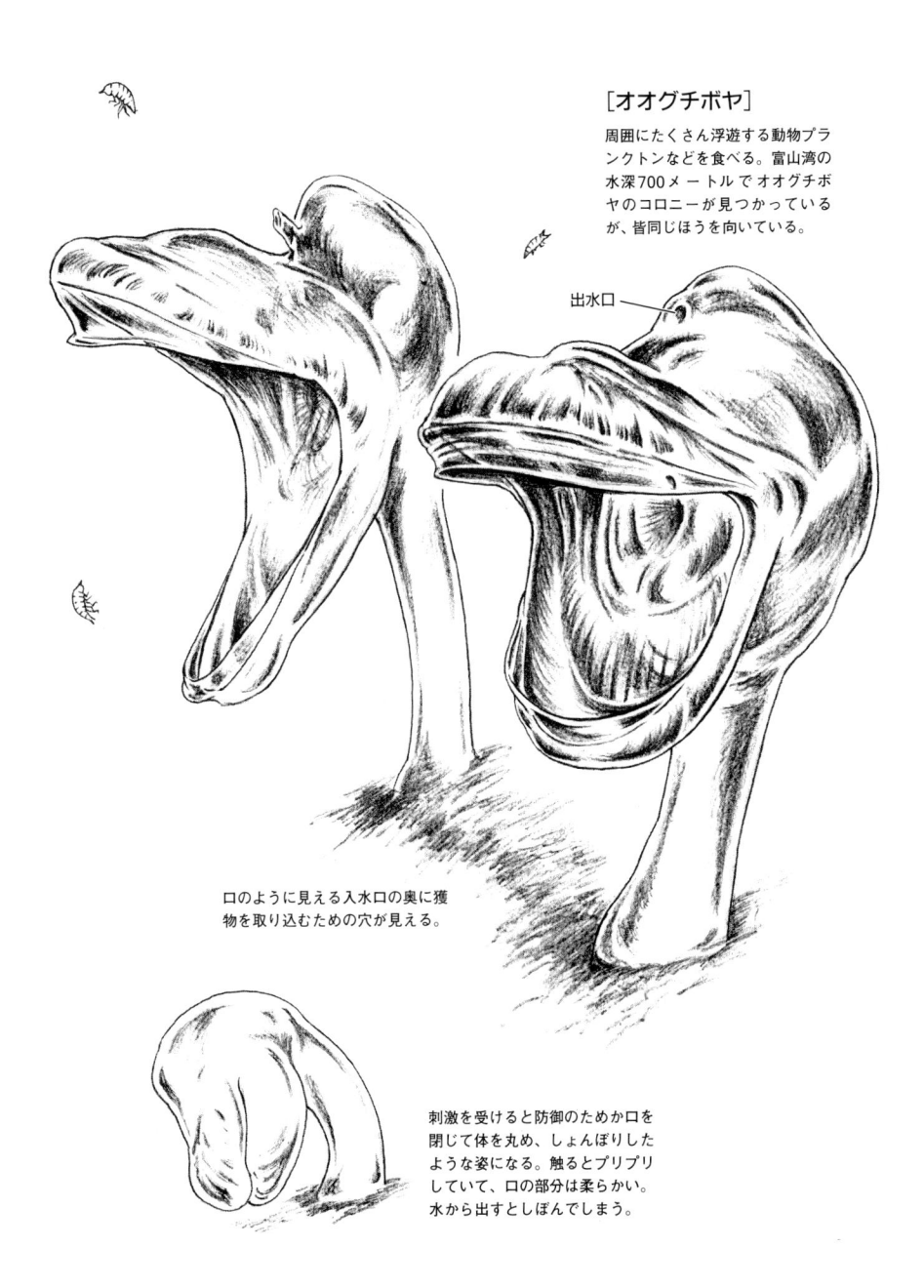

[オオグチボヤ]

周囲にたくさん浮遊する動物プランクトンなどを食べる。富山湾の水深700メートルでオオグチボヤのコロニーが見つかっているが、皆同じほうを向いている。

出水口

口のように見える入水口の奥に獲物を取り込むための穴が見える。

刺激を受けると防御のためか口を閉じて体を丸め、しょんぼりしたような姿になる。触るとプリプリしていて、口の部分は柔らかい。水から出すとしぼんでしまう。

サメらしくない深海のサメ

ラブカ

Chlamydoselachus anguineus

　体型は細長く、鼻先は丸く、口が前方にある**ラブカ**。これはサメとしてはかなり変わった外見で、例えば同じくらいの水深に棲む**ツノザメ**は鼻先が尖っていて、口が腹側にある。こうしたスタンダードなサメに比べるとラブカの姿はサメというよりもまるでトカゲかヘビのようだ。

　現代のサメの頭はいくつかの軟骨が組み合わさっており、多くは顎を突き出すように動かすことができる。しかし、ラブカの顎と頭の軟骨の噛み合わせはそういったつくりとは違うように見え、むしろ大昔に滅び去ったサメの仲間クラドセラケに似ている。また、口が顔の先にあることや歯の形からしても、ラブカは原始的なサメだと言われてきた。

　しかし、実際に何種類ものサメの顎と頭をよく調べると、ラブカの顎と頭の関節の仕方は現代的なサメと基本的に同じであることが分かってきた。つまりラブカは原始的というよりも、むしろ現代型のサメの仲間と考えるのが妥当だということになる。また、ラブカの上顎には頭と関節する突起があるが、この形と特徴はツノザメの仲間と似ている。このことからするとラブカは現代型のサメのなかでも、ツノザメやその仲間に比較的類縁が近い生物であるらしい。

　そんなラブカは、世界中の海の水深数百メートル、あるいはもう少し深い場所から見つかっているが、駿河湾では**サクラエビ**などとともにかなり浅い場所にも現れる。数が少ないのか、あるいは何か別の原因があるのか、調査船から目撃された例はほとんどない。

　一方、ツノザメの仲間は水深200メートル前後の海底にごく普通にいるサメだ。体長は1メートル前後で、典型的なサメの姿をしている。数百メートルの海底に餌を仕掛けると、まず最初に**オオグソクムシ**やアナゴの仲間、それに**ヌタウナギ**などがやってくるが、ツノザメたちも肉をあさろうと姿を現すのだ。

* オオグソクムシ》*p.170*　ヌタウナギ》*p.174*

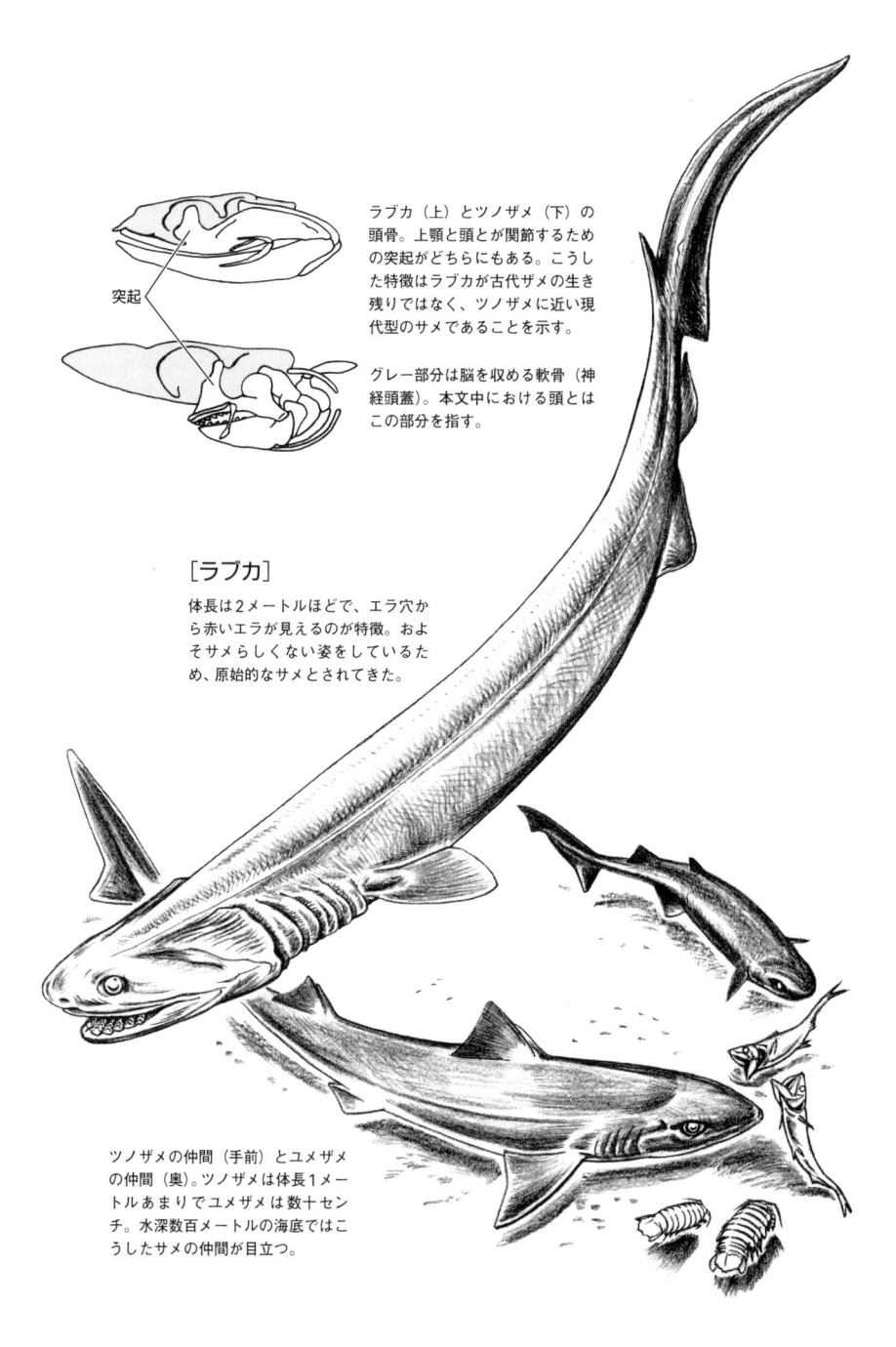

ラブカ（上）とツノザメ（下）の頭骨。上顎と頭とが関節するための突起がどちらにもある。こうした特徴はラブカが古代ザメの生き残りではなく、ツノザメに近い現代型のサメであることを示す。

突起

グレー部分は脳を収める軟骨（神経頭蓋）。本文中における頭とはこの部分を指す。

[ラブカ]
体長は2メートルほどで、エラ穴から赤いエラが見えるのが特徴。およそサメらしくない姿をしているため、原始的なサメとされてきた。

ツノザメの仲間（手前）とユメザメの仲間（奥）。ツノザメは体長1メートルあまりでユメザメは数十センチ。水深数百メートルの海底ではこうしたサメの仲間が目立つ。

第2章　700〜1000mに棲む生物

深海マメ知識 ❸

凶悪ヅラ、ここに集結！

食物の少ない環境で生きていくには、確実に獲物を捕らえる罠が必要
そんな罠を顔に備え、恐ろしい形相した生物たちがいる

　深海の大部分は冷たくて、餌になる生物も有機物も少ない世界だ。ここに棲みついた生物は様々な適応をしている。あるものは餌を捕まえるために毎日移動し、あるものは出会ったものを何でもかんでも呑み込めるように進化してきた。その進化の末、凶悪な顔の生物が登場した。体が貧弱になる一方で、口と牙を極端に大きく発達させ、頭全体が罠のようになってしまったのだ。

　ヒガシオニアンコウは太平洋と大西洋北部の水深1000メートルあまりに棲む体長15センチ程度のチョウチンアンコウだ。チョウチンアンコウの仲間の歯は後ろに倒れるように動き、人間が作った巧妙な罠のように一度かかった獲物を逃がさない。獲物が暴れて歯が後ろへ倒れると獲物の体は口の奥へと滑り込み、外へ逃げ出そうとしても今度は歯がそれを押さえ込んでしまうのだ。ヒガシオニアンコウの口は体の半分程度を占めている。彼らはまさに深海に浮かぶ罠そのものなのだ。

［ヒガシオニアンコウ］

　オニキンメも恐ろしい顔をした魚だ。私たちが食べるキンメダイに比較的類縁が近く、体長15センチ程度と小さい。しかし、その姿たるや壮絶で、牙が大き過ぎて口が完全には閉じないほどだ。この魚は世界各地の水深数百～1000メートルの深海に棲んでいる。海水中を浮遊しながらじっと獲物を待ち、巨大な口と牙で相手に食らい付いて離さない。また、感覚器官である側線がよく発達している。

［オニキンメ］

キバハダカも巨大な牙をもつ魚だ。比較的ミズウオに近いこの種族の体長は15センチ程度で、体はひどく貧相で痩せている。しかし獲物を捕まえる顎だけは非常に発達している。彼らは世界各地の熱帯、亜熱帯の水深900メートル前後で暮らしている。

［キバハダカ］

　マダラヤリエソは太平洋の水深数百メートルに棲む魚で、ミズウオに近縁だ。巨大な目が背中側を向き、怪異な顔つきをしている。胃袋が非常に大きく膨らむので、自分よりも大きな相手を呑み込んで腹に詰め込むことができる。

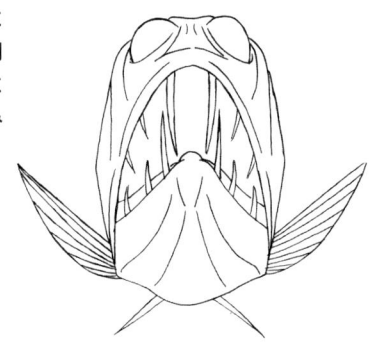

［マダラヤリエソ］

　ヨロイホシエソは全世界の暖かい海に分布し、水深数百メートル以上の場所に棲み、これまた鋭い歯をもつ。体長は18センチ程度で体に六角形の模様があり、同じ特徴をもつホウライエソに極めて近縁であることがうかがえる。ただし顎の下に発光器が付いたヒゲをもち、体の後ろにある背ビレが推進力を生み出す点が違っている。ヨロイホシエソはヒゲの発光器で獲物を誘き寄せると、爆発的な推進力で相手に襲いかかる。

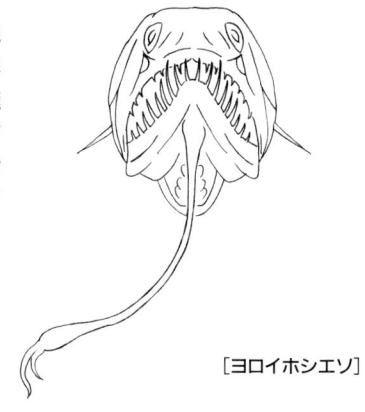

［ヨロイホシエソ］

深海マメ知識 ❹
深海魚をペットに

自宅で高圧低温の世界に棲む深海魚が飼える
ディープアクアリウムはそんな夢を叶える機械である

　深海魚の多くは特別な処置がないと地上でそれほど長くは生きられない。私たちにとって快適な地上も、深海魚にとっては危険なほどに低圧で高温、そして経験したことのない有害な波長の光が満ちた過酷な世界だ。人間でいうと大気が希薄で紫外線が降りそそぐ空の上か、さもなければ宇宙へ放り出されたようなものなのだろう。

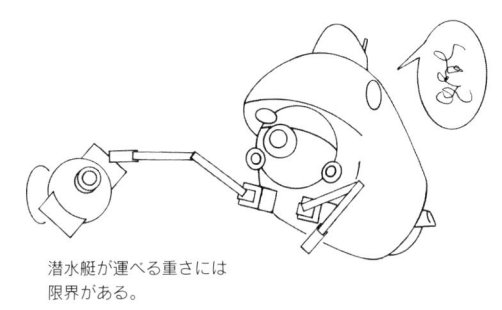

潜水艇が運べる重さには限界がある。

　だからもし深海魚を飼いたいのなら、理想としては生物と、その生物が生活していた環境、その両方を一緒に地上へと運んでこなければならない。人間だって宇宙や高空へ行く時には密閉されたカプセルに入って過酷な環境から自分たちを守ろうとする。それと同じことだ。

　では深海魚を快適に地上へ持ってくることのできるカプセルとはどんなものだろうか？　彼らの棲む世界は高圧だから、地上の何十倍、あるいは何百倍もの水圧を封じ込め、なおかつそれを地上で維持できるほど丈夫に出来ていなければならない。中身が漏れては圧力が下がってしまう。それは人間でいうと穴の開いたジェット機に乗って成層圏をすっ飛ばすようなものだ。

　また、そのカプセルは深海まで持っていけるサイズであるのが望ましい。例えば人間を生身のままヘリコプターでエベレストの頂上まで持ち上げて、それから快適なカプセルに詰め込むなんてことをしても意味がない。そんなことをしても、すでにたいていの人間はひどいダメージを受けて、場合によっては死んでしまうだろう。実際、これまで人間が網などで採集した深海魚はすっかり弱っているか、あるいはすでに死んでしまっているものばかりだ。だから深海魚は棲息している場所からカプセルに入れて地上まで運搬しなければいけない。日本の「しんかい6500」の場合、運べる重量物はひとつ100キログラムぐらいまでだ。

圧力の維持と重さ制限。ディープアクアリウムはこの条件を満たした、持ち運びのできる水槽だ。本体の重量は52キログラム、調査船に搭載してそのまま深海へ運ぶことができるし、深海魚を収めるカプセル部分は圧力に耐えやすい球体で地上の200倍の圧力を封じ込められるほどに頑丈だ。現場に到着して深海魚を見つければ、機械で吸い込んでカプセルに収め、そのまま地上まで運ぶことができる。当然、圧力はそのままだし、水温も冷たいままだ。また、圧力を下げずに水を入れ換え、循環させ、さらに大きさに制限はあるけれども餌を入れることだってできる。要するに水槽としての機能を十分にもっているわけだ。実はこれを実現するのは意外と難しい。餌を入れようとすると、どこかが開いてしまう

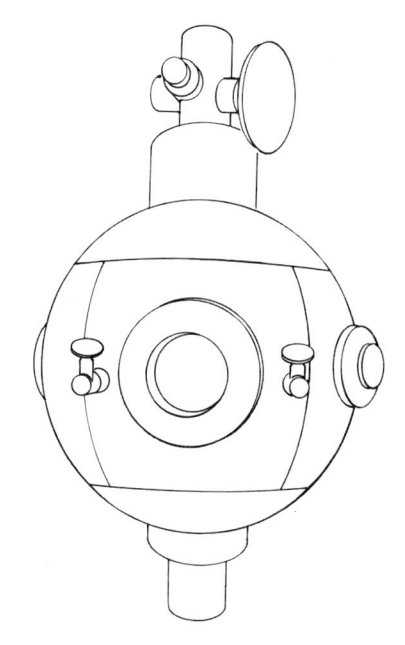

ディープアクアリウムはステンレス製。耐圧性能と重量制限という2つの要求を満たした構造と大きさに設計されている。

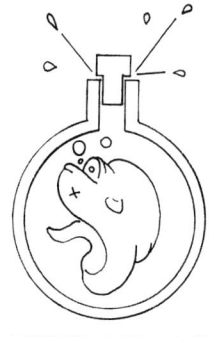

わずかな隙間が開いただけでカプセル内の圧力が下がり、深海魚は死んでしまう。

ディープアクアリウムなら中の圧力を下げずに深海魚に餌を与えることができる。

わけで、そうなれば当然、圧力が下がってしまう。ほんのわずかな隙間から海水が漏れ出ただけで強大な圧力はあっという間に下がり、体内でガスが気化した深海魚は一瞬で膨らんで死んでしまう。中の圧力を変えずに餌を与えられるのは画期的なことなのである。

これまでディープアクアリウムで飼育された生物はユメカサゴやクサウオの仲間、コンゴウアナゴ、あるいはアカザエビなど海底で暮らす生物が多い。それは彼らが採集しやすいためで、逆に言うと私たちがイメージする代表的な深海魚、例えばチョウチンアンコウの飼育は実現していない。茫漠と広がる海水の中から小さな、数センチしかないチョウチンアンコウを探すことは容易ではない。それにチョウチンアンコウを採集したいなんて目的でディープアクアリウムを搭載して調査船を潜らせるわけにもいくまい。調査船とは趣味のためにあるのではなくて、科学の調査のためにあるのだ。とはいえ、いつか生きたまま採集されたチョウチンアンコウをディープアクアリウムの小さな耐圧窓から覗くことができる日がやってくるのだろう。現在、ディープアクアリウムは神奈川県にある新江ノ島水族館の深海生物コーナーで展示されている。もしディープアクアリウムを置く水族館や博物館が他にも増え、需要が増えたら、値段も下がるかもしれない。そうすればグロテスクな深海魚たちは崩れかかった死体ではなくて、もっと私たちに身近な、生きた存在になる。あるいは、それこそ個人で飼うことだって夢ではない、手の届くものになるのだろう。

たった数センチのチョウチンアンコウを探すことは難しい。

ディープアクアリウムは研究用の機材だが、深海魚をペットとして飼育することも将来的には可能になるかもしれない。

第3章

1000〜3000mに棲む生物

この水深になると、どんな澄んだ海でも光は届かない。海水は6度から3度程度と冷たい。ここは完全な闇と冷たい海水の世界だ。これまでの水深で見られたような、日光に関係する適応はもはやあまり見られない。発光器をもつ生物は減り、もっていても発光器の発達は概して悪い。光が届かないため、自分の影を光で消す必要がないのだろう。目が退化した生物が増えるのも特徴だ。その代わり、水の動きや乱れを感じとる器官を発達させたものが多い。海中に棲む生物の量は減り、1立方メートルあたりミリグラム単位にしかならない。ここは有機物が乏しい希薄な世界だ。しかし有機物が最終的に辿り着く海底では、まだ多くの生物に出会うことができる。

光るルアーで深海釣り

チョウチンアンコウ　シダアンコウ

Himantolophus groenlandicus, Gigantactis vanhoeffeni

　チョウチンアンコウ類はだれもが思い浮かべる典型的な深海魚だろう。この仲間の多くは1000～2500メートルあまりの海中を漂いながら生活している。暗黒で暮らす彼らの目は小さく、あまり発達しておらず、体の色はたいてい暗いチョコレート色、あるいは紫がかった暗い色である。

　チョウチンアンコウ類の頭の上には釣竿のようなものがある。これは彼らのトレードマークとでもいうべきもので、イリシウムと呼ばれている。イリシウムをもつ魚は彼ら以外にもいるが、チョウチンアンコウ類のイリシウムは先端に発光器が付いている点で独特だ。この器官には獲物を誘き寄せる機能がある。グループの呼び名にもなっている代表種**チョウチンアンコウ**のイリシウムは特に複雑なつくりで、先端が膨らみ、そこから2つの突起が伸びている。この突起には発光器が付いているが、さらに膨らみの付け根から触手のようなものがいくつも伸び、そこにもそれぞれ発光器が付いている。さらに発光液をイリシウムの先端の膨らみから噴出することもできる。チョウチンアンコウはイリシウムの発光器を揺らして獲物を誘き寄せ、相手が十分に近づくと発光液を噴出して目をくらませ、そして食べてしまうようだ。

　チョウチンアンコウ類の多くは丸みを帯びた姿をしているが、なかには**シダアンコウ**のようにスリムなものもいる。体長の7割から、種類によっては4倍もの長さになるイリシウムをもつものもいる。イリシウムの先端に付いた発光器に獲物が近づくと、素早く泳ぎ寄って襲いかかるのだろう。

　チョウチンアンコウ類は他にも非常に特異な性質をもつ。多くの種類で雄が雌に寄生するのだ。私たちがイメージするチョウチンアンコウとは実は雌なのである。雌の体に小さな袋のようなものが、いくつか付いている時があるが、これが雄だ。産まれた時はほぼ同じ姿をしている雄と雌だが、成長すると雄は雌に食らい付き、血管を通して栄養をもらう寄生生活を始める。こうなると雄の内臓の多くは退化してしまい、精子を作る精巣のみが発達するのだ。

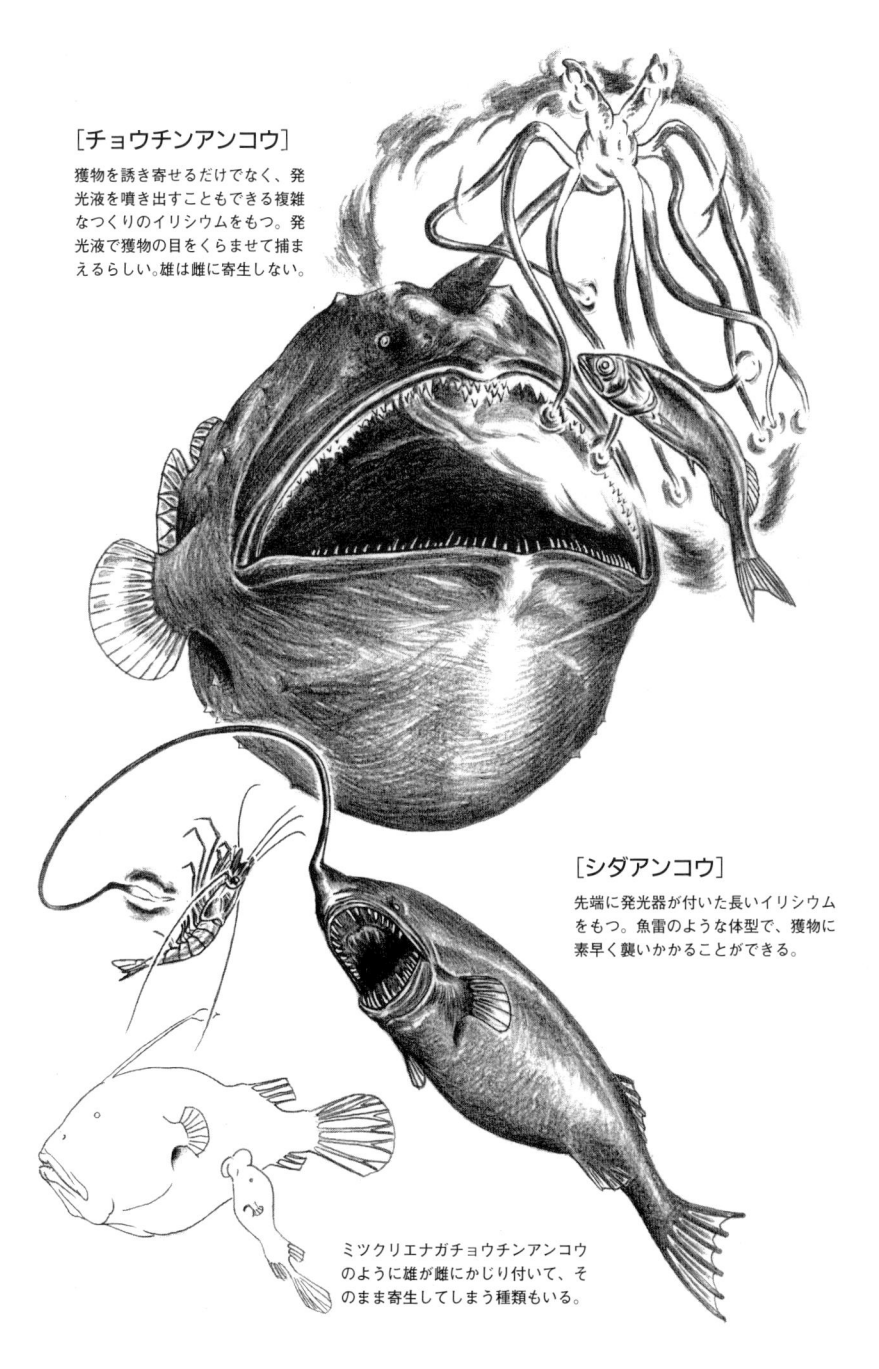

[チョウチンアンコウ]
獲物を誘き寄せるだけでなく、発光液を噴き出すこともできる複雑なつくりのイリシウムをもつ。発光液で獲物の目をくらませて捕えるらしい。雄は雌に寄生しない。

[シダアンコウ]
先端に発光器が付いた長いイリシウムをもつ。魚雷のような体型で、獲物に素早く襲いかかることができる。

ミツクリエナガチョウチンアンコウのように雄が雌にかじり付いて、そのまま寄生してしまう種類もいる。

第3章 1000〜3000mに棲む生物

目ではなく側線器官で感じる

イレズミクジラウオ　ジョルダンヒレナガチョウチンアンコウ

Cetomimus compunctus, Caulophryne jordani

　完全に暗黒の世界となる1000メートルを過ぎたゾーン。光といえば生物の発光だけで、それも見通しの利かない海水のなかでは朧げな光となって吸収されて消えてしまう。そのせいか、この水深に棲む生物の目は使い道がほとんど無くなって退化していることがある。

　イレズミクジラウオはこの暗黒のゾーンを漂って暮らす魚だ。数は多くないが、その姿はとても特徴的だ。皮膚はブヨブヨで赤い色をしており、細かい歯の生えた大きな口で獲物を捕まえて食べてしまう。目はとても小さく、この仲間の多くの種類がはっきりとした水晶体をもたないくらいに退化が進んでいる。彼らに分かるのは光があるかないか程度らしい。しかし、ほとんど役に立たなくなった目の代わりに側線器官がよく発達しているのだ。

　側線とは、魚の体の脇などにある感覚器官で、水の流れや圧力変化などを感じることができる。魚は、真っ暗闇でも、あるいは目を失ってさえも障害物を避けて泳ぐことができるが、これは側線で周囲の様子を把握できるからだ。普通、多くの魚の側線はウロコなどでカバーされ、一部、開いた穴を通じて海水の動きを感知している。しかし、イレズミクジラウオの体の脇にある側線は大きく開いており、ほとんど剥き出しだ。頭にある側線も、まるであばたのようにボコボコ開いて広く連なっている。

　さて、イレズミクジラウオと違って、チョウチンアンコウ類の多くはイリシウムで獲物を誘き寄せるので、のこのこと近づく獲物の接近を大まかに感じることができればよい。そのため側線はあまり発達していない。しかし**ジョルダンヒレナガチョウチンアンコウ**のようにイリシウムの発光器を失った一方で、側線器官が大きく発達したものもいる。皮膚から突き出た突起の先端にある側線器官が海中にさらされており、全身から細長い毛が生えているかのようだ。イリシウムに発光器のない彼らの場合、近づいた獲物を正確に襲うことができるように、側線器官がこういう形になっているようである。

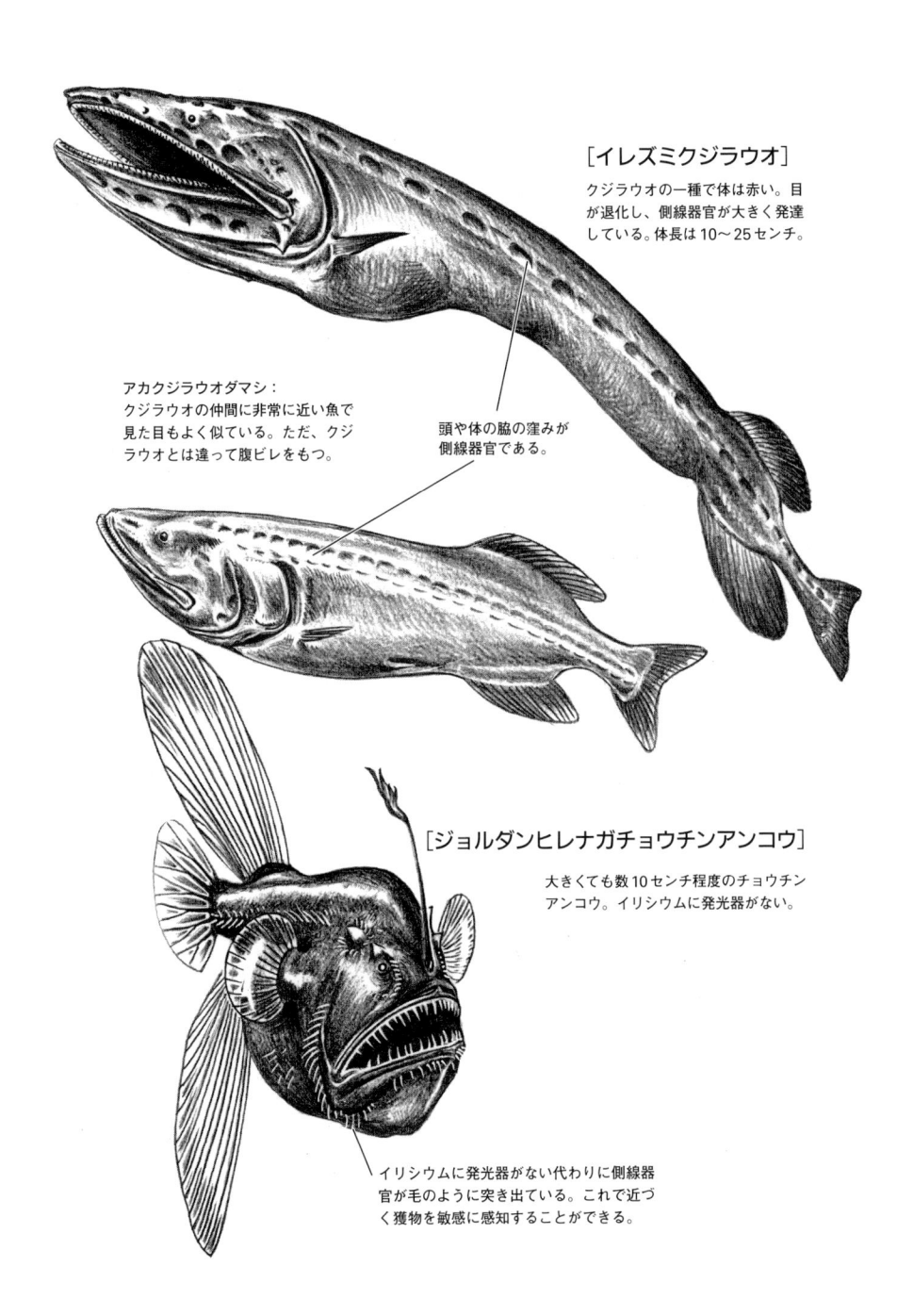

[イレズミクジラウオ]
クジラウオの一種で体は赤い。目が退化し、側線器官が大きく発達している。体長は10〜25センチ。

アカクジラウオダマシ：
クジラウオの仲間に非常に近い魚で見た目もよく似ている。ただ、クジラウオとは違って腹ビレをもつ。

頭や体の脇の窪みが側線器官である。

[ジョルダンヒレナガチョウチンアンコウ]
大きくても数10センチ程度のチョウチンアンコウ。イリシウムに発光器がない。

イリシウムに発光器がない代わりに側線器官が毛のように突き出ている。これで近づく獲物を敏感に感知することができる。

泳ぐ口裂けオバケ

フウセンウナギ

Saccopharynx ampullaceus

　異常に巨大な口をもつため、一見ウナギの仲間には見えない**フウセンウナギ**。目は小さく、光の有無は分かるが、周囲の物の形や姿はとらえられない。目が口のずいぶん先に付いているように見えるが、実はおかしいのは口のほうだ。顎を支える骨が頭蓋を越えてはるか後ろへ伸びており、おかげで頭が大きいように見えてしまうのである。人間で言えば頭はそのままなのに、顎の骨だけが大きくなって首より下まで伸びているようなものだ。フウセンウナギの頭蓋は実際には全長の1〜2パーセント程度の小さなものである。

　フウセンウナギはこの巨大な口で、エビなどの甲殻類、大小様々な魚を食べているらしい。体は柔らかく、尻尾の先には少し膨らんだ赤いラケット状の器官がある。赤い色は、この器官に豊富に供給される血の色らしいが、これはおそらく発光器で、獲物を誘い寄せるために使われると考えられている。発光器で獲物を十分に引き付けると、大きな口を開けて吸い込むか、あるいは素早く襲いかかるのだろう。フウセンウナギの側線器官は、かなり小さいが皮膚から突き出ていて、これは**ジョルダンヒレナガチョウチンアンコウ**に似ている。やはり深海では、視覚より側線による感覚のほうが重要なようだ。

　フウセンウナギは小さな鋭い歯をもっている。しかし成熟すると歯を失い、さらに雌雄とも下顎が退化する傾向がある。捕食に使う口が退化をすることから考えると、繁殖をすると死んでしまうようだ。他のウナギの仲間も似たようなもので、例えばニホンウナギも繁殖するのは生涯にただ一回だけだ。十分に成長すると河から海に下って、フィリピンの沖合で繁殖を行なう。

　さて、顎や歯が退化してしまう一方で、成熟した雄のフウセンウナギは嗅覚器と目が大きく発達する。これはどうも雌を探すためらしい。こういったフウセンウナギの様々な肉体的特徴はとても変わっていて、特に血管や神経の配置はウナギどころか、普通の魚としてさえ異常極まりない。そのため、"フウセンウナギは本当に魚であるのか"と、そのこと自体が疑われたことさえある。

＊　ジョルダンヒレナガチョウチンアンコウ》p.166

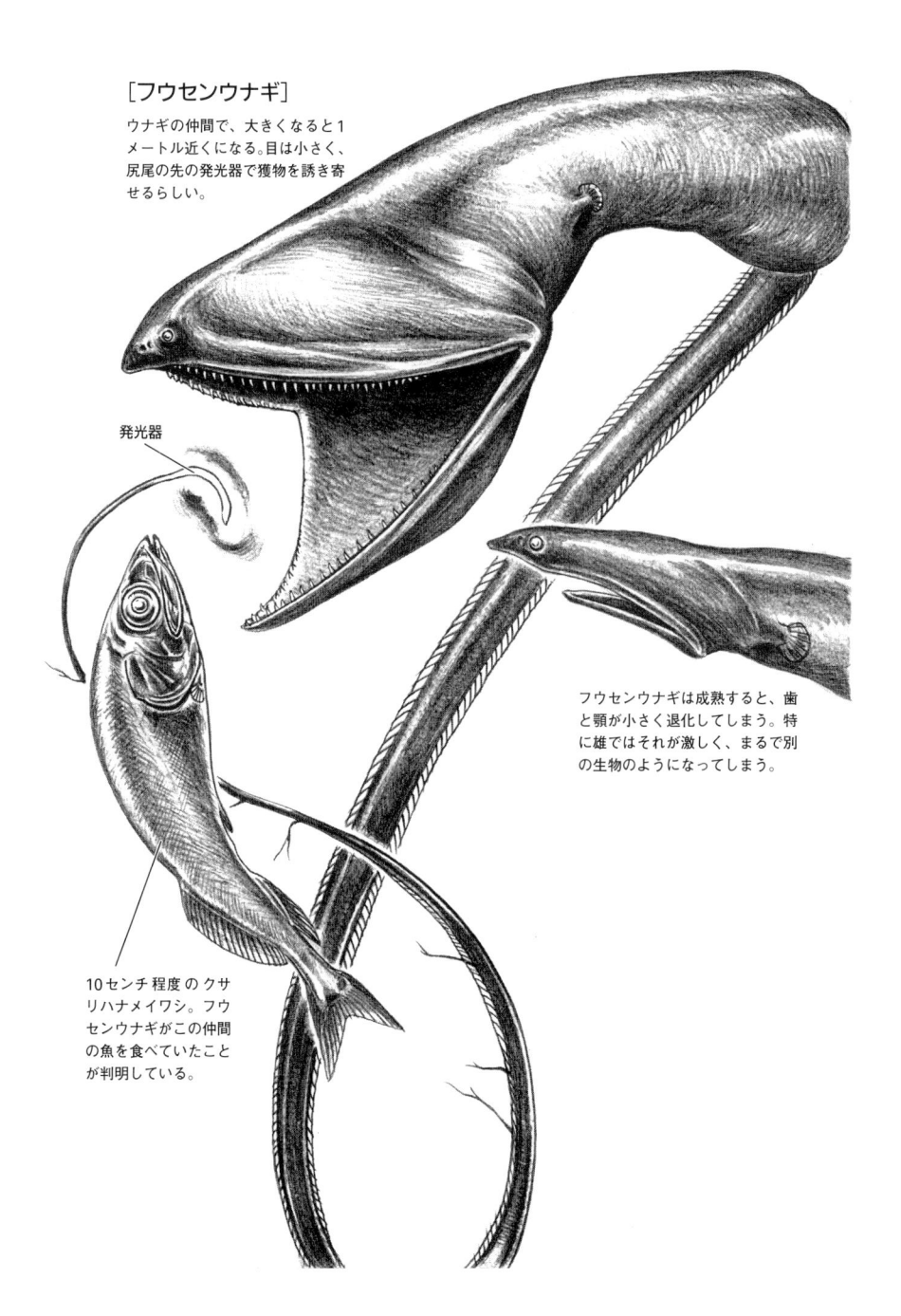

[フウセンウナギ]
ウナギの仲間で、大きくなると1メートル近くになる。目は小さく、尻尾の先の発光器で獲物を誘き寄せるらしい。

発光器

10センチ程度のクサリハナメイワシ。フウセンウナギがこの仲間の魚を食べていたことが判明している。

フウセンウナギは成熟すると、歯と顎が小さく退化してしまう。特に雄ではそれが激しく、まるで別の生物のようになってしまう。

巨大な海のダンゴムシ

オオグソクムシ

Bathynomus doederleini

　グソクムシの仲間は深海の海底に棲む大きな節足動物で、地域や水深によって異なる種類がいる。日本周辺にいる**オオグソクムシ**は比較的浅い場所から水深数百メートルにいて、大きさは12センチあまり。インド洋から太平洋の水深数百〜2000メートルで暮らす**ダイオウグソクムシ**はなんと35センチにもなる。

　グソクムシたちはダンゴムシやフナムシに近い生物で、見た目もよく似ている。ダンゴムシと同じく脚が14本あり、上半身と下半身が別々に脱皮する。また、オオグソクムシを手でつまむと、防御のためなのか体を少し丸めるようにしてじっと動かなくなるが、これもダンゴムシに似ている。

　しかしグソクムシたちはダンゴムシやフナムシよりもはるかに大きいし、体もずっと丈夫である。そして、頑丈な顎で死骸の肉を食べる生き物だ。水難者を捜していたダイバーが山のようなグソクムシの大群に近づいたら、逃げ出す彼らの中から頭蓋骨が姿を現したとか、網にかかった魚の体内からグソクムシがボトボトとこぼれ出したという話もある。オオグソクムシを捕まえて棘だらけの脚をばたつかせる彼らをじっと観察すると、口をぱくぱくと開閉し、顎の先が黒くていかにも堅そうなことが分かる。顎はクマデのような形で、歯が何本も付いており、5センチ程度の小さなオオグソクムシでも噛み付かれると、とても痛い。噛まれた傷跡を見ると蝶ネクタイ型に皮膚を薄く削いで、切り傷の底辺にあたる部分を一直線に深く切り裂いているのが分かる。死んだ魚のウロコや筋肉をかじり取っていくのには十分な力をもっているようだ。35センチにもなるダイオウグソクムシに噛み付かれたら、一体全体どうなるのかは想像するに恐ろしい。

　オオグソクムシたちは、ジャイアント・イソポッドという名前で水族館に展示されることもある、丈夫で飼育しやすい深海生物だ。10数度の冷たくきれいな海水さえあれば魚の切り身や**オキアミ**を与えて生かしておくことができる。

＊ オキアミ》 *p.120*

足
口

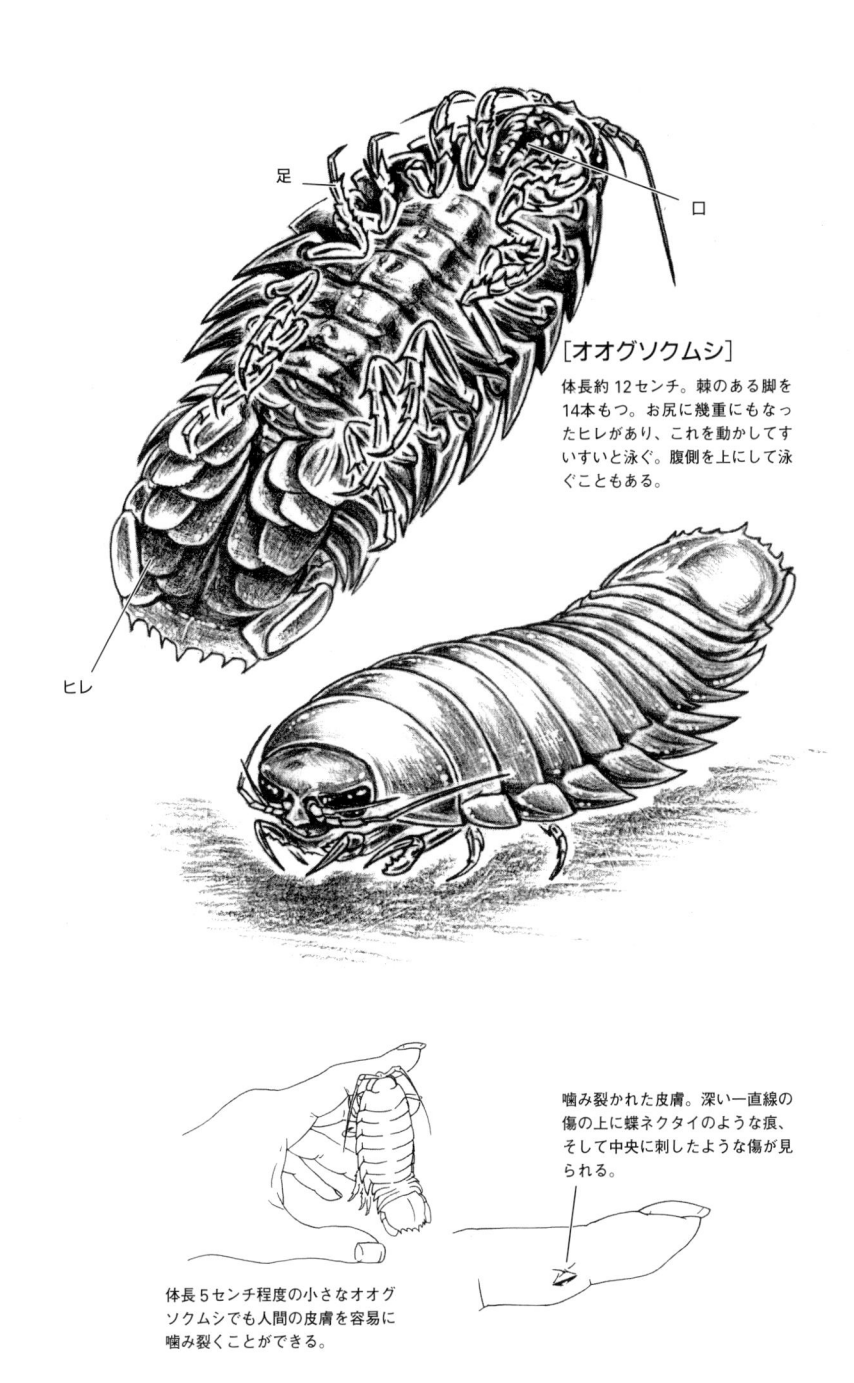

[オオグソクムシ]

体長約12センチ。棘のある脚を14本もつ。お尻に幾重にもなったヒレがあり、これを動かしてすいすいと泳ぐ。腹側を上にして泳ぐこともある。

ヒレ

噛み裂かれた皮膚。深い一直線の傷の上に蝶ネクタイのような痕、そして中央に刺したような傷が見られる。

体長5センチ程度の小さなオオグソクムシでも人間の皮膚を容易に噛み裂くことができる。

第3章 1000〜3000mに棲む生物

全身が脚でできている

ベニオオウミグモ

Colossendeis colossea

　長い脚を伸ばした妙な生物が水中を漂っているのを調査船から見かける時がある。それは甲殻類の一種か、ウミグモの仲間だ。浅い海にいるウミグモの仲間は小石の裏に潜んでいたり、あるいはイソギンチャクやサンゴの仲間などの体の上に棲んでいて、大きさも数ミリか、せいぜい1センチ程度しかない。しかし、深海のウミグモは浅い海に棲む種類に比べてはるかに大きく、脚を広げると10センチ、あるいはそれ以上あり、**ベニオオウミグモ**という種類は30センチ以上にもなる。このウミグモは目の覚めるような真紅の体をもつ。深海に棲むウミグモには、他にも脚は白いが胴体は赤いというものもいる。また、クラゲの体に引っ付いて寄生生活を送っている種類もいるようだ。

　深海性のウミグモが何を食べているのか、具体的にはよく分かっていないが、どうもイソギンチャクやサンゴの仲間など、体の柔らかい生物を食べているようだ。ベニオオウミグモは頭の先に筋肉質の吻部をもっていて、これで生物の組織をすすり上げているのである。

　ウミグモはクモという名前が付いているが、クモとの共通点は体の一番前の脚がハサミになっているという1つだけしかない。脚が長いためクモに似てはいるが、体のつくりはまるで違っていて、ウミグモの腹部は単なる突起になっており、胸部は脚の接合部分だけでできているかのようだ。要するに体のほとんど全てが"脚"なのである。本来は胴体に収まるはずの内臓、例えば卵を産む孔まで脚にあるくらいだ。

　ところで、深海性のウミグモは歩き回るところをあまり目撃されていない。むしろ多く目撃されているのは海中を泳いでいる、というよりも脚をデタラメに広げたまま漂う姿だ。少なくとも彼らはしばしば海底から泳ぎ出て海中を漂っているらしいが、一体全体そこで何をしているのか、どんなメリットがあるのか、それははっきりしていない。

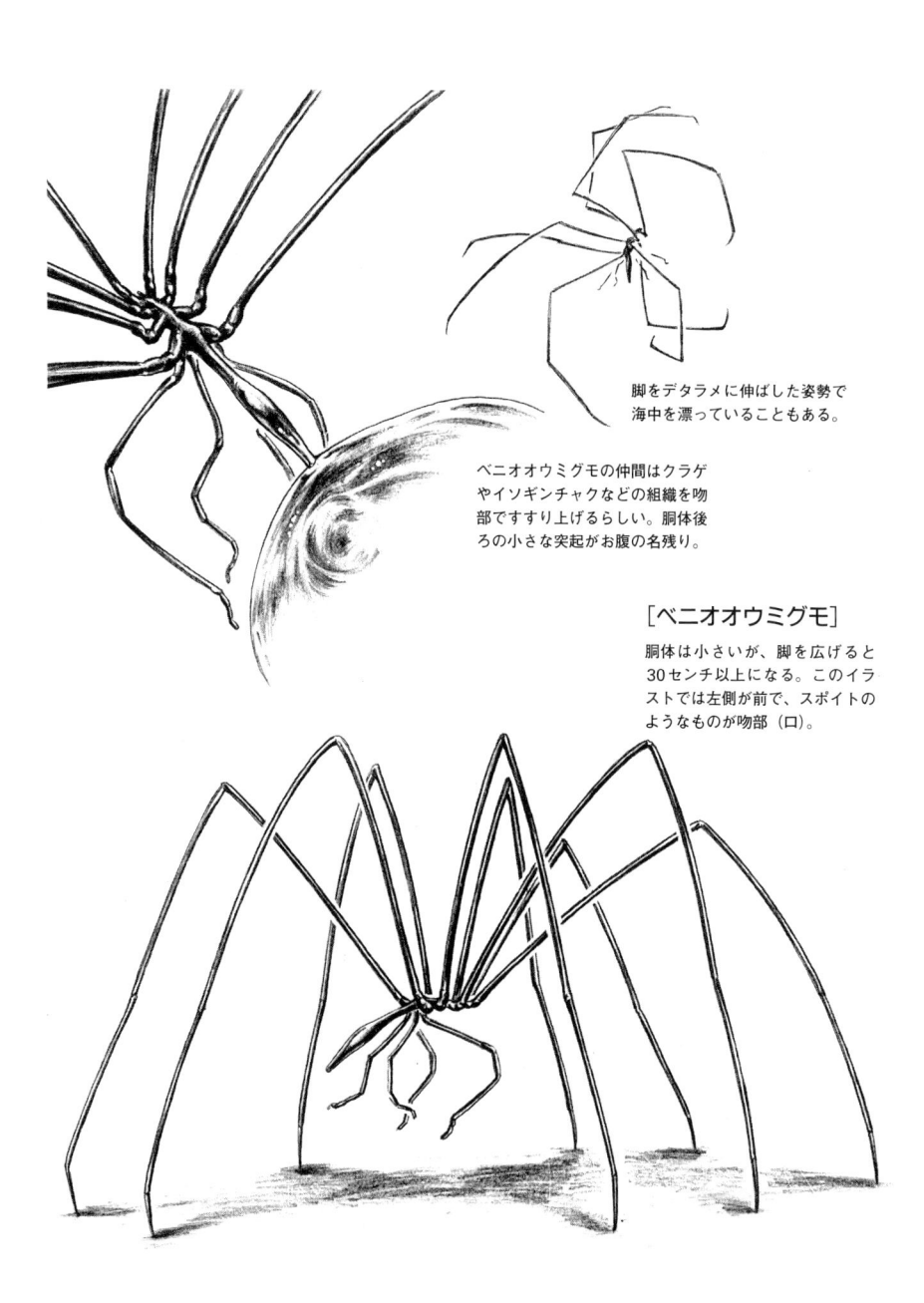

脚をデタラメに伸ばした姿勢で
海中を漂っていることもある。

ベニオオウミグモの仲間はクラゲ
やイソギンチャクなどの組織を吻
部ですすり上げるらしい。胴体後
ろの小さな突起がお腹の名残り。

［ベニオオウミグモ］
胴体は小さいが、脚を広げると
30センチ以上になる。このイラ
ストでは左側が前で、スポイトの
ようなものが吻部（口）。

第3章　1000〜3000mに棲む生物

骨なしの死肉食い

ヌタウナギ

Eptatretus

　見た目はまさにウナギだが、よく見ると目がない不気味な**ヌタウナギ**。頭に１対の白っぽいものがあるが、これは皮膚の下に埋もれた目のなれの果てで、水晶体もなければ視神経も退化している。それに魚らしいヒレもなく、あるのは尾ビレらしきものだけだ。

　餌に群がる様子を見ると、いかにも臭いで餌を探しているのが分かる。調査船が用意した肉などがあると、ゆらゆらと体をうねらせながらやって来て、頭を振って臭いを嗅ぎ回りながら肉を探す。頭の先にヒゲに囲まれた孔がぽっかりと開いているが、これは口ではなくて鼻の孔だ。本当の口はその下に開いていて、そこから歯の付いた舌を突き出して肉を削り取る。顎と呼べるものはなく、口は単なる穴なのだ。彼らは非常に原始的な脊椎動物で、顎をもたないうえに骨と呼べるようなものもほとんどない。狭い隙間に頭を突っ込み、体をうねらせ、捻じ曲げる。まともな骨がないだけに、体どころか頭がひん曲がろうが、つぶれてしまおうがお構いなしだ。死体や、あるいは弱った魚の体内にまで潜り込んで、舌を動かして肉を削って食い進む。この仲間は浅い海にも棲んでいるので、せっかく釣り上げた魚の体内がヌタウナギに食われていたということもある。

　体長は大きなものでは80センチにもなる。ヌタウナギの仲間は1000メートルを超える深さまで分布しており、あちこちの海底でその姿を現す。海外の例では、ソナーに大きな物体が映るので調査船が行ってみたら、クジラの死骸にそれを覆い隠さんばかりのヌタウナギが群れていたこともある。

　そして、ヌタウナギは敵への備えも怠らない。いざとなるとものすごく絡み付く粘液（ヌタ）を大量に吹き出すことができるのだ。ヌタウナギが死体に群れているとサメに襲われることもあるが、そういう時にこの粘液で身を守るのだ。そんなヌタウナギだが、財布などのウナギ革の製品に使われていたりして、意外に私たちにとって身近な生物だったりするのである。

鼻の孔

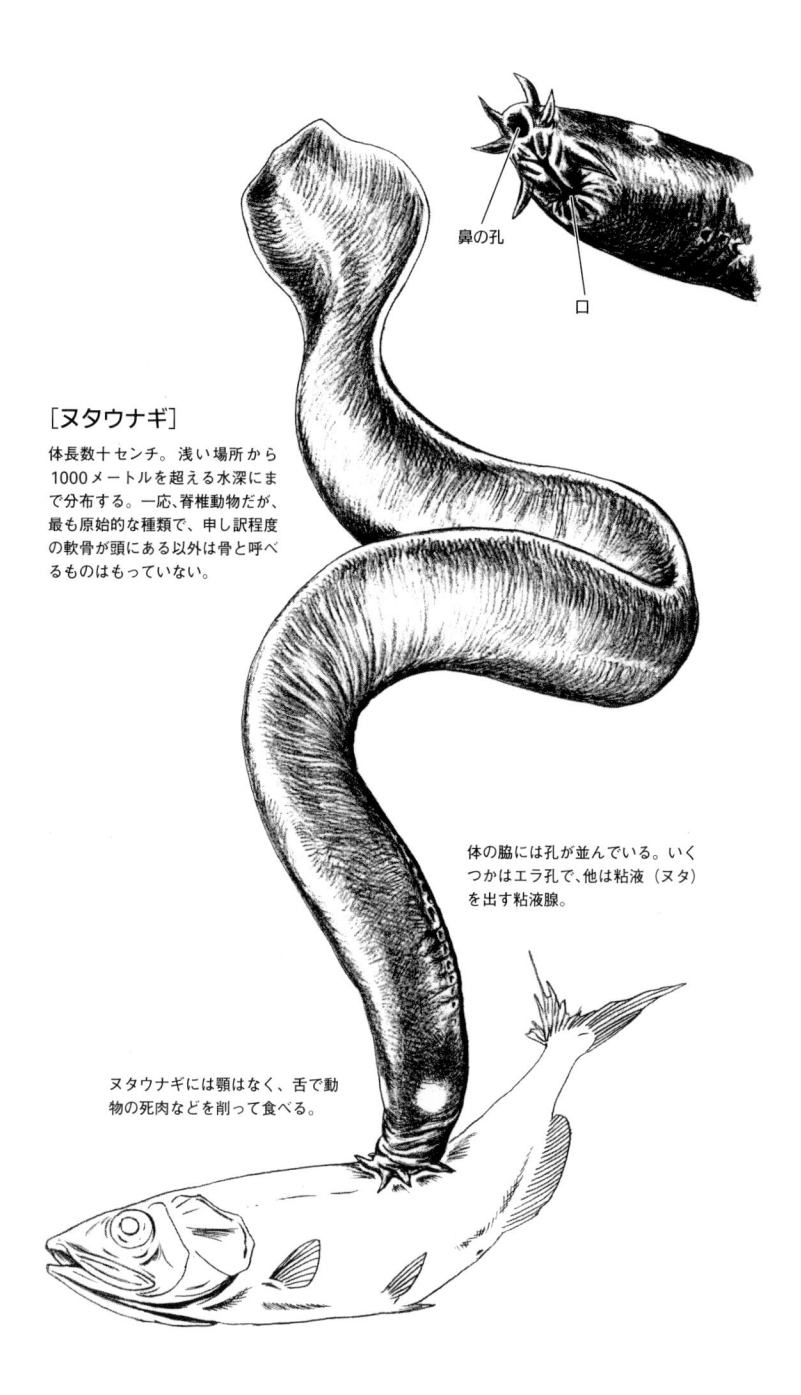

口

[ヌタウナギ]

体長数十センチ。浅い場所から1000メートルを超える水深にまで分布する。一応、脊椎動物だが、最も原始的な種類で、申し訳程度の軟骨が頭にある以外は骨と呼べるものはもっていない。

体の脇には孔が並んでいる。いくつかはエラ孔で、他は粘液（ヌタ）を出す粘液腺。

ヌタウナギには顎はなく、舌で動物の死肉などを削って食べる。

借り物の光で発光する

ソコダラの仲間

Macrouridae

　小型のサメが勢力を振るうのは水深数百メートルぐらいだ。それよりも深い水深1000メートルあまりになると**ソコダラ**の仲間や**ソコクロダラ**が目立つようになる。タラの仲間だが、さほど似ておらず、頭が妙に大きく、しばしば鼻先が尖っている。ソコダラの一種**トウジン**や**キシュウヒゲ**はそのいい例で、鼻先は三角形だ。また**バケダラ**のように鼻先が真ん丸の種類もいる。ソコダラたちの尻尾は妙に細長く、上下に並んだヒレを揺り動かし、体を常に持ち上げるように泳いでいく。頭でっかちのバケダラが細い尻尾で泳ぐところは、まるで"深海をゆく人魂"だ。ソコダラは種類だけでなく、数も多く、1000メートル以深に網を入れてトロールするとごっそり捕れる。しかし通常は食用にはされない。深海魚の特徴として多く見られるように肉には水分が多く、さらに頭が大きく尻尾が長いため、身になる部分が少ないのだ。おまけにウロコが堅くて調理にも向かない。

　さて、ソコダラたちも発光器をもつが、この光はホタルや**ホウライエソ**のように自分で作った光ではなく、借り物の光だ。ソコダラの発光器の中には発光バクテリアが棲みついているのだ。こうした巧妙な器官はどのように進化したのだろうか？　これらの発光器が消化管と連絡していることから、まず最初に餌と一緒に取り込まれた発光バクテリアが体内で繁殖したのだろう。その後、ソコダラがバクテリアの光を目印などに使うようになり、やがて消化管から発光器が分化したのだろう。体内に共生する微生物のために消化管を分化させるというのはウシやサルなどでも起こっているから、この考えはさほど突飛ではない。

　発光バクテリアは、海ではごく当たり前にいる存在だ。マリンスノーが調査船に当たると発光バクテリアが光を放つし、深海の泥を引っ掻き回すと、やはり淡く光る。そのせいなのか、光が届かない暗黒のゾーンに棲んでいるのに、ソコダラの仲間の多くは大きく発達した目をもっている。もしかしたら発光バクテリアの光を探っているのかもしれない。

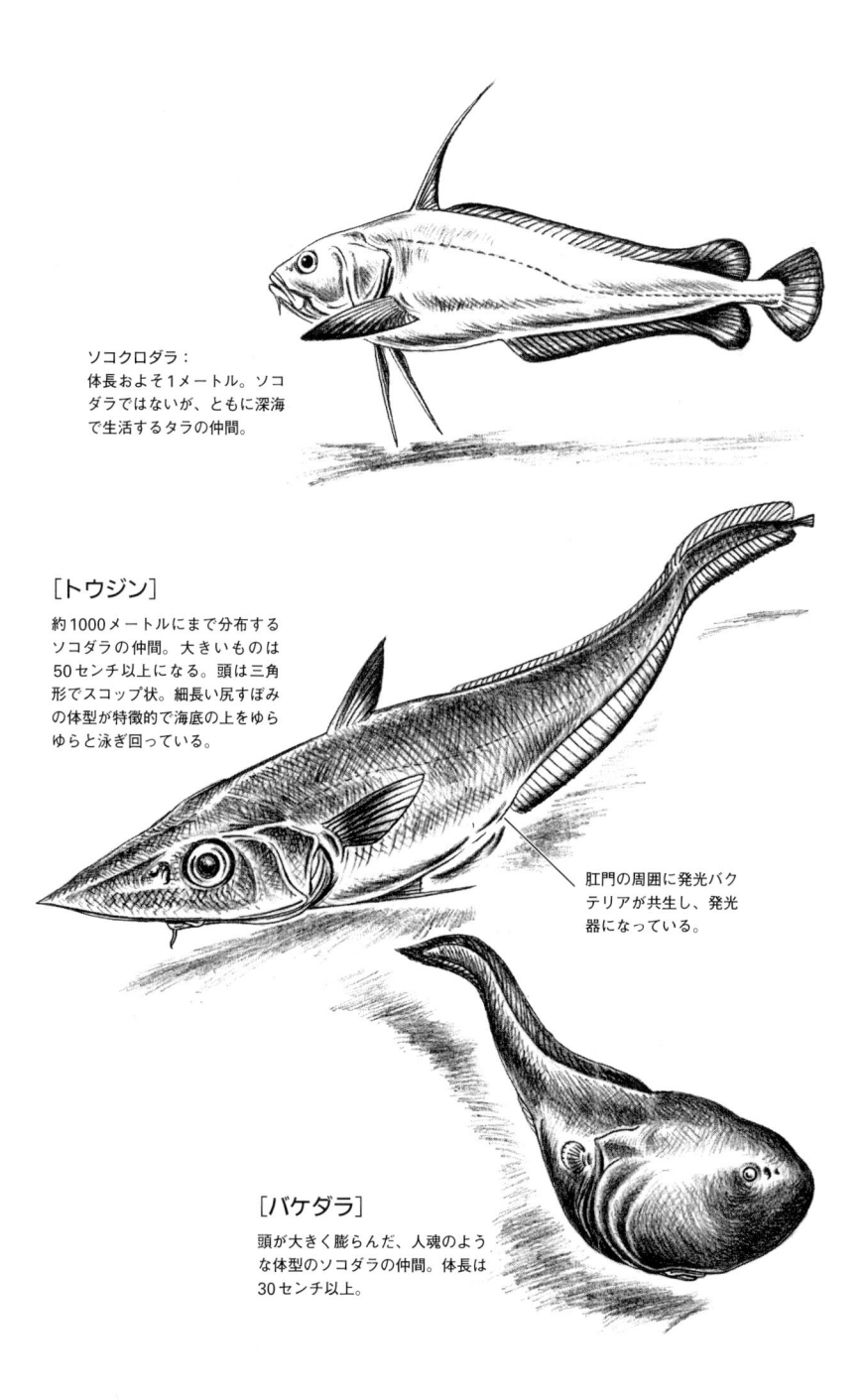

ソコクロダラ：
体長およそ1メートル。ソコダラではないが、ともに深海で生活するタラの仲間。

[トウジン]
約1000メートルにまで分布するソコダラの仲間。大きいものは50センチ以上になる。頭は三角形でスコップ状。細長い尻すぼみの体型が特徴的で海底の上をゆらゆらと泳ぎ回っている。

肛門の周囲に発光バクテリアが共生し、発光器になっている。

[バケダラ]
頭が大きく膨らんだ、人魂のような体型のソコダラの仲間。体長は30センチ以上。

第3章　1000〜3000mに棲む生物

海底直上をゆく魚たち

ギンザメ　クロオビトカゲギス

Chimaera phantasma, Halosauropsis macrochir

　サメに比較的近縁だが、見た目はまるで違っていて、細長い尻尾を伸ばし、大きな胸ビレを羽ばたかせるように泳いでいく**ギンザメ**。どの種類も頭にウネウネと側線を伸ばしている。目が大きいのも特徴で、そういうところは**ソコダラ**に似ている。ただしソコダラと違ってギンザメには発光器はない。だから何か見えるとしたら掻き回されて光る海底の泥や他の生物の発光ぐらいのものなのだろう。

　トカゲギス類は体型が細長く、長い尻尾の下にヒレが付いている。そういうヒレの様子や海底のすぐ上をホバリングするかのような泳ぎ方はこれまたソコダラを思わせる。**クロオビトカゲギス**は鼻先が長くなっていてシャベル状であり、そこもある種のソコダラのようだ。どちらもこの鼻先を使って海底の泥を引っ掻き回して小さな生物を探すと考えられている。

　このように様々な点でソコダラと似たところがあるクロオビトカゲギスだが、実際にはウナギに近い仲間だ。ウナギの仲間は子供の頃、透き通った木の葉のようなレプトケファルス幼生期という時期を過ごすが、トカゲギスの仲間もそうした幼生時代を過ごす。ただ、数センチ程度で幼生時代を終えるウナギと違ってトカゲギスたちは幼生時代の形のまま、ほとんど成体と同じくらいにまで大きくなってしまう。実は昔の子供向けの本には"巨大なレプトケファルス幼生が捕まった、これが成長するとオオウミヘビになるのだ！！"という話が載っていた。だが実際にはトカゲギスの幼生なのだ。もちろんトカゲギスたちの体長はオオウミヘビほどではなく、数十センチという慎ましいものである。

　興味深いことにソコダラもトカゲギスもよく発達した浮き袋をもっている。これは彼らが海底直上を浮遊して泳ぐ生活をしているからだとも言われている。では、浮き袋をもたないギンザメはというと、海底にごろんと転がっているのだ。彼らの場合、海底のすぐ上で常に浮遊しているというわけにはいかないらしい。

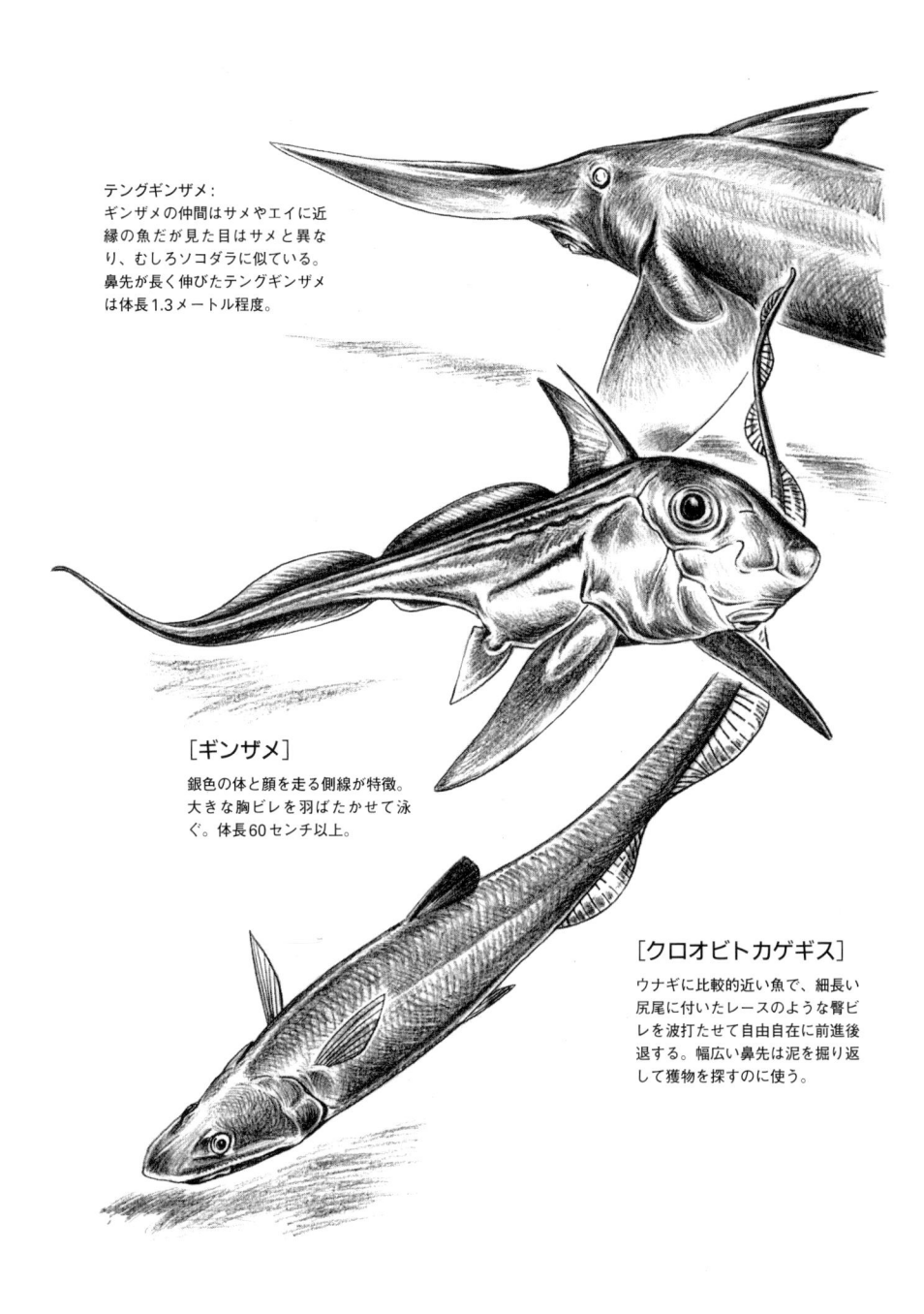

テングギンザメ：
ギンザメの仲間はサメやエイに近縁の魚だが見た目はサメと異なり、むしろソコダラに似ている。鼻先が長く伸びたテングギンザメは体長1.3メートル程度。

［ギンザメ］
銀色の体と顔を走る側線が特徴。大きな胸ビレを羽ばたかせて泳ぐ。体長60センチ以上。

［クロオビトカゲギス］
ウナギに比較的近い魚で、細長い尻尾に付いたレースのような臀ビレを波打たせて自由自在に前進後退する。幅広い鼻先は泥を掘り返して獲物を探すのに使う。

暗黒世界の肉食魚

イラコアナゴ　コンゴウアナゴ　ソコボウズ

Synaphobranchus kaupii, Simenchelys parasiticus, Spectrunculus grandis

　真っ暗なこのゾーンには様々な肉食魚が潜んでいる。最もよく見られるのはアナゴの仲間だ。深海に棲むアナゴやウナギの仲間は、意外にも強力な捕食者で、口は大きく、牙は鋭く、大きな獲物も呑み込むことができる。棲息しているエリアもかなり広く、浅い場所から深い場所まで様々な種類が入れ替わり立ち替わり捕食者としてのポジションについている。**イラコアナゴ**と**コンゴウアナゴ**は、このゾーンの海底では特に目につく捕食者だ。調査船が海底に餌を置けば、匂いを嗅ぎつけてどこからともなくやって来る。イラコアナゴなどは自分よりも太いイカの切り身を大口を開けて呑み込もうとし、なかなか呑み込めないとなると立ち泳ぎをする姿が目撃されている。くわえた肉の重みを使って口へ押し込もうとしているのだろう。

　コンゴウアナゴは死んだ、あるいは弱った生物をかじって体の内部に潜り込んでしまう習性があって、昔は大きなカレイの仲間、**オヒョウ**などに寄生する生物であると考えられていた。漁で捕まえたオヒョウを引き上げると、その内部から、ごろん、とコンゴウアナゴが出てきたからだ。

　そして、このあたりの水深で最も大きな肉食動物が**ソコボウズ**だ。体長2メートルもあるこの魚は、生活水深の幅が広く、5000メートルくらいまで棲息している。体の色は真っ白で、大きめの頭に小さな目がぽつんと付いている。食べ物は上のほうから落ちてきた死骸らしい。餌が乏しい水深で大型化した理由は、行動できる範囲が広くなること、栄養の貯えがしやすいこと、などが考えられる。確かに、行動範囲が広ければ、まれに落ちてきた魚の死骸などに巡り会うチャンスが増えるだろう。死んだばかりの生物や、突然落ちてくる死体などは早い者勝ちのごちそうだ。事実、海底に餌を置くと**オオグソクムシ**だのイラコアナゴにコンゴウアナゴ、**ヌタウナギ**の仲間やらがあっという間に寄ってくる。そして悠然と巨体を揺らめかせながら現れるのがソコボウズなのだ。

＊　オオグソクムシ》 *p.170*　ヌタウナギ》 *p.174*

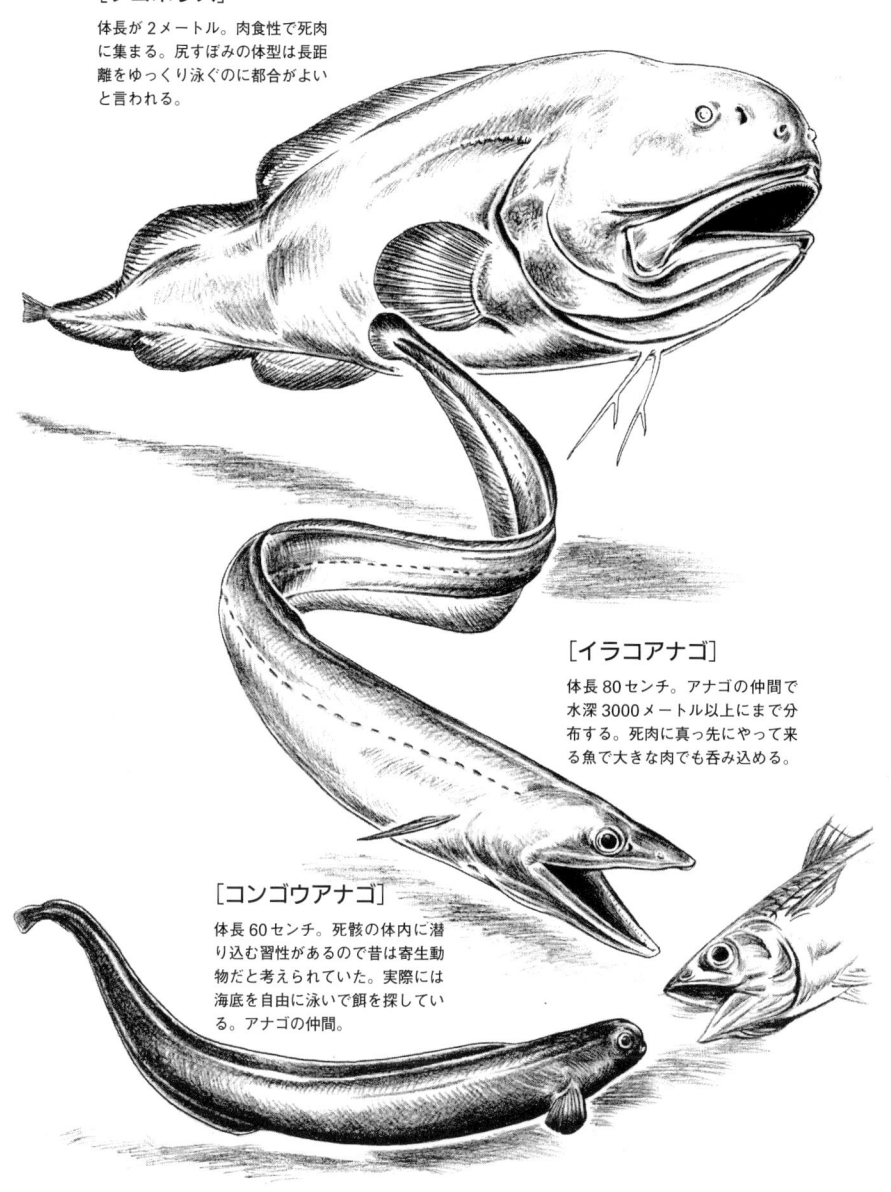

[ソコボウズ]
体長が2メートル。肉食性で死肉に集まる。尻すぼみの体型は長距離をゆっくり泳ぐのに都合がよいと言われる。

[イラコアナゴ]
体長80センチ。アナゴの仲間で水深3000メートル以上にまで分布する。死肉に真っ先にやって来る魚で大きな肉でも呑み込める。

[コンゴウアナゴ]
体長60センチ。死骸の体内に潜り込む習性があるので昔は寄生動物だと考えられていた。実際には海底を自由に泳いで餌を探している。アナゴの仲間。

水曜海山に棲む愛嬌あるタコ

ジュウモンジダコ

Stauroteuthis syrtensis

　水曜海山は小笠原諸島の海底にある火山で、山頂がカルデラ、つまり周囲を高い崖に囲まれて、底が平らな火口になっている。水深はおよそ1300メートルで、カルデラの大きさは直径およそ数百メートル。底には崖から崩れたらしい細かな白い砂が溜まっている。水曜海山へ調査船が行くのはカルデラの中央から湧き出ている熱水や、その周辺に棲む生物の調査が目当てだが、そこでパイロットと研究者は**ジュウモンジダコ**に出会うことになる。

　ジュウモンジダコは丸い、愛嬌のある姿をしたタコで、肌の色はピンクがかっていて、少し透けて見える。大きなヒレをもち、それを打ち振ってゆったりと泳ぐ仕種から、海外の研究者にはダンボオクトパスと呼ばれている。ヒレをもつことから分かるように、**メンダコ**の遠い親戚だ。しかしメンダコと違って、ヒレは泳ぐ時のメイン動力として使われる。水曜海山のカルデラの海底に丸く鎮座している時、調査船に気付くと、腕とその間に張られた膜をすぼめて海底から離れ、それから腕を横に広げるような姿勢をとる。この姿勢だと、ジュウモンジダコの体は海底へなかなか沈まず、そのまま浮遊することができる。彼らの体は寒天質で、もともと海水との密度差が少なくて軽い。だから、ちょっと腕を広げて水との抵抗を増やせば、このような芸当ができるのだろう。

　タコは賢い生物だと言われるが、調査船に接近するような仕種を見せたり、あるいは浮遊したまま調査船とほぼ同じ高さを保ち続けて、お互いの距離が詰まってきても逃げないままだ。まるで観察しているかのようである。いよいよぶつかりそうになると、広げていた腕をすぼめて水を掻き、そして遠くへ離れていってしまう。

　それにしても、不思議なことに腕を横に広げる時、彼らは腕を時計回りと反対向きに、ちょうど卍のように曲げている。曲げる向きや利き腕のようなものが決まっているのかもしれない。

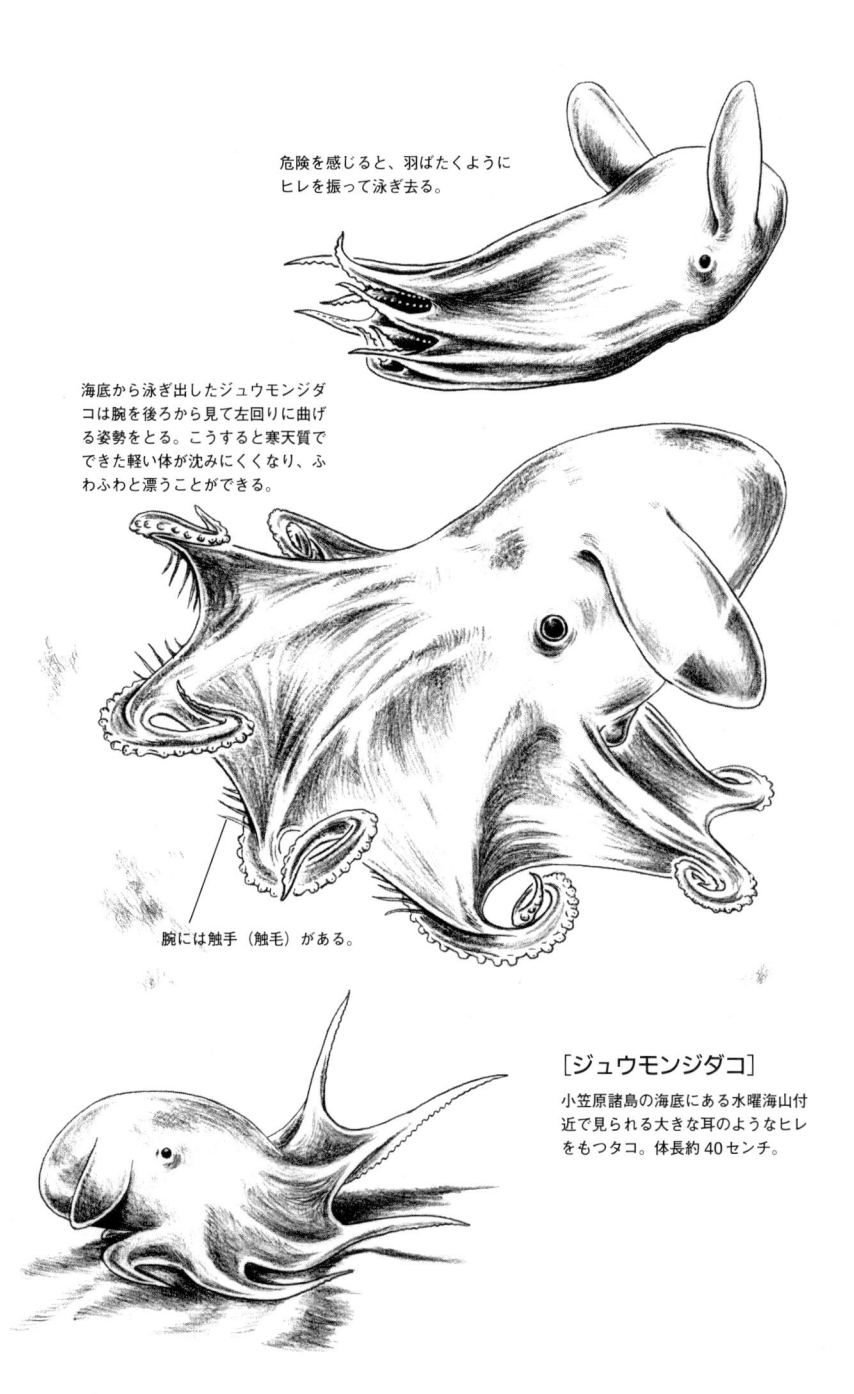

危険を感じると、羽ばたくように
ヒレを振って泳ぎ去る。

海底から泳ぎ出したジュウモンジダ
コは腕を後ろから見て左回りに曲げ
る姿勢をとる。こうすると寒天質で
できた軽い体が沈みにくくなり、ふ
わふわと漂うことができる。

腕には触手（触毛）がある。

［ジュウモンジダコ］

小笠原諸島の海底にある水曜海山付
近で見られる大きな耳のようなヒレ
をもつタコ。体長約40センチ。

深海マメ知識 ⑤

アンコウ鍋のアンコウって？

脂がのってプリプリした身が美味な冬の味覚、アンコウ鍋
このアンコウって、もしかして、あのチョウチンアンコウ？

「チョウチンアンコウの雄は雌に寄生するんだよ」。そう言うと、「えっ、アンコウ鍋のアンコウってそんな魚だったの？」と驚いて訊いてくる人がいる。これは大きな勘違い。アンコウ鍋にされるアンコウはキアンコウであって、チョウチンアンコウではない。両者の姿はさほど似ていないし、生活スタイルもまるで違っている。とはいえキアンコウとチョウチンアンコウは全く関係がないわけでもない。

キアンコウは海底に寝そべって生活している魚だ。一方でチョウチンアンコウは海水中をぷかぷかと漂っている。キアンコウは寝そべっていることもあってかフライパンのように平らな体型だが、チョウチンアンコウの多くは丸い体をしている。キアンコウには付いていない発光器が、チョウチンアンコウたちのイリシウムには付いている。

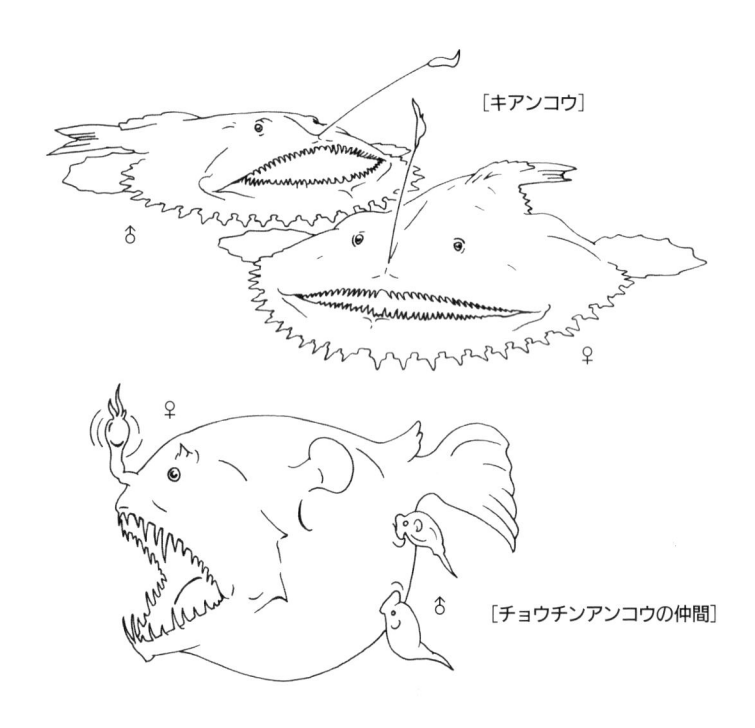

［キアンコウ］

［チョウチンアンコウの仲間］

両者には共通点もある。どちらも獲物を誘き寄せるイリシウムをもっていて、頭でっかちで大口。体型ときたらどちらもマンガのような二頭身だ。
　キアンコウとチョウチンアンコウは、共通の祖先から進化したことが分かっている。どちらもイリシウムをもつのがその証拠だ。過去のいずれかの時点で背ビレが獲物を誘き寄せる器官、すなわちイリシウムへと変化したのがそもそもの始まりなのだろう。そして、その後別々の道を歩み、別々の環境に適応したのだ。どうもいくつかの事例から考えるとキアンコウのほうが古い生活スタイルを留めているらしい。
　深海にはフサアンコウと呼ばれる魚がいるが、体の特徴を調べる限り、フサアンコウはキアンコウよりチョウチンアンコウに近い。フサアンコウは深海の海底にちょこんと腹ばいになっている魚で、ずいぶんイカツい顔をしている。親戚のフサアンコウが海底に棲んでいることから、チョウチンアンコウこそが海底から海中へと生活の場所を移したのだろう。

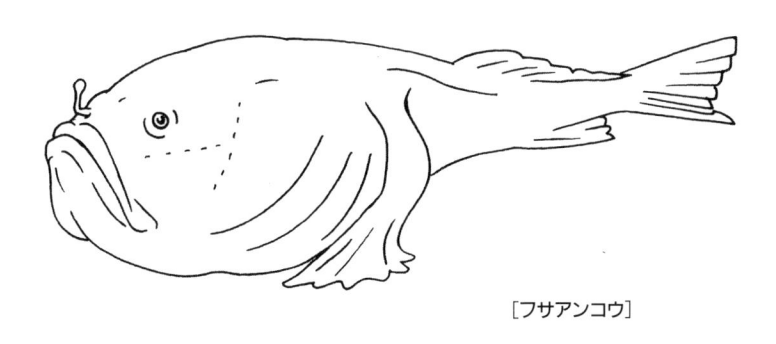

［フサアンコウ］

　そもそもキアンコウもフサアンコウも餌の豊富な浅い場所で生まれて成長し、そしてある程度大きくなると深海へと降下していく。海底に辿り着くまでの間は海中で浮遊生活を送っているわけで、こういう成長過程が少し変更されて一生海中を浮遊するというチョウチンアンコウの生活スタイルができ上がったと考えられている。
　そしてまたチョウチンアンコウの仲間は雄が雌に寄生するという生活スタイルも進化させた。こういう特徴はフサアンコウにもキアンコウにも見られない。冒頭で述べたように、アンコウ鍋のキアンコウは寄生なんてしないし、雄と雌は大きさもあまり変わらない。

深海マメ知識 ❺
深海のフクザツな恋愛事情
雄が雌に寄生する、雄として生まれたのに大きくなると雌になる
さらには自分一体だけで子供を産める雌雄同体の生物まで！

　水深1000メートル付近の海水中にはミツマタヤリウオという魚が棲んでいる。細長く真っ黒な体は海中でブルーがかって見え、顎の下には発光器が付いたヒゲのようなものがたなびいている。ホウライエソやオオクチホシエソに近い魚だが、彼らにはない特徴をもっている。ミツマタヤリウオの雌は30〜40センチに達するが、雄は3〜4センチ程度で精巣は大きくなるが消化器官などは退化しているのだ。おそらく幼生時代の後、すぐに成熟して一生で1回の繁殖をして死ぬのだろう。

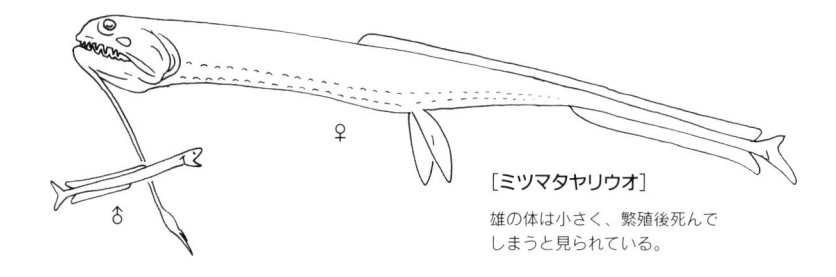

［ミツマタヤリウオ］
雄の体は小さく、繁殖後死んでしまうと見られている。

　雌よりも雄がはるかに小さい。これはチョウチンアンコウたちを思い起こさせる。こういう小さな雄のことを矮雄（わいゆう）というが、ミツマタヤリウオといい、チョウチンアンコウといい、なぜこんな変わった繁殖をするのだろう？　なぜ雄が小さいのだろう？　深海魚のなかにはこういう変わった性のあり方と繁殖の仕方をするものが何種類かいて、ちょっとリストにしてみるだけでだいたい次のような例がある。

　　1：雄が小さい→ミツマタヤリウオや全てのチョウチンアンコウ
　　2：雄が小さくて雌に寄生する→一部のチョウチンアンコウ
　　3：雌雄同体→ソコエソなど
　　4：雌雄同体で最初は雄として成熟し、成長すると雌に性転換する
　　　→オニハダカやヨコエソ

　さて、こういう雄と雌のあり方にはどんな意味があるのだろうか？　まず、雄が雌よりも小さい、あるいは雄が雌に寄生するというのは深海魚に限らず地

上の生物でも見られる。例えば他の生物に寄生しているとか、あるいは一ヶ所でじっとしているので雄と雌の出会いが少ない生物に多いようだ。寄生生物は相手を探すために宿主から離れるわけにはいかない。そんなことをしたらパートナーを見つける前に死んでしまう。一ヶ所でじっとしている生物だってそうだ。その場所からおいそれと動けるわけがない。

　こういう問題を解決する選択肢はいくつかある。そのひとつが大きな雌に小さな雄が寄生するというものだ。雄が一度、雌に寄生してしまえば、もう相手を探す必要はない。ボネリアとかナマコの体内に寄生する巻貝の仲間などがこういう生活をしているが、深海魚ではチョウチンアンコウ類がこういった性質をもつ。

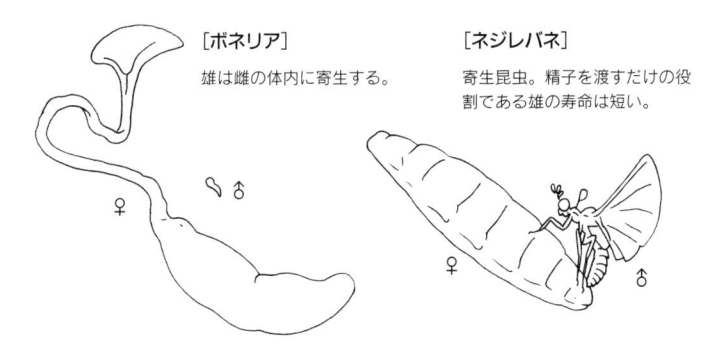

［ボネリア］
雄は雌の体内に寄生する。

［ネジレバネ］
寄生昆虫。精子を渡すだけの役割である雄の寿命は短い。

　もうひとつしばしば見られるのが、雄が精子を渡す役割に徹するというものだ。雄は雌に精子さえ渡せれば生物としての目的を達成できる。だから生物の種類によっては雄が幼生時代の貯えだけで生きていて、精子を渡すだけの短い生涯を過ごすものがいる。ミツマタヤリウオはこのタイプである。こういう生活をする生物はネジレバネなどといった昆虫にも見られる。

　深海魚は他の生物に寄生しているわけでもないし、一ヶ所でじっとしているわけでもない。しかし仲間が少なく、お互いの距離が離れた閑散とした世界で暮らしているので、雄と雌が出会うことが難しい。このように男女の出会いが少ない環境なのでボネリアなどと同じような適応に進化したのだろう。

　またこういう時、雌のほうが体が大きくなるというのにも理由がある。雌が作る卵には栄養が十分に詰まっていなければいけない。だから卵をたくさん作るには雌の体は大きいほうが都合がよい。一方、雄の作る精子は単に遺伝子を送り届ける乗り物なので、さほど体は大きくなくても精子を大量生産することができる。だから雌は大きく、雄は小さくなる。

　雌雄同体というのも仲間が少ないという環境で発達した形態なのだろう。雄と雌に分かれている生物だったら、たまたま仲間と出会って、"おっ、子孫が残せるか？"と喜んでも相手が同性だったらガッカリだ。でも雌雄同体ならそん

な心配はない。仲間の全てが精巣と卵巣の両方をもっているのだから仲間と出会えばそこで確実にペアになれる。深海魚ではソコエソやシンカイエソなどが雌雄同体だ。シンカイエソの一種などは自分の精子と卵子だけで繁殖する可能性さえ指摘されている。もしそうなら仲間との出会いすら必要ない。自分だけで子孫を残すことができるのだ。

　ではオニハダカやヨコエソのように雌雄同体で、最初は雄として、大きくなると雌に性転換するというのはどういうことなのだろう。これには体が大きくないと雌は卵をたくさん作れないという制約が関係しているらしい。小さな体の時は精子を、ある程度成長すると卵子を作る、ということのようだ。

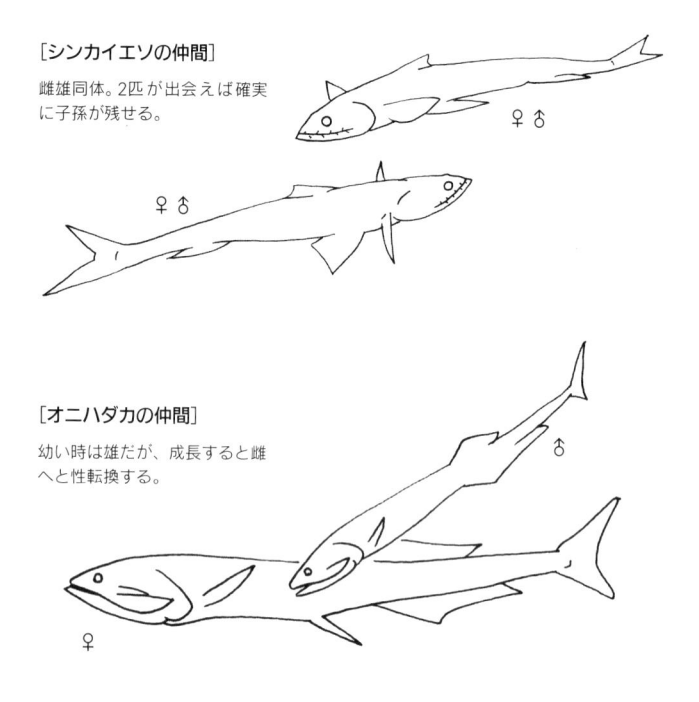

［シンカイエソの仲間］
雌雄同体。2匹が出会えば確実に子孫が残せる。

［オニハダカの仲間］
幼い時は雄だが、成長すると雌へと性転換する。

　ちなみに、雄が大きくなる生物もいるが、そうなる理由は雄同士で雌を奪い合うからだ。こういう場合大きな体の雄が有利になる。反対に雌が雄を奪い合うという生物もいる。この場合は雄より雌のほうが大きくなる。このように生物の性や雌雄のあり方は置かれた環境や条件によって様々な形をとり得る。

第4章

3000〜6000mに棲む生物

水深3000メートル以深。水温は1.5度でほとんど安定してしまう。海水中の有機物の量は減っていくので、浮遊生活を送る生物の数は減り、事実上ほとんどいなくなるようだ。しかし、浅海から落ちてくる有機物が最後にたどりつく海底には、まだかなりの数の生物が棲んでいる。場所や地形によって条件が変わるのかムラはあるが、不思議な姿をしたナマコたち、這い回る無脊椎動物、赤い体のエビや、白い甲殻類を目撃することも可能だ。日本の太平洋沿岸は陸地に近いので生物も多いが、もっと沖合、大洋の海底は不毛の世界となる。しかしそこでもなお、落ちてくる生物の死骸に群がる生物たちを見ることができるのだ。

泳ぐナマコ、踊るナマコ

センジュナマコ　ユメナマコ

Scotoplanes globosa, Enypniastes eximia

　餌の少ない空虚な深海底。その泥にも、わずかばかりの有機物が含まれている。ナマコはそんな有機物を集めて食べる生物だ。だから、まとまった食物が少ない水深では魚よりもナマコたちが栄えている。ただ、彼らは私たちが知っているナマコと形がずいぶん違う。深海のナマコは板足類と呼ばれる深海あるいは極地の海に棲む独特のナマコたちなのだ。

　板足類は足をもっている。これはナマコたちが共通してもつ小さな管のような歩行器官が大きく変化したものだ。また、彼らの背中には歩行器官から同様に変形してできた長い突起が生えていることがある。例えば3000〜6500メートルの深さに分布する板足類**センジュナマコ**は背中に長い突起を2対もっていて、左右5〜7対の大きな足で海底をゆっくりと歩いている。

　種類によっては突起の間に膜が張られて、まるでヨットの帆のようになっているものもいる。こうした帆や長い突起の役割は、はっきりと分かっていない。ただ、彼らの体は周囲の海水と比重がほとんど同じで、容易にふわふわと浮かんでしまうこと、しばしば海水の流れに背を向けていることから、水の流れを背中や帆に受けて海底を歩く動力に使うのだろう。

　さらには帆や足が変型したヒレを使って泳ぐことができる種類もいる。**ユメナマコ**はその代表で、美しいワインレッド色をしている。餌をとる時は海底にへばり付いているが、移動時や危険が迫った時は体を打ち振ってヒレで水を掻いて泳ぐことができる。5000メートルの水深まで分布するが、駿河湾や相模湾では1000メートルという比較的浅い水深でも見ることができる。駿河湾や相模湾は急な斜面になっていて、いわば海底の土石流が発生する。そのため浅い場所から多くの有機物が運ばれてくる豊かな場所だが、それを有効利用するには危険な土砂の流れから逃げる必要があるのだ。どちらの湾でも数多くのユメナマコが生活しているので、どうやらこうした環境に極めてよく適応しているらしい。

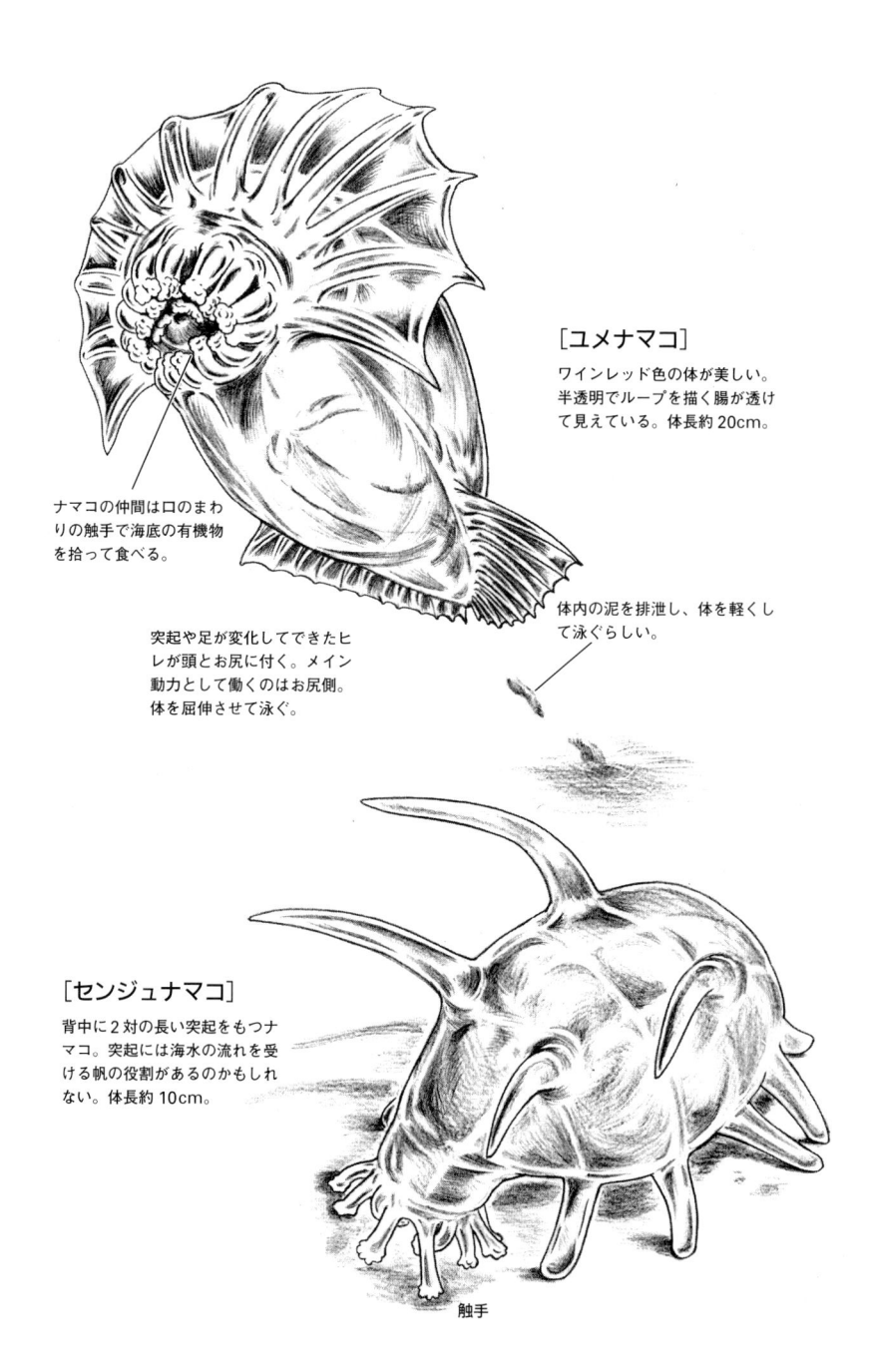

［ユメナマコ］

ワインレッド色の体が美しい。半透明でループを描く腸が透けて見えている。体長約20cm。

ナマコの仲間は口のまわりの触手で海底の有機物を拾って食べる。

突起や足が変化してできたヒレが頭とお尻に付く。メイン動力として働くのはお尻側。体を屈伸させて泳ぐ。

体内の泥を排泄し、体を軽くして泳ぐらしい。

［センジュナマコ］

背中に2対の長い突起をもつナマコ。突起には海水の流れを受ける帆の役割があるのかもしれない。体長約10cm。

触手

第4章　3000〜6000mに棲む生物

海底にある落書きの犯人

エボシナマコ　深海ギボシムシ　深海ユムシ

Psychropotes longicauda, Abyssal acorn worm, Abyssal spoon worm

　水深数千メートルの静かな海底には、生物が残した様々な模様を見ることができる。渦巻き、星、クネクネとうねる線、放射状の不思議な図形、コイル状の塊。まるで子供が描いたような落書きでいっぱいだ。

　そんな海底ではナマコの仲間がゆっくりと歩きながら口のまわりの触手を使い、有機物を集めて海底を食い進んでいる。大型で全世界に分布する板足類、**エボシナマコ**は体の後方に長い突起をもっている。これはウサギの耳のように二股になっている時もあれば1つの時もある。**センジュナマコ**の長い突起と同じように海水の流れを受け止める帆としての役割などがあるのだろう。エボシナマコの仲間には似たような種類がいくつかいて、多くは長い突起をもっており、見た目からは想像できないが泳ぐこともできる。彼らが移動した後にはコイル状に巻いた塊が残っていることがあるが、これは体内を通過して有機物を漉し取られた海底の泥の塊、要するに糞だ。

　海底では、さらに表現しがたい生物が見つかることもある。それは半透明で、何かの内臓を引き伸ばしたようなシロモノで、渦巻き模様の端っこに鎮座している。彼らは深海性の**ギボシムシ**だ。浅い海の種類は泥に潜っているので見つかりにくい生物群である。しかし、深海性の種類は堂々と海底に横たわって渦巻き模様に泥を食い進み、その後に糞を長々と残していく。渦巻きやクネクネした曲線は彼らが食事をした跡なのだ。

　放射状の不思議な図形の正体は深海性の**ユムシ**だ。ユムシはミミズに似た泥の中に潜む生物である。ミミズと違うのは彼らの口の脇に奇妙な形をした吻があることで、それを巣穴から思いっきり伸ばして泥の上の有機物をすくい取っていく。彼らの吻には繊毛が生えていて、すくい上げた有機物をベルトコンベアーのように口まで運び、巣に居ながらにして食事することができるのだ。1回すくっては、次は少しずれた場所をすくうことを繰り返す。こうして巣穴から四方八方に伸びた放射状の模様が海底に描かれるのである。

* センジュナマコ≫ *p.190*

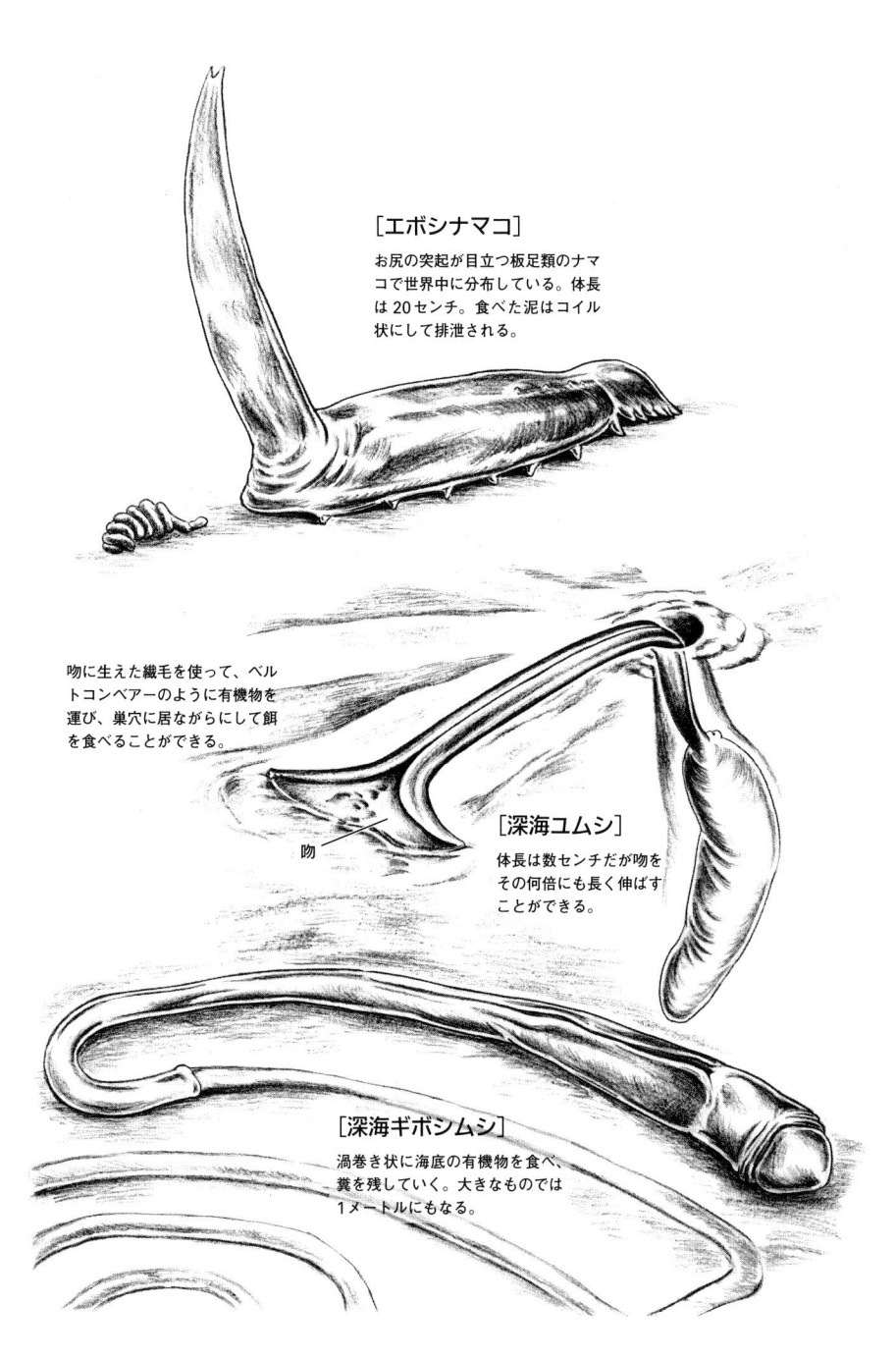

[エボシナマコ]
お尻の突起が目立つ板足類のナマコで世界中に分布している。体長は20センチ。食べた泥はコイル状にして排泄される。

吻に生えた繊毛を使って、ベルトコンベアーのように有機物を運び、巣穴に居ながらにして餌を食べることができる。

吻

[深海ユムシ]
体長は数センチだが吻をその何倍にも長く伸ばすことができる。

[深海ギボシムシ]
渦巻き状に海底の有機物を食べ、糞を残していく。大きなものでは1メートルにもなる。

目だけ似ていない親戚連中

チョウチンハダカ　シンカイエソ

Ipnops agassizi , Bathysaurus mollis

　閑散とした海底を調査船で進んで行くと、黒く細長く、しかしその一端がぴかっと光るものがいる。これは**チョウチンハダカ**という魚で、腹ばいで海底にじっとしている生物だ。体長は13センチ程度と小さく痩せていて、平らな頭部は板のような黄色いもので覆われている。これが光を反射しているのだ。この得体の知れない物体、実は目なのである。暗い場所に棲む生物は、ネコの目が光るのと同じく、光を反射させる構造が発達する場合がある。

　しかしチョウチンハダカの目には水晶体がない。網膜があるので光を感じる機能はあるのだろうが、画像を見る力はない。面白いことにチョウチンハダカに近縁な魚たちは、似たような環境に暮らしているにもかかわらず、目の構造がバラバラだ。例えばチョウチンハダカと同じ水深に棲む**シンカイエソ**は体長数十センチの魚で、**ソコダラ**や**イラコアナゴ**などを襲う待ち伏せ型の狩りをする肉食動物だが、目には水晶体があって大きい。一方、近縁の**ソコエソ**の目は小さなビーズ玉のようだ。

　彼らの頭を上から眺めると目の違いは一目瞭然だ。いずれも海底に寝そべって暮らす肉食動物で体型もよく似ているのに、目だけがあまりにも違う。そもそもこのゾーンに暮らす他の生物を見ると、目が退化したものもあれば発達したものもいる。様々な目のバリエーションがあるようだ。

　ある研究者から「暗黒に近い環境では目の重要性が低くなっているのでこういう適応が可能なのではないか」という意見を聞くことができた。"1000メートル以深に広がる暗黒の世界"とはいうものの、実際には生物が出す光があるのだから、正確には光が極めて少ない世界と言うべきなのだろう。このゾーンの生物にとっての目とは補助的な感覚器官なのではないか。地上における補助的な感覚である嗅覚に話を置き換えると、嗅覚のあまり利かない人間と鋭いイヌとが共存しているように、暗黒世界でも様々な目をもつ生物が共存していてもおかしくはない。そういうことなのだろう。

＊　ソコダラ》*p.176*　　イラコアナゴ》*p.180*　　ソコエソ》*p.152*

[シンカイエソ]
大きなものでは体長80センチあまりにもなる。大きな口には細かい針のような歯がびっしりと生えている。発達した目は調査船の照明を浴びると金色に光り輝く。体の色は白っぽい。

[チョウチンハダカ]
体長13センチ程度の小さな魚。目には水晶体がなく、光を感じる網膜が板のように広がって透明な骨のカバーに覆われている。

目

ソコエソの仲間：
4000メートルにまで分布する仲間もいる。目は小さい。

大深度に棲むナゾの頭足類

未命名の大形イカ　キロサウマ・ムウライ　キロサウマ・マグナ

Unknown squid , Cirrothauma murrayi, Cirrothauma magna

　3000メートルを超えた大水深に棲む頭足類はごく少ない。特にイカはほとんど見当たらなくなる。しかし2001年、水深2000〜4000メートルに棲む、非常に大きなイカの存在が報告された。このイカは1998年ごろから世界のあちこちで個別に確認されており、日本の海洋研究開発機構(JAMSTEC)の2000年のレポートでも画像記録が報告されている。深海に奇妙なイカがいる、どうやら世界中にいるようだ、他の研究者も見たことがあるらしい……。研究者たちがそのことに気付いたのは2000年だった。

　このイカは水深4000メートル以上でも目撃されている。胴体と頭の長さが数十センチと大きめだが、それ以上に腕が異常に細長く、全長3〜7メートル以上になる。さらにその奇妙さを際立たせるのが姿勢だ。腕を胴からほとんど直角に突き出し、その先がだらんと下へ垂れている。その姿は、まるでエイリアンのようだ。そして長い腕をたたみ、ヒレを羽ばたかせて泳ぐ姿は圧巻である。画像で見る限り、目は大きく、よく発達しているらしい。

　なお、このイカは標本がないので学名は付けられていない。ビデオテープによる記録のみなので、今でも Unknown squid、つまり"名無しのイカ"のままだ。ただ、1998年に報告された数匹の未成熟なイカ、**マグナピンナ・パシフィカ**(*Magnapinna pacifica*)の親である可能性が指摘されているが、標本がなければ確認できない。生きた姿が確認されているのに標本がないとは奇妙な話だ。同じく大水深に棲むタコの仲間には、目が甚だしく退化した**ヒゲナガダコの仲間キロサウマ・ムウライ**がいる。この生物はヒレをもつタコの仲間で、クラゲのように体は半透明だ。目がゼラチン質の肉に埋没しており、水晶体はなく、網膜も無くなっている。仲間には目が発達している**キロサウマ・マグナ**がいる。同じ大水深に棲む近縁種同士、片方には立派な水晶体があるのに片方には無いわけで、先に述べたように、やはりこのゾーンに棲む生物の目の適応は様々なようだ。

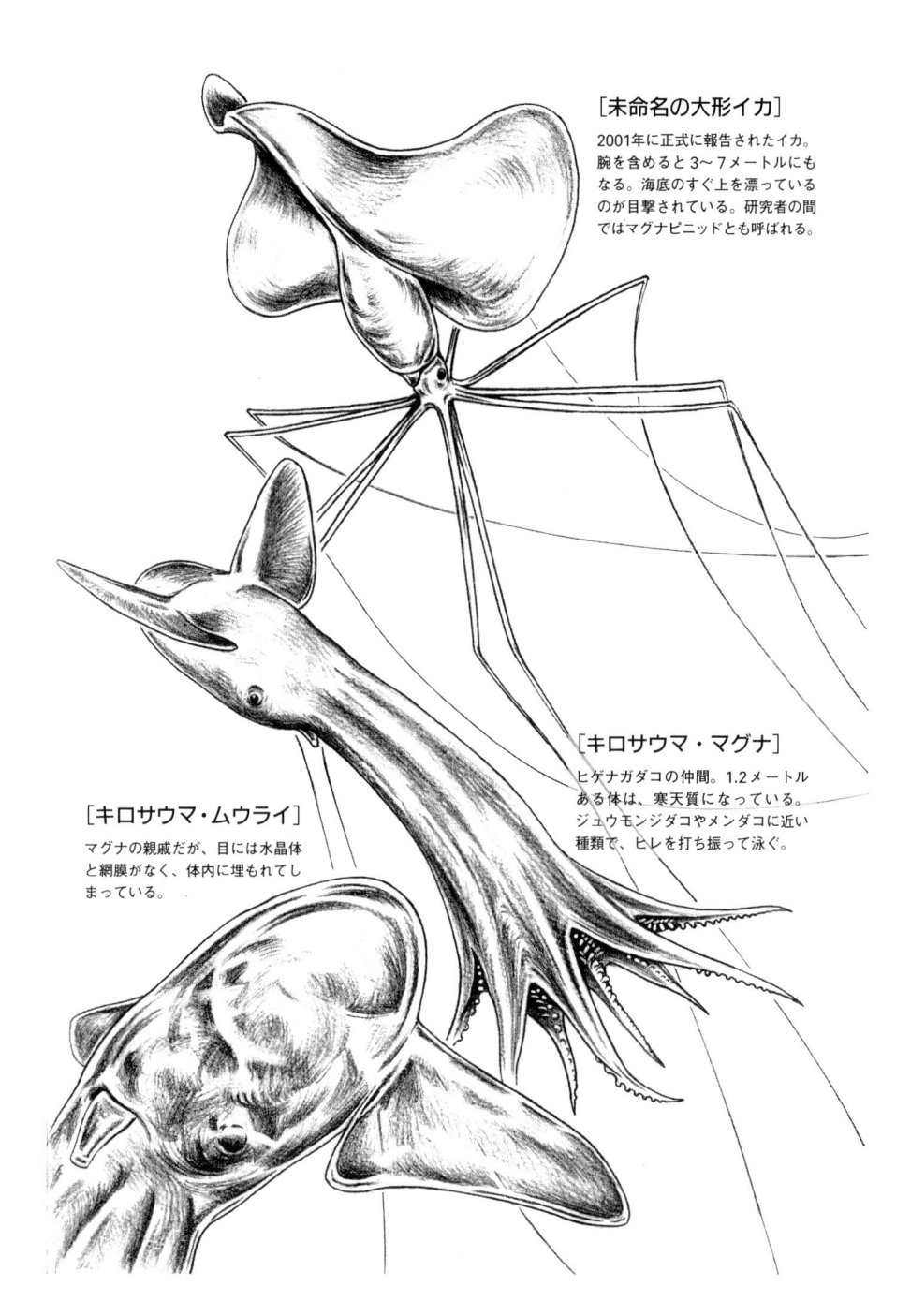

[未命名の大形イカ]
2001年に正式に報告されたイカ。腕を含めると3〜7メートルにもなる。海底のすぐ上を漂っているのが目撃されている。研究者の間ではマグナピニッドとも呼ばれる。

[キロサウマ・マグナ]
ヒゲナガダコの仲間。1.2メートルある体は、寒天質になっている。ジュウモンジダコやメンダコに近い種類で、ヒレを打ち振って泳ぐ。

[キロサウマ・ムウライ]
マグナの親戚だが、目には水晶体と網膜がなく、体内に埋もれてしまっている。

死体捜索部隊の隊長

巨大ヨコエビ

Giant amphipod

　海底は海中を落ちてきた有機物が最終的に辿り着く場所だ。しかし水深が深くなるにつれて、あるいは陸地から離れるにつれて、辿り着く有機物や堆積物の量は減っていく。日本の太平洋の沖合、日本海溝の向こうには水深6000メートルの深く平らな海底が広がるが、このあたりは陸地から遠く、上に広がる浅い海にも生物が少ない海域なので、あまり有機物が蓄積されない。大地から飛ばされた細かい鉱物、宇宙から舞い落ちるごく細かい物質、プランクトンの死骸などが、少しずつ降り積もるが、そのスピードは1000年あたり1ミリ程度にしかならない。ここは閑散とした不毛の世界だ。

　しかしこんなところにも肉食動物がいる。**ヨコエビ**ははるか上方の浅い海から時々落ちてくる生物の死骸を待っている。ヨコエビは陸上にもいる小さな甲殻類で、湿った落ち葉の下、小川、または海岸などに棲息する。ダンゴムシを左右からつぶしたような体型の生物で、体長は数ミリ程度しかない。

　大洋の深海にいるヨコエビたちは、ある種のものは海底に潜むが、**エウリセネス・グリルス**（*Eurythenes gryllus*）という種類のように海底よりも10〜20メートル上の海中を浮遊、あるいは遊泳しているものもいる。この種はヨコエビとしては巨大で、大きなものは14センチもある。彼らは海中を泳ぎながら死肉から発せられる匂いを嗅ぎ回り、獲物を発見すると、わらわらと急行して頑丈な顎で肉をむさぼり始める。このようなヨコエビには、なんと18センチを超える**アリケラ・ギガンテア**（*Alicella gigantea*）という種類もいる。

　死肉が落ちてくるのを待ち望んでいるのはヨコエビだけではない。4000メートルよりも深い場所に棲み、体長70センチほどの大きな体をもつ**シンカイヨロイダラ**、そして**ソコボウズ**やヒトデも肉の匂いに集まってくるが、彼らは食事が終わると散り散りになり、糞をあちこちにばらまく。そこにバクテリアがわき、他の動物の餌となる。こうして一ヶ所に落ちた死骸という有機物の塊は分散されて、海底全体の糧となるのだ。

＊　ソコボウズ》 *p.180*

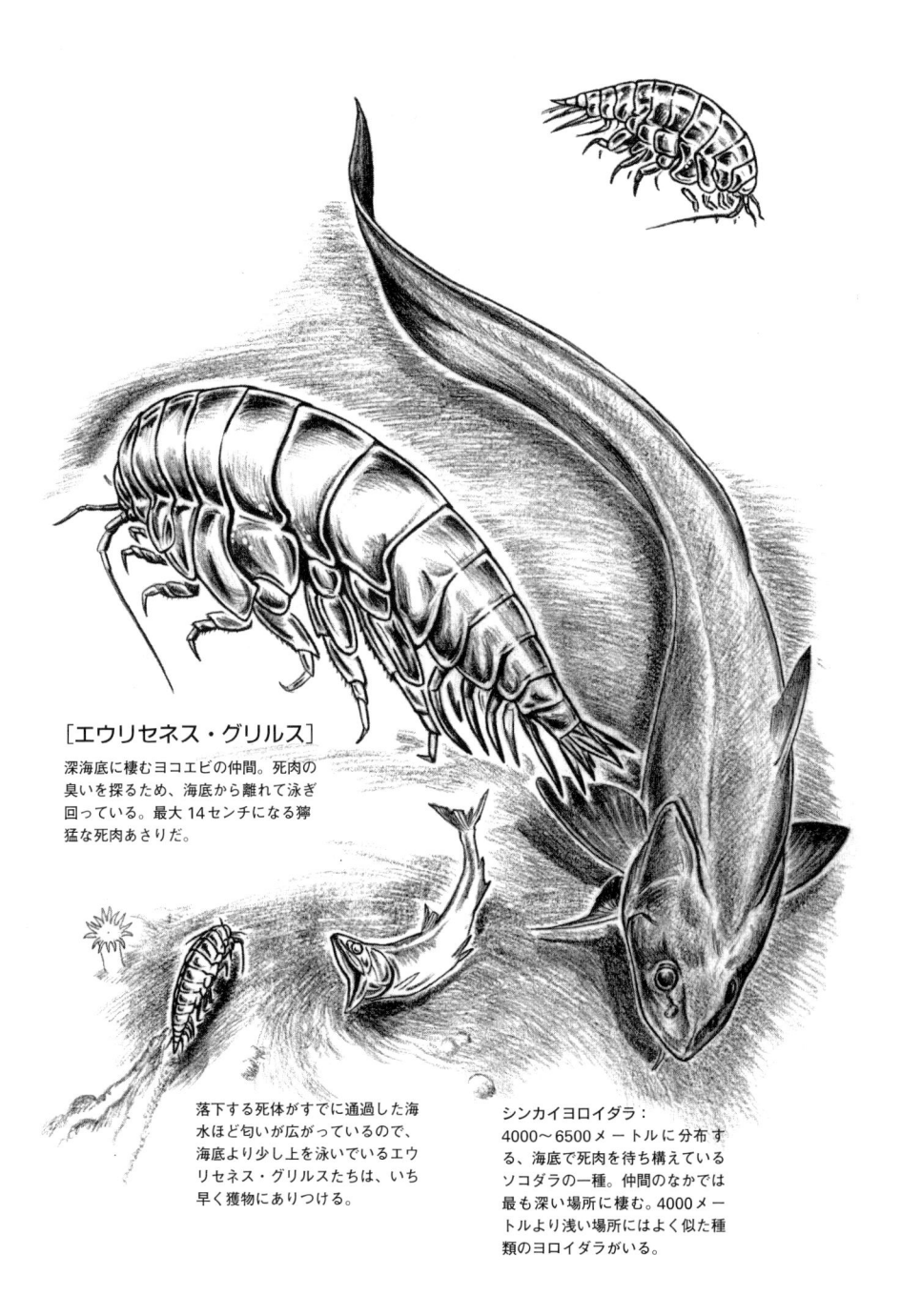

[エウリセネス・グリルス]
深海底に棲むヨコエビの仲間。死肉の臭いを探るため、海底から離れて泳ぎ回っている。最大14センチになる獰猛な死肉あさりだ。

落下する死体がすでに通過した海水ほど匂いが広がっているので、海底より少し上を泳いでいるエウリセネス・グリルスたちは、いち早く獲物にありつける。

シンカイヨロイダラ：
4000〜6500メートルに分布する、海底で死肉を待ち構えているソコダラの一種。仲間のなかでは最も深い場所に棲む。4000メートルより浅い場所にはよく似た種類のヨロイダラがいる。

第4章　3000〜6000mに棲む生物

深海マメ知識 ❼
大圧力に耐えられる生物の不思議

深海生物は外見からうかがい知れない不思議を体の内部に隠している
そもそも数百気圧という大圧力に、どうやって耐えているのか？

「深海魚を深い場所から釣り上げると高圧に調整されていた体内の浮き袋が圧力から解放され、浮き袋が大きく膨れ過ぎて死んでしまう。だから浮き袋をもたない魚や節足動物はそういう圧力の変化に平気である」。この説明は間違いではないし、ひとつの事実ではある。しかし深海生物と圧力の関係はこれだけで語れるほど単純ではない。水深3000メートルに相当する300気圧もの圧力を地上の生物にかけると、そのたいていは死んでしまう。浮き袋をもたない大腸菌のようなバクテリアも死ぬのだ。要するに浮き袋のあるなしでは語れない問題が、ここにはある。圧力の効果は驚くべきもので、例えば深海最深部の数倍にあたる大圧力をかけると、たとえ通常の温度であっても、生米はデンプンが変成し、炊き上がったご飯と同じ状態に変化してしまう。もちろん深海の水圧はこうした圧力より低いので生物を炊き上げたりはしない。しかし死に至らせるには十分な力をもっている。生物にとって大水深の深海とはまさに極限環境なのだ。

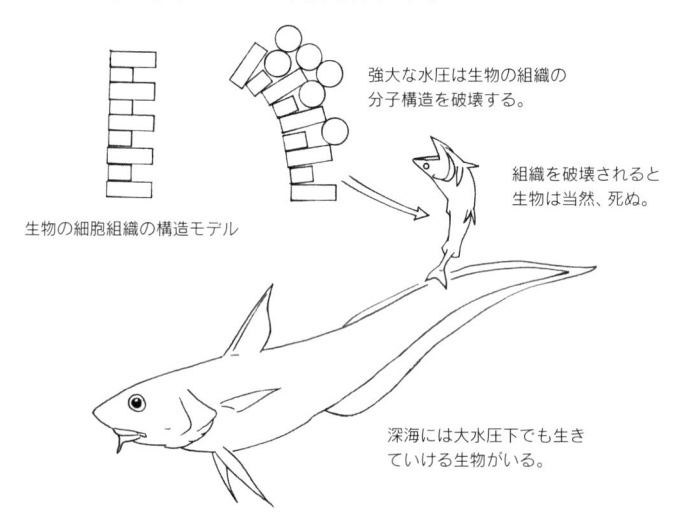

強大な水圧は生物の組織の分子構造を破壊する。

生物の細胞組織の構造モデル

組織を破壊されると生物は当然、死ぬ。

深海には大水圧下でも生きていける生物がいる。

人間であれ何であれ、生物の体とは水に溶けて分散したタンパクや脂肪が部品として適切に噛み合って動くミクロな機械のようなものだ。ここに数百気圧にもおよぶ圧力が加わると様々なことが起こる。真っ先に影響を受ける細胞膜は代謝や神経の情報伝達に関わる部分なので、圧力の影響は致命的なものとな

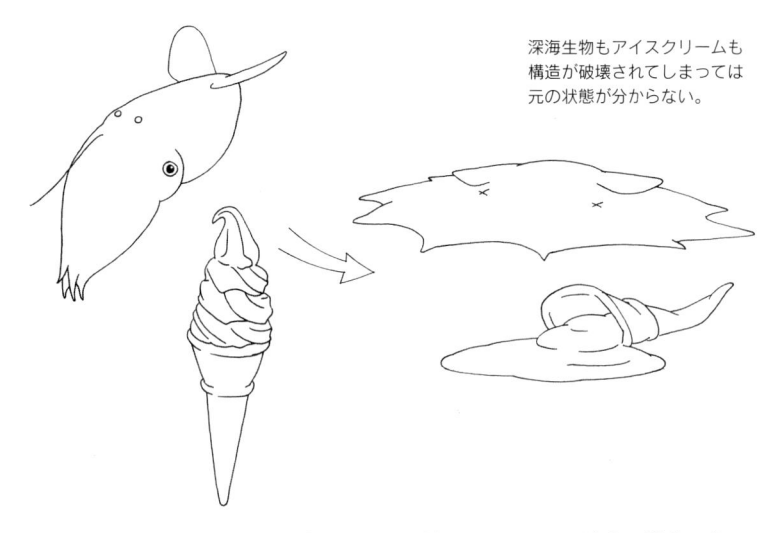

深海生物もアイスクリームも構造が破壊されてしまっては元の状態が分からない。

　る。さらに圧力を上げると体内で様々な役割を果たしている酵素の構造に高圧の水が無理矢理押し入ってその機能を壊し、ついには細胞を支える骨組みまで破壊してしまう。細胞は自分の形さえ維持できなくなり、死んでしまうのだ。
　しかし深海生物は生きている。どういう仕組みなのかは分からないが大水圧に耐えられるというだけではなく、高い圧力がないと生存できないほどに適応してしまったものさえいる。極限環境に適応した生物。ここには謎と、そして謎を解き明かしたものが手に入れられる発見と知識と応用技術が隠されている。例えば高圧下でしか暮らせない生物を工業的に利用すれば、外部に漏れ出すような危険はほとんどないだろう。極限環境に適応した彼らは私たちの世界では生きていくことができないからだ。
　弱ったことに、この謎を解こうと深海生物たちを地上まで連れてくると、今度は研究すべき相手が死んでしまう。死んでしまって、もとの状態から変成したものを調べても分かることには限界がある。アイスクリームを輸送することを考えればいい。冷蔵庫がないまま輸送しても溶けてしまう。溶けたものを舐めることはできるし、味を知ることもできるが、それは本来のアイスクリームではない。溶けたものを再び凍らせても本来の触感は戻らない。それはすでにアイスクリームではないのである。
　極限環境である深海から生物を生きたまま採集できるようになったのはごく最近のことでしかなく、謎は謎のままである。しかし今ではディープアクアリウムも含めて何種類かの器具が開発されている。いつか私たちは深海生物の不可思議な機能が実際に働いているのを観察し、その謎を解明するだろう。そしてそこには様々なことに応用できるカギが眠っているに違いない。

深海マメ知識 ⑧
有人調査船と無人探査機の違い

有人と無人。深海を調査する目的をもった船には2種類ある。
生物を捕獲するのはどっち？　資材を運ぶのはどっち？

　潜水調査をする船には大きく分けて2つのタイプがある。ひとつは人間が乗る有人調査船、もうひとつはケーブルに繋がれて海上からコントロールされる無人探査機だ。2つの船はそれぞれ構造が全く違うし、どんなミッションをこなすか、それぞれに向き不向きがある。

　有人調査船はケーブルなしだが、無人探査機はケーブルで海上と連絡しなければならない。無人機械というものは原則として人間が遠からコントロールするものだ。それが地上や空中にあるのなら電波でコントロールすればいい。しかし水は電波を吸収してしまう。音波は水中でも伝わるが速度が遅いので多くの情報、例えば動画は送れないので、通信やデータのやりとりをするには少し不向きである。そのため無人探査機は海上からケーブルで繋いでコントロールされる必要がでてくる。

　しかし無人探査機には色々な利点がある。人間が乗らないので小さくて済むし、事故が起きても危険は少ない。有人調査船よりも安く造れるし、ケーブルから電力を供給されるので電池切れということがない。とはいえケーブルというものは意外とやっかいな代物だ。例えば水深1万1000メートルのマリアナ海溝最深部まで行くことができる日本の無人探査機「かいこう」の場合、ケーブルの重さは長さ1キロメートルあたり526キロ、最深部までケーブルを伸ばせば、それだけでおよそ5.8トンだ。こんな重いものを引っ張るわけにはいかないので、「かいこう」は先端からさらに二次ケーブルを伸ばして行動する。とはいえ二次ケーブルが絡まることを防ぐため、探査機の動きに合わせて長さをいちいち調節しなければいけない。

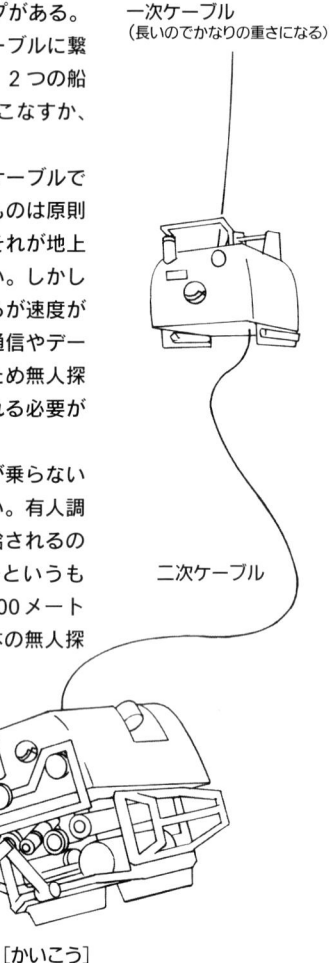

一次ケーブル
（長いのでかなりの重さになる）

二次ケーブル

［かいこう］
JAMSTECの所有する無人探査機。
機種により1万メートルまで潜水可能。

しかしそこまで注意してもケーブルは探査機の動きに影響を与えてしまう。無人探査機とは、言ってみれば繋がれたイヌのような状態なのだ。だから移動していたはずなのにいつの間にか元の地点に戻ってしまうことがある。行動範囲も二次ケーブルの長さに限られてしまうので半径200メートル程度。さらにケーブルは長い間使っていると疲労し、場合によっては切れてしまう。

　一方、有人調査船にはパイロットが直接乗っているのだからケーブルもないし、行動は自由だ。しかし人間が入れる耐圧球の加工は非常に難しく、恐ろしく高価なものになってしまう。それに動力はバッテリーから供給される電力なので制限がある。そもそもバッテリーという道具が蓄えられる電気はそれほど多くはない。だから調査船のスクリューを思いっきりふかすと、最悪、電池切れでミッション終了となってしまうだろう（ちなみに電池が切れると電磁石に付けられているおもりが外れるので有人調査船は自動的に浮上できる）。しかし大きな利点もある。自由であるだけでなく、静かに動けるという点だ。無人探査機と違って海水とほぼ同じ重さなのでふわりと浮かぶことができる。だから、生物などの目標に静かに接近できるのだ。

　浮かぶには大量の浮きを必要とする。例えば深度6500メートルまで潜れる日本の調査船、「しんかい6500」の大部分は浮力材が詰まっている。これは小さな中空のガラス球を樹脂で固めたもので、それを立体パズルよろしく組み上げている。いかに大水圧でも小さな物体は表面積が小さいので、かかる負荷は比較的小さい。パウダーのように細かなガラス球なら、素材がガラスでも大水圧に十分対抗でき、ほとんど圧縮されずに済む。この浮力材は水中で大きな浮力を与えてくれる。1立方センチあたりの重さは0.54グラムで海水のおよそ半分。昔、深海潜水の記録を打ち立てたアメリカのトリエステ号は浮力材としてガソリンを使っていたが、ガソリンの重さは1立方センチあたりおよそ0.75〜8グラム。ほとんど圧縮されず、なおかつガソリンよりも軽い固体の素材というのはなかなか画期的なものなのだ。1リットルの浮力材はおよそ485グラムの浮力をもっている。

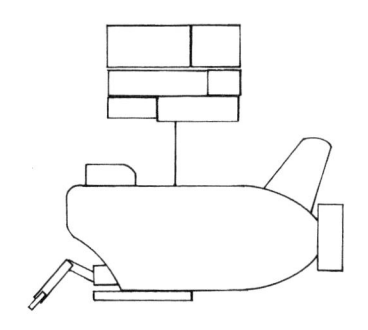

有人調査船は浮力材を使い、海中で"浮く"ことができる。

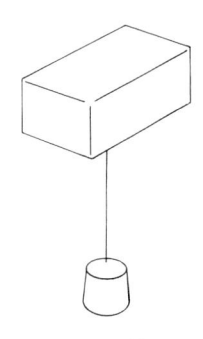

1リットルの浮力材は485グラムのものを浮かせることができる。

だが浮力材は諸刃の剣にもなる。調査船の重さを打ち消すために必要な浮力材は大変な量で、「しんかい6500」の場合、その体積の55パーセントまでが浮力材で占められている。重さも馬鹿にできない。水中では浮力を与えてくれる浮力材も、空気中では2リットルあたり重量1キロ以上、全部で8トン近くもある重量物となる。

　逆に言うと無人探査機が小さくコンパクトにまとまるのは、浮力材がないためでもある。おかげで水中では少しばかり重いが、機動力はある。言ってみればヘリコプターなのだ。だから海底に機械を設置したり操作する作業などに向いている。

［しんかい6500］
JAMSTECの所有する有人調査船。水深6500メートルまで潜水可能。

人間が入る耐圧殻を加工するには高度な技術が必要だ。

有人調査船は生物を捕まえるといった静かな作業に適している。

　しかし無人探査機は生物の調査にはちょっと向かない。海水中でスクリューを回せばもろい生物で構成された生態系は崩れてしまう。海底に降りれば泥を巻き上げてしまうし、静かに生物に接近することも難しい。考えてみれば地上の研究者だってヘリコプターで森の生物調査なんてしない。ヘリコプターというのは機動性を活かして資材を運んだり作業したりするためにあるものだ。反対に熱気球や飛行船で緊急発進したり、災害現場へ急行したりはしないだろう。熱気球は生物を静かに観察することに向いているのだ。「しんかい6500」を含めて有人調査船の価値はそこにある。

　将来の調査船はどうなるのだろう？　昔の予想では将来は無人探査機が主力となるだろう、と言われたが、現在も未来もどうもそうは単純ではないようで、有人調査船にしかできない作業というものがある。また、有人調査船に使われる耐圧球を、均一なチタンの塊からレーザーで削り出すには高度な技術が必要とされる。そして一度失われた加工技術を再び獲得すること、これは容易なことではない。有人調査船を所有するのは世界でも4ヶ国だけ、日本、フランス、ロシア、アメリカ（将来的に中国）だけだ。周囲を海に囲まれ、自ら海洋国であると自認する日本が有人潜水調査船を建造する技術を失うことは、科学的なアプローチからも国のあり方からしてもあってはならないことなのだろう。

第5章

6000m〜に棲む生物

海溝は海底の地殻が長い長い旅を終えて、地球深部へと落ち込み、その一生を終える場所だ。そこは深い谷になり、水深は6000メートルから世界で最も深いマリアナ海溝の最深部で1万920メートルにも及ぶ。多くの場合、海溝は大陸の周辺にでき、意外に生物が多く棲息していることがある。大陸から有機物が流されて、それが溜まるからだ。しかし、ここは600〜1000気圧もの高い水圧で閉ざされた世界である。強大な水圧が障壁となって海溝の中と外とでは棲んでいる生物の種類が違っているのだ。海溝には海溝の環境に適応した生物が暮らし、またそれぞれの海溝にそれぞれ独自の生物が棲んでいる。

8本足で歩くかわいいヤツ

クマナマコ

Elpidia glacialis kurilensis

　大きな4対の足をもった、まあるいユニークな姿をした板足類、**クマナマコ**。彼らの仲間は世界中に分布していて、極地の海と、世界中の海溝で暮らしているが、クマナマコは日本列島の東側に連なる最深部9200メートルの谷、すなわち日本海溝と千島海溝だけに棲息している。

　クマナマコの体の中はわずかな内臓以外は大部分が水で満たされている。採集標本の外皮の破れ目から中を覗いてみると、少しの筋肉や水を送る管、腸と内臓を固定するための膜があるだけで、他はすっからかんだ。だからネットで採集された大量のクマナマコがお互いに折り重なると中身の水が抜け出てぺしゃんこになってしまう。しかし彼らの薄っぺらい皮は丈夫な和紙のような質感で、想像以上に堅くごわごわだ。これは細かい骨（骨片）がたくさんあるせいである。ナマコの多くは体の組織に針やイカリのような形をした骨片をもっているが、クマナマコは特に骨片が多くて皮が丈夫になっているのだ。

　クマナマコは、外見が似ている**センジュナマコ**と深度によって棲み分けているらしい。センジュナマコは水深3000〜6500メートルの深海底にはくまなく分布しているのに、水深6500メートル前後、海溝の縁より深い場所では国境線でもあるかのように忽然と姿を消す。その代わり日本海溝と千島海溝の中は、クマナマコがうじゃうじゃと棲む"クマナマコの王国"になっているのだ。

　世界中の海溝に棲んでいるクマナマコの親戚を比べることは興味深い。ある海溝のものは背中の突起が長く、別の海溝では大きさや体型が違っている。これはガラパゴス諸島に棲むゾウガメが、海で隔てられて島ごとに違う姿に進化したことと同じだ。孤島が海面に突き出た出っ張りであるのに対して、海溝は下方へ穿たれた谷だが、どちらも周囲から孤立した世界であることは変わらない。それぞれの海溝に棲むクマナマコの親戚たちは異なる進化を遂げて姿や形を少しずつ変えてきているのである。

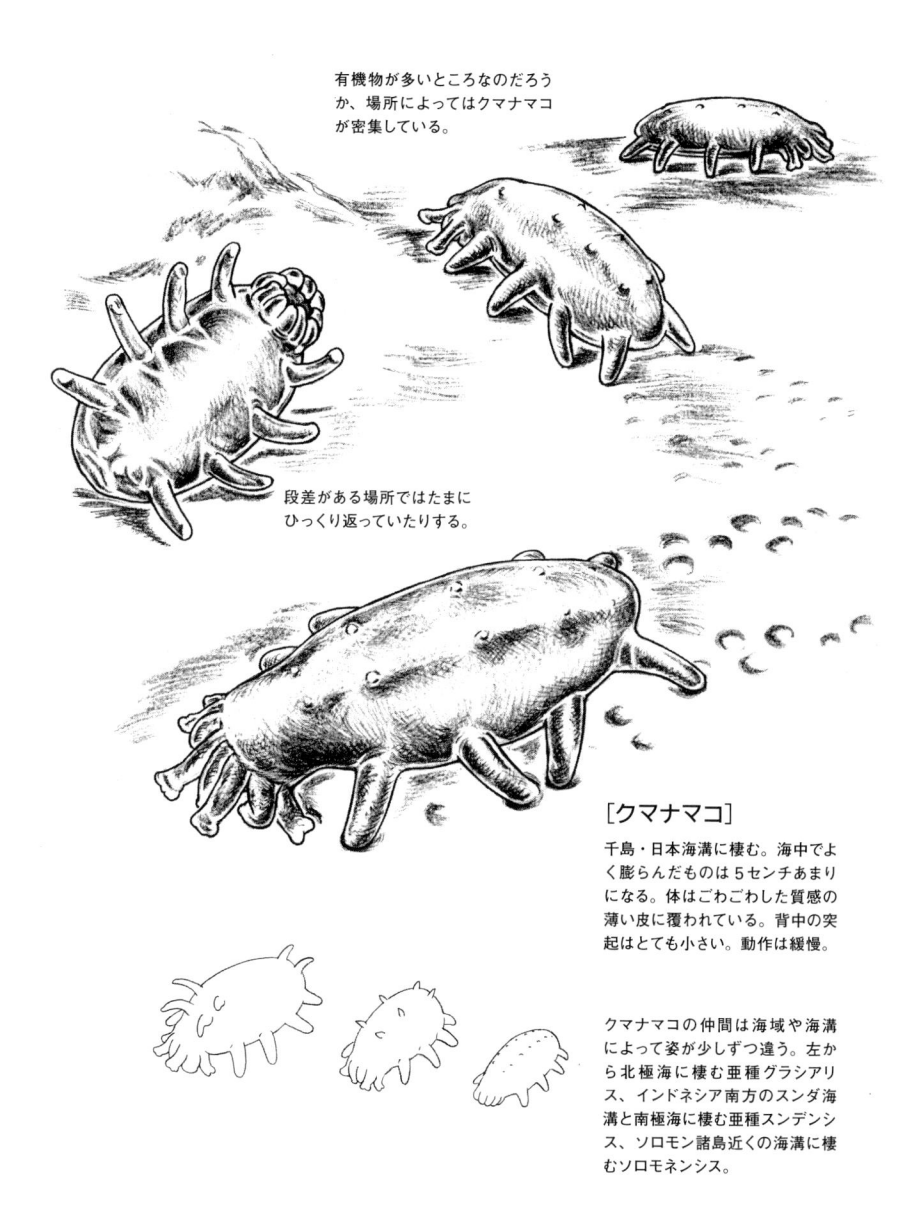

有機物が多いところなのだろうか、場所によってはクマナマコが密集している。

段差がある場所ではたまにひっくり返っていたりする。

[クマナマコ]

千島・日本海溝に棲む。海中でよく膨らんだものは5センチあまりになる。体はごわごわした質感の薄い皮に覆われている。背中の突起はとても小さい。動作は緩慢。

クマナマコの仲間は海域や海溝によって姿が少しずつ違う。左から北極海に棲む亜種グラシアリス、インドネシア南方のスンダ海溝と南極海に棲む亜種スンデンシス、ソロモン諸島近くの海溝に棲むソロモネンシス。

第5章　6000m〜に棲む生物

アナザーワールドの覇者は？

ストルティングラ　シンカイクサウオ

Storthyngula sp , Careproctus sp

　日本海溝の海底で最も数が多いのは**クマナマコ**だが、それ以外で繁栄しているのは甲殻類の**ストルティングラ**や**ヨコエビ**の仲間たちだ。

　ストルティングラは体長4センチあまりの真っ白な甲殻類で、グソクムシの遠い親戚だが見た目はずいぶん違っていて体型は細長い。また、体のあちこちに棘があり、足は長く、そして最も目立つのはピンッと張った長い触角だ。同じ甲殻類のエビやカニが分布するのは海溝のほんの7000メートルあたりまでだが、ストルティングラはさらに深い場所まで分布し、生物の死骸やわずかな有機物などを食べて暮らしている。こういう違いはおそらく高い水圧への耐性が異なるため生じるのだろう。

　クマナマコやストルティングラなどが幅を利かせる一方、魚の種類と数はごく少ない。海溝に棲む数少ない魚が**シンカイクサウオ**だ。彼らは**ザラビクニン**に近縁の種類で頭は丸くて大きく、尻すぼみの体型のせいで、まるでオタマジャクシのように見える。半透明のピンク色をしていて、ザラビクニンと同じく浮き袋がなく、水分の多い体組織と体内に貯め込んだ油で浮力を付けて泳いでいる。体長は大きなものでは20センチあまりにもなり、海溝の中の生物としてはかなり大きい。しかし発見された最深記録が約8000メートルであることから、圧力への耐性がストルティングラほど強くないことがうかがえる。

　しかも海溝の内部には深海平原のように死肉を食うヨコエビたちが棲んでいる。このあたりの主役は浅い海と違って魚ではなく、粗食に耐えることができるナマコたち、そしてストルティングラや獰猛なヨコエビたちなのだ。甲殻類が覇者として振舞うアナザーワールド、それが海溝という閉ざされた深い世界のひとつの側面なのである。

＊　クマナマコ》 *p.206*　　グソクムシ》 *p.170*　　ヨコエビ》 *p.198*　　ザラビクニン》 *p.132*

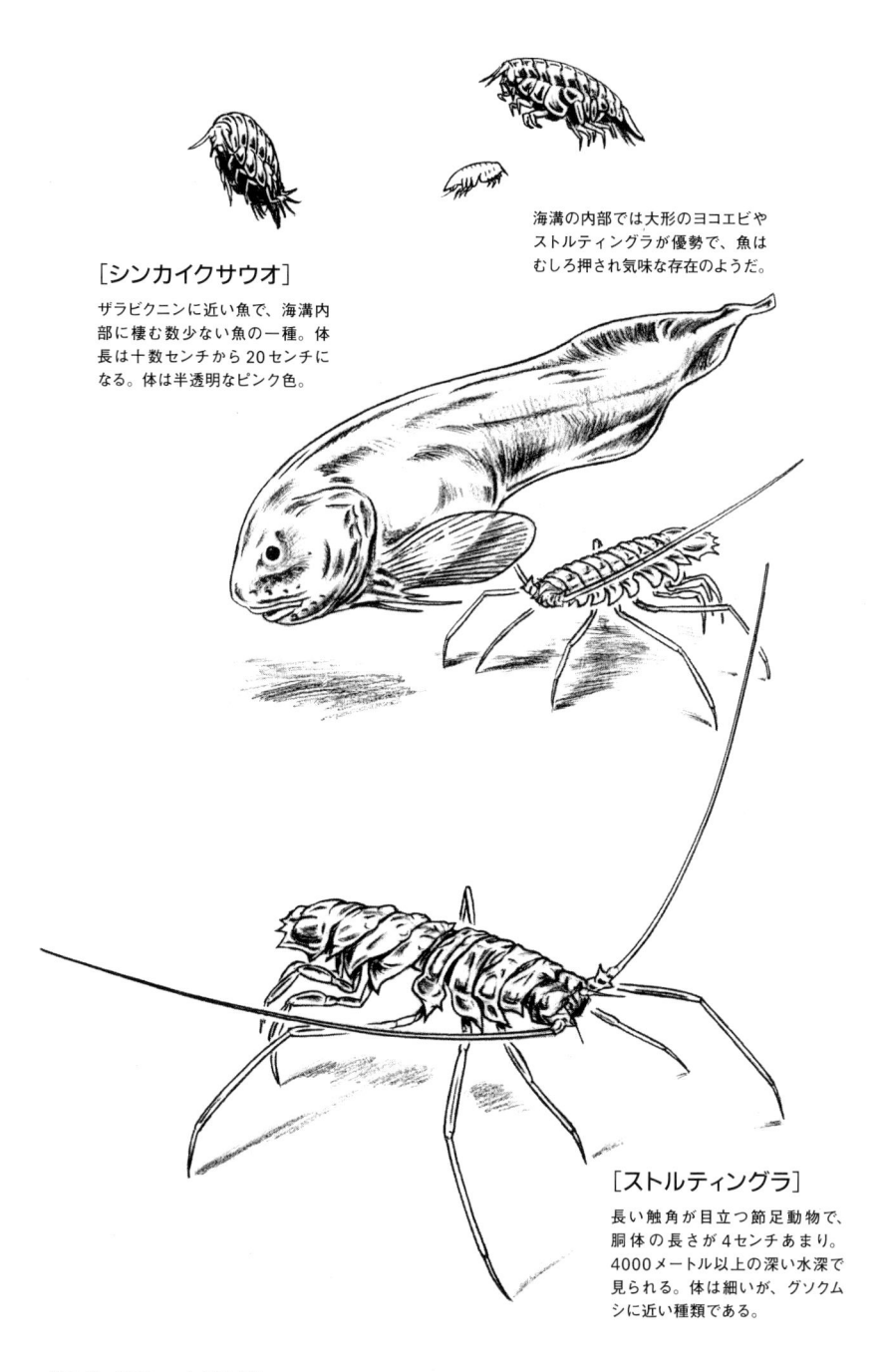

海溝の内部では大形のヨコエビやストルティングラが優勢で、魚はむしろ押され気味な存在のようだ。

[シンカイクサウオ]

ザラビクニンに近い魚で、海溝内部に棲む数少ない魚の一種。体長は十数センチから20センチになる。体は半透明なピンク色。

[ストルティングラ]

長い触角が目立つ節足動物で、胴体の長さが4センチあまり。4000メートル以上の深い水深で見られる。体は細いが、グソクムシに近い種類である。

第5章　6000m〜に棲む生物

最深部で生き延びられるもの

カイコウオオソコエビ　ナマコの仲間

Hirondellea gigas , Elipidiid Holothurian

　マリアナ海溝はグアム島の東の沖合にある海溝で、比較的傾斜がきつい。そこにあるチャレンジャー海淵と呼ばれる場所は、深度1万920メートルに達する世界で最も深い海底だ。大きな陸地から遠く離れた場所にあるため、マリアナ海溝の海底の泥は粒子が非常に細かい。さらに、泥をべたつかせる原因である有機物が少ないので、触るとまるでクリームのように滑らかだ。

　このように、世界一深い海底は食物に乏しい不毛の世界である。しかし、ここにも生物がいる。そのひとつが**カイコウオオソコエビ**と呼ばれるヨコエビの仲間で、大きさは4.5センチほどになる。別の海溝にも棲んでいるが、マリアナ海溝に棲むものは独自に進化しているらしい。海中を泳ぎながら落ちてくる生物の死骸を探しているので、餌になる魚を置いてしばらく待てば、何もいないように見える深淵の闇のなかから集まってくる。体の色はピンクがかった白で、体内には脂肪をたっぷりと貯め込み、超高圧かつ低温の環境によく適応しているらしい。採集して低圧高温の世界である海面にまで引き上げると、脂肪が溶けて液体になり、体内から流れ出してしまうほどだ。

　マリアナ海溝には、ナマコの仲間も棲息しており、こちらは海底で生活している。見た目は**クマナマコ**に似ているが明らかに別の種類で、頭に大きくて長い帆がある。ただ、体がほとんど透明なので写真を見てもよく分からない幽霊のような生物だ。さらに弱ったことに水から取り出して観察しようとすると流れて原型を失ってしまう。水中では体重がほとんどゼロなので、海水の流れに乗って探査機のカメラの前をすーっと横切ったりすることもある。

　悪いことに、採集されたナマコにはどこにも骨片がなかった。ナマコは骨片の形と種類によって分類されるので、これは致命的である。おまけに透明でぜい弱な体のために標本の形もよく分からない。クマナマコに近い種類であろうと考えられているが、彼らがすでに知られている種類なのか、それとも全くの新種なのかは未だに判明していない。

＊　クマナマコ》 *p.206*

［カイコウオオソコエビ］

チャレンジャー海淵以外の海溝にも近縁種がいるが、ヨコエビのなかでは最も深い水深に棲むため、独特な種類になりかかっているらしい。死体があると海淵の闇のなかから次々に泳ぎ寄ってくる。体長は4.5センチあまり。

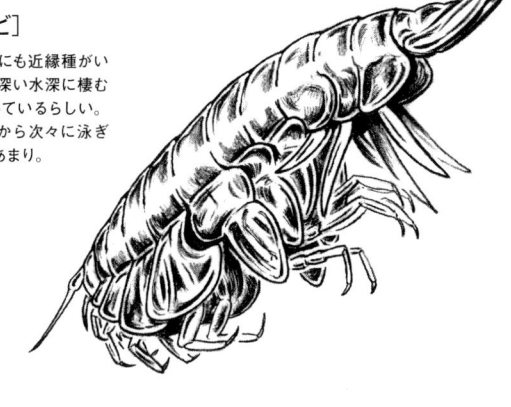

体内に大量の脂肪が詰まっていて、それで浮力を保っている。地上に上げると脂肪が熱で融けて流れてしまう。

［ナマコの仲間］

体長3センチ程度。非常に柔らかく、ほとんど液体のような動物で透明である。そのため、大きな帆をもつ以外は詳細な形状や輪郭が分かっていない。どうやらクマナマコに比較的近縁らしい。

第5章　6000m～に棲む生物

深海マメ知識 ⑨
シャットアウトされた南極海

周囲の海から閉ざされた、凍りつくような冷たい南極海
この海が地球上の海を冷やしているのだ

　何億年もの長い歴史のなかで地球は、ある時は氷河に覆われた冷たい星であり、別の時代、例えば約7000万年前は反対に暖かかった。大陸の平原はことごとく海水に覆われ、世界は命あふれるひとつの温室だった。しかし今はそうではない。このような変化が起きた原因のひとつは南極大陸とその周辺に広がる南極海にある。かつて南にあった巨大な大陸はプレートの動きにしたがって分裂し、3000万年あまり前、南極大陸は南米と分離したことで極に孤立することになった。この時から海水は南極大陸の周囲を邪魔されることなく永遠に巡り続けるようになり、まわりの海からはいわばシャットアウトされたような状態になった。北に位置する大陸に沿って赤道から南下してきた暖かい海水は、もはや南極海には効率良く届かない。

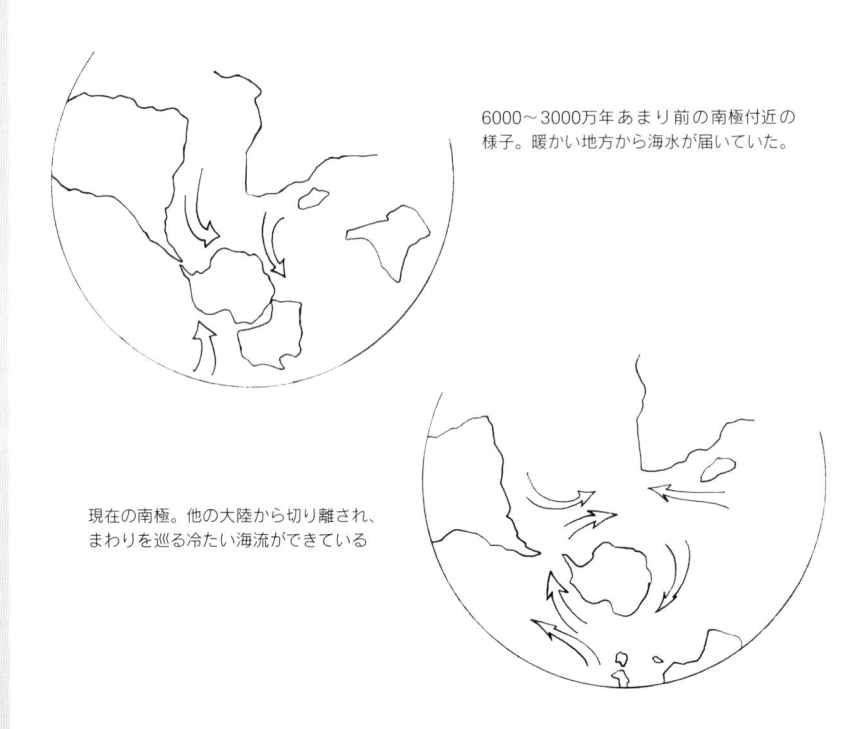

6000～3000万年あまり前の南極付近の様子。暖かい地方から海水が届いていた。

現在の南極。他の大陸から切り離され、まわりを巡る冷たい海流ができている

〈南極海とその周辺に棲むノトセニア魚類〉

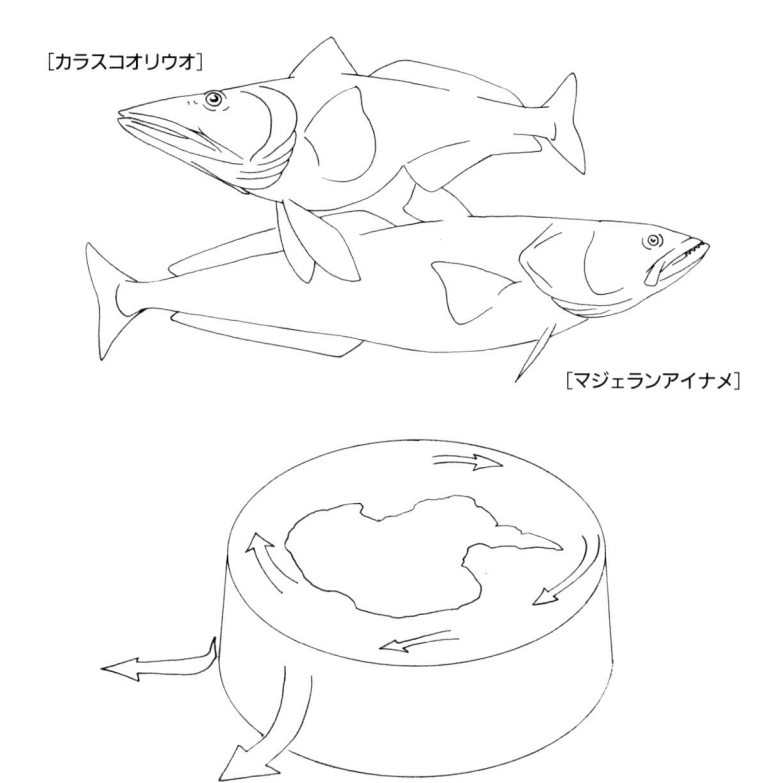

［カラスコオリウオ］

［マジェランアイナメ］

南極周辺で冷やされた海水は重くなり、
ゆっくりと世界中の深海へ広がっていく。

　こうして南極大陸は赤道の熱を以前より得られずに冷えることとなる。やがて南極には氷河が発達し、今度は南極が地球全体を冷やす働きをするようになった。南極海で冷やされた海水は重くなって沈み、それが世界中の深海へ広がっていく。いまや地球上にある海水の75パーセント以上は6度以下の冷たい水で占められている。暖かい地方なら太陽に照らされる海面の水温は20度以上になるが、それは表面に過ぎない。その下に広がる海底、つまり地球表面の大部分は数度以下の冷たい世界なのだ。現在の地球は冷えた惑星なのである。
　南極海と周囲の海との間には大きな水温の差があって、その差は極端だ。そのため南極海と、その周辺の冷たい海に棲む生物たちは独特で、冷たい水温によく適応している。例えばノトセニア魚類と呼ばれる魚の1グループが南極海

とその周辺に棲んでいる。彼らのなかには体液が凍り付かないように、血液中にいわゆる不凍液を含む種がいるが、彼らは浮遊生活を送りながら浮き袋をもっていない。祖先が海底生活する魚だったので浮き袋がなくなり、そこから二次的に浮遊生活をするものが現れたかららしい。浮遊生活をするノトセニア類の魚は肉に脂を多く含み、背骨があまり堅くなくてスカスカした構造をしている。例えば銀ムツとかメロとか呼ばれて売られている魚はノトセニア魚類の一種、マジェランアイナメのことで、水深数百メートルあまりの深海に棲んでいる。切り身にされたメロを観察して骨の断面を見てみると堅めのスポンジのような構造であることが分かる。また肉には脂が多く美味しい。他にもカラスコオリウオという血液にヘモグロビンをもたない特異な種類もいる。この魚も水深200メートルあまりに棲む魚だ。要するに血が赤くなく、透明だ。

　他にも南極海の深海のみに分布する特異な生物がいる。ダイオウホウズキイカはホウズキイカの仲間だがはるかに大きく、胴体の長さが2.5メートルにもなる巨大な種類である。

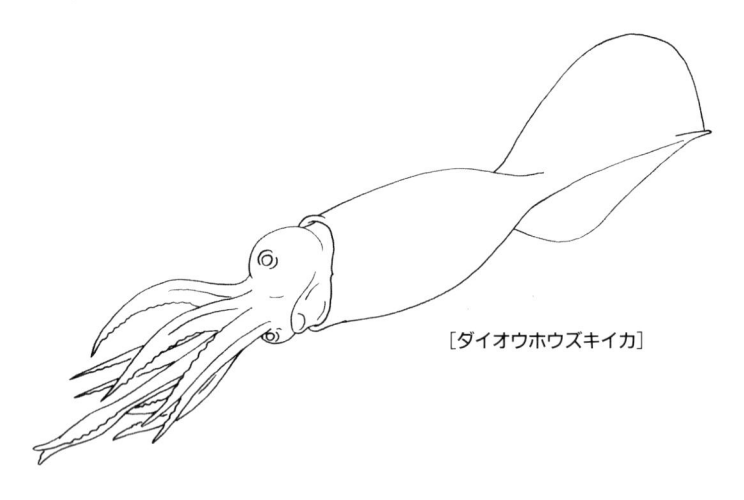

［ダイオウホウズキイカ］

　南極海は冷たい海だが、餌が豊富である。冷やされた海水は深く沈み、代わりに深い水深にあった海水が湧き上がってくる。深海の海水には表面から落ち込んだ有機物やそれが分解された産物が多く含まれている。これらは植物の成長に欠かせないもので、太陽の沈まない南極の夏が来ると植物プランクトンが大量に発生する。そしてそれを支えにして生物たちが餌を享受することとなるのだ。

第6章

化学合成生物群集

深海では例外的に生物が豊富にいる場所がある。そこは硫化水素を含んだ熱水や、あるいはメタンが含まれた海水が地下から沸き上がる場所で、硫化水素が酸素と反応して生まれたエネルギーに満ちている。バクテリアの一部はこうした化学反応エネルギーを使って有機物を合成し、その有機物を他の生物が食べて、ここに生物の集団が形成されるのだ。これを化学合成生物群集と呼ぶが、浅海のおこぼれではなく、自前で有機物が作り出されるこの場所は、いわば深海のオアシスなのだ。

深海の赤いバラ

ガラパゴスハオリムシ　サツマハオリムシ

Riftia pachyptila, Lamellibrachia satsuma

　日本のはるか東の沖合、1万3500キロメートル。そこは地殻が裂け、その裂け目からマグマが上がるために火山活動が激しく、巨大な山脈が海底に屹立している場所だ。所々でマグマに熱せられた海水が温泉よろしく噴き出していて、急冷された熱水からは重金属などの硫化物が舞い散り、有毒な硫化水素が広がっている。たいていの生物にとっては地獄のような環境だが、化学合成生物群集にとってここはオアシスだ。

　群集最大の生物である**ガラパゴスハオリムシ**はチムニーのすぐ脇で最大2メートルもある体を真っ白な管に潜ませ、真紅のエラを突き出している。群れをなしているさまは、まるで深海のバラ園のようだ。熱水の硫化水素はヘモグロビンに結合しやすい性質をもち、酸素と結合するべき箇所が硫化水素で占領されてしまうと生物は窒息してしまう。しかしハオリムシのヘモグロビンは特殊な、巨大なもので、硫化水素と結合しても酸素を運べるのだ。そればかりではない。ハオリムシたちは硫化水素を有効利用する。

　硫化水素と酸素を化学反応させ、そのエネルギーで成長し、増殖する**硫黄酸化細菌**と呼ばれるバクテリアがいる。ハオリムシは、これを体重の半分近くまで体内にぎっしりと共生させ、バクテリアが分泌する有機物などを吸収して生きているのだ。そのため口も肛門も消化器官も必要がなくなり、退化している。代わりに真紅のエラから硫化水素と酸素をせっせと取り込んでバクテリアたちに栄養を与え、自分たち自身も大きく成長していく。

　ハオリムシの仲間は硫化水素が供給される場所なら世界中の海底にいる。日本の鹿児島湾などに棲む**サツマハオリムシ**は、体長数十センチ、エラは小さく、直径は1センチもない小さな種類だ。そして水深100メートルと浅い場所にいるので採集も飼育も比較的容易である。低温に設定した水槽に硫化ナトリウムを加えて硫化水素を発生させればうまく育てることができる。

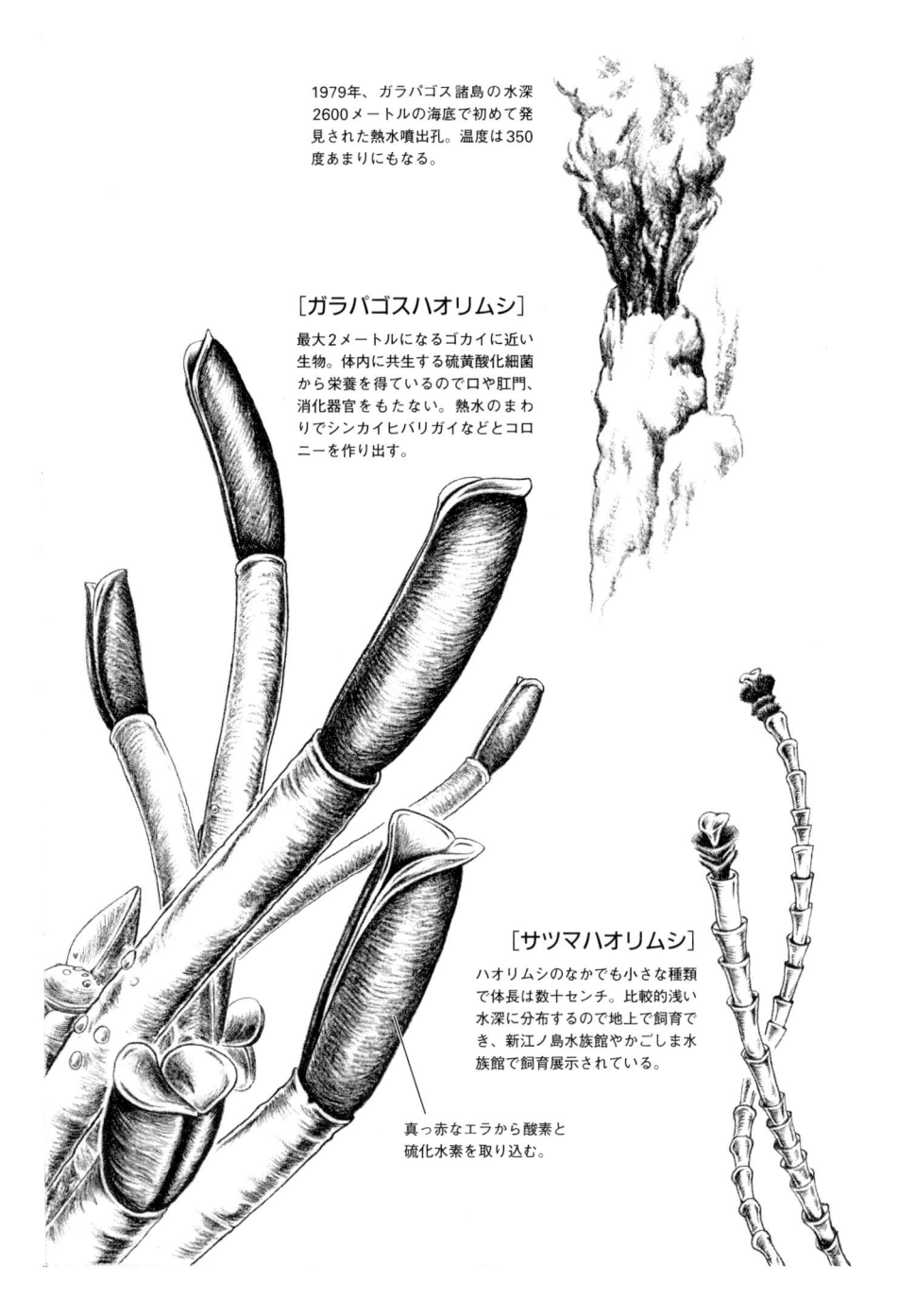

1979年、ガラパゴス諸島の水深2600メートルの海底で初めて発見された熱水噴出孔。温度は350度あまりにもなる。

[ガラパゴスハオリムシ]

最大2メートルになるゴカイに近い生物。体内に共生する硫黄酸化細菌から栄養を得ているので口や肛門、消化器官をもたない。熱水のまわりでシンカイヒバリガイなどとコロニーを作り出す。

[サツマハオリムシ]

ハオリムシのなかでも小さな種類で体長は数十センチ。比較的浅い水深に分布するので地上で飼育でき、新江ノ島水族館やかごしま水族館で飼育展示されている。

真っ赤なエラから酸素と硫化水素を取り込む。

第6章　化学合成生物群集

目のないエビとカニ

ツノナシオハラエビ　ユノハナガニ

Rimicaris exoculata, Austinograea yunohana

　熱水から広がる硫化水素と酸素を糧に増殖するバクテリア、**硫黄酸化細菌**の多くは海底などで自由に暮らし、至るところにもやもやとしたマットのような塊を作る。そして、そのバクテリアマットには多くの生物が集う。硫化水素という毒物さえ克服すれば豊富なバクテリアを餌に生活できるのだ。

　ツノナシオハラエビはチムニーの周辺で群れをなす動物だ。チムニーとは噴出された熱水から沈澱した化合物が固まってできた煙突のようなもの。オハラエビの目当ては熱水に巻き上げられたバクテリアの塊である。熱水の周囲を集団で泳ぎ、バクテリアなどをあさるのだが、その際、熱水に触れないようにしなければならない。目は暗黒の深海のなかで退化してしまい、完全に無くなっているが、透明な背中の殻の裏側に一対の白い器官があって、これで熱を"見る"のだ。とはいえ時々足先などが溶けてしまったものもいるそうだ。世界中の熱水地帯に見られる動物だが、地域によって数や大きさに違いがある。特に大西洋のTAGマウンドと呼ばれる巨大なチムニーの周辺には、ものすごい数の**ツノナシオハラエビ**が雲のように舞い動いている。

　目をもっていない**ユノハナガニ**はバクテリアマットをついばんであさっているが、死肉も食べる動物だ。二枚貝の中にハサミを差し込もうとしたり、真紅のエラをついばもうと**ハオリムシ**にちょっかいを出したりしている。実際、調査船が二枚貝を採集しようとしてマニピュレーターでつぶしてしまったりすると、あっという間にユノハナガニが集まってくる。

　ユノハナガニは圧力の変化に強いので、深海から採集してそのまま研究室で飼育し観察することができる。お手軽なことに、餌は普通の熱帯魚の餌で十分だ。海洋研究開発機構（JAMSTEC）の飼育室では4度に設定された冷たい部屋で水槽の中をユノハナガニがうろつき回り、時折、水槽内部に入れられた熱帯魚用のヒーターに背中をくっ付けていたりする。熱水と冷たい海水のはざまで生活する動物なのでそういうことをするのかもしれない。

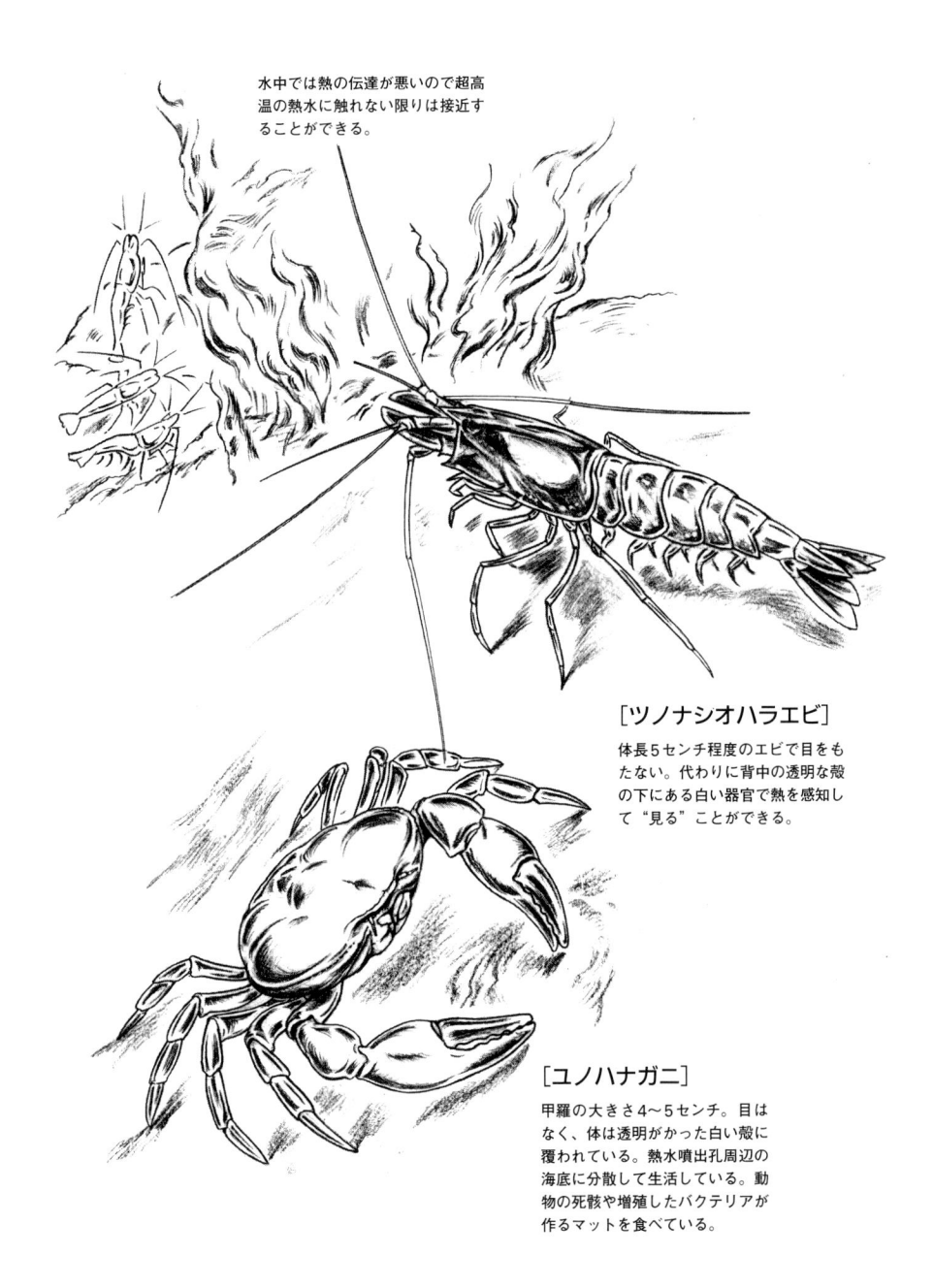

水中では熱の伝達が悪いので超高温の熱水に触れない限りは接近することができる。

[ツノナシオハラエビ]
体長5センチ程度のエビで目をもたない。代わりに背中の透明な殻の下にある白い器官で熱を感知して"見る"ことができる。

[ユノハナガニ]
甲羅の大きさ4～5センチ。目はなく、体は透明がかった白い殻に覆われている。熱水噴出孔周辺の海底に分散して生活している。動物の死骸や増殖したバクテリアが作るマットを食べている。

第6章　化学合成生物群集

熱水の意外な有効利用

ゴエモンコシオリエビ　スケーリーフット

Shinkaia crosnieri, Scaly foot

　熱水が噴出する周りには真っ白い**ゴエモンコシオリエビ**が群がっている。コシオリエビはカニとエビの中間の姿をした甲殻類で、ゴエモンコシオリエビは熱水環境に適応した種類だ。海底をうろつき回ってバラバラに生活する**ユノハナガニ**とは対照的に、この生物が一ヶ所にびっちり集まっているのには理由がある。ゴエモンコシオリエビは毛深く、胸のあたりは特にフサフサしていて、ピンク色の物体が付いている。実はこのピンクのもの、胸の毛に生えたバクテリアなのだ。しかもゴエモンコシオリエビは大きなハサミでそれを掻き取っては口に運び、食べている。つまり彼らは自分の体に生えたバクテリアを糧にしているのだ。そのため我が身に生える食べ物を増やそうと、こぞって硫化水素を求めて熱水に群がるのである。こんな生活をしているので、あまり活発な生物ではなさそうだが、意外とそうでもない。驚くと、エビのように折り畳んでいた尻尾を跳ね上げて後ろ向きに飛び上がる。

　熱水からは硫化水素だけでなく、様々な金属化合物が舞い散っていき、**スケーリーフット**はそれを有効利用しているらしい。インド洋、2500メートルの海底から見つかったこの生物は、殻の直径が4センチ程度の巻貝で、足の裏がびっしりとウロコに覆われている。長さ8ミリ程度の薄く細長いウロコはお互いに重なり合っていて、驚くべきことに表面が黄鉄鉱でコーティングされているのだ。黄鉄鉱は鉄と硫黄の化合物であり、この生物は熱水から豊富に供給される硫黄と鉄を使って、こうした構造を作り上げるらしい。ちなみに足のコーティングには磁鉄鉱（天然磁石）に似た鉄と硫黄の化合物が含まれていて、わずかに磁性体になっている。

　そんなスケーリーフットのウロコは敵に対する防具ではないかと考えられている。熱水地帯には毒針を獲物に突き立てて狩りをする肉食性の巻貝がいるが、スケーリーフットの鎧はそんな敵から身を守るのに役立つらしい。

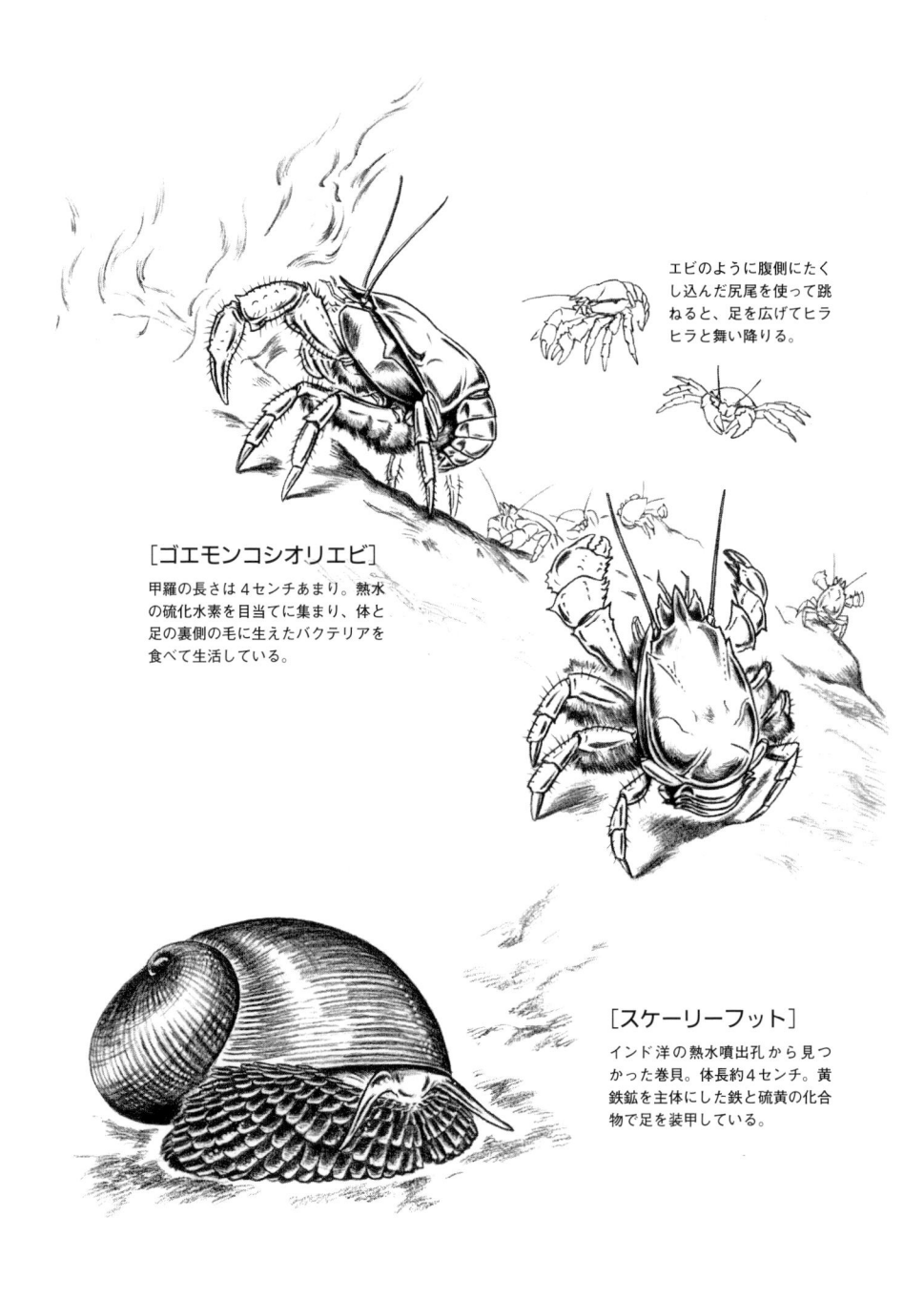

エビのように腹側にたくし込んだ尻尾を使って跳ねると、足を広げてヒラヒラと舞い降りる。

［ゴエモンコシオリエビ］
甲羅の長さは4センチあまり。熱水の硫化水素を目当てに集まり、体と足の裏側の毛に生えたバクテリアを食べて生活している。

［スケーリーフット］
インド洋の熱水噴出孔から見つかった巻貝。体長約4センチ。黄鉄鉱を主体にした鉄と硫黄の化合物で足を装甲している。

地球の割れ目に群れ集まる貝

シロウリガイ

Calyptogena soyoae

　海底の泥に深く埋もれた有機物は、地下で高温に晒されると分解されてメタンという単純な化合物になるが、こうした地下のメタンが岩石から直接絞り出される場所がある。太平洋の海底は日本海溝へと引きずり込まれているため、日本列島の岩石や堆積物には大きな圧力がかかって地殻は破断し、地震が起きる。岩石に加わった圧力はさらに断層からメタンを含んだ水を絞り出す。そして、そこには**シロウリガイ**が集まっている。

　シロウリガイは熱水地帯にも分布するが、メタンが湧き出る場所（メタン湧水地）のほうがむしろ数が多い。種類によっては殻の長さが30センチもあって、深海性の二枚貝としては例外的に大きい。それは**ハオリムシ**と同様、体内に**硫黄酸化細菌**を共生させているからだ。分厚く発達したエラに多くの硫黄酸化細菌を棲み付かせて、彼らが作り出す有機物を吸収する。自前で有機物を調達できるシロウリガイは大きく、そして早く成長できるのだ。

　しかし何かがおかしい。硫黄酸化細菌とは硫化水素と酸素の反応を利用するバクテリアなのに、どうしてメタンが湧き出る場所にいるのだろう？　実は海底の泥の奥に秘密がある。泥の奥は水の通りが悪いので酸素が少なく、海水中の硫酸イオンとメタンの反応がすすんで硫化水素が作られる。シロウリガイは泥に身を沈め、足を海底下15センチほどのところにある硫化水素に富んだ層に差し込み、そこから硫化水素を吸収するのだ。おもしろいことにシロウリガイの将来のパートナーである硫黄酸化細菌は卵の中に最初からちゃんと潜り込んでいる。硫黄酸化細菌は母から子へ、子から孫へと伝わっていくのだ。

　メタンを含む湧き水の場所はすぐ変わるので、シロウリガイはよく動く。殻を開け閉めしながら泥から殻をちょいと覗かせて、潜水艦よろしくウネウネと跡を残してゆっくりと移動するのだ。

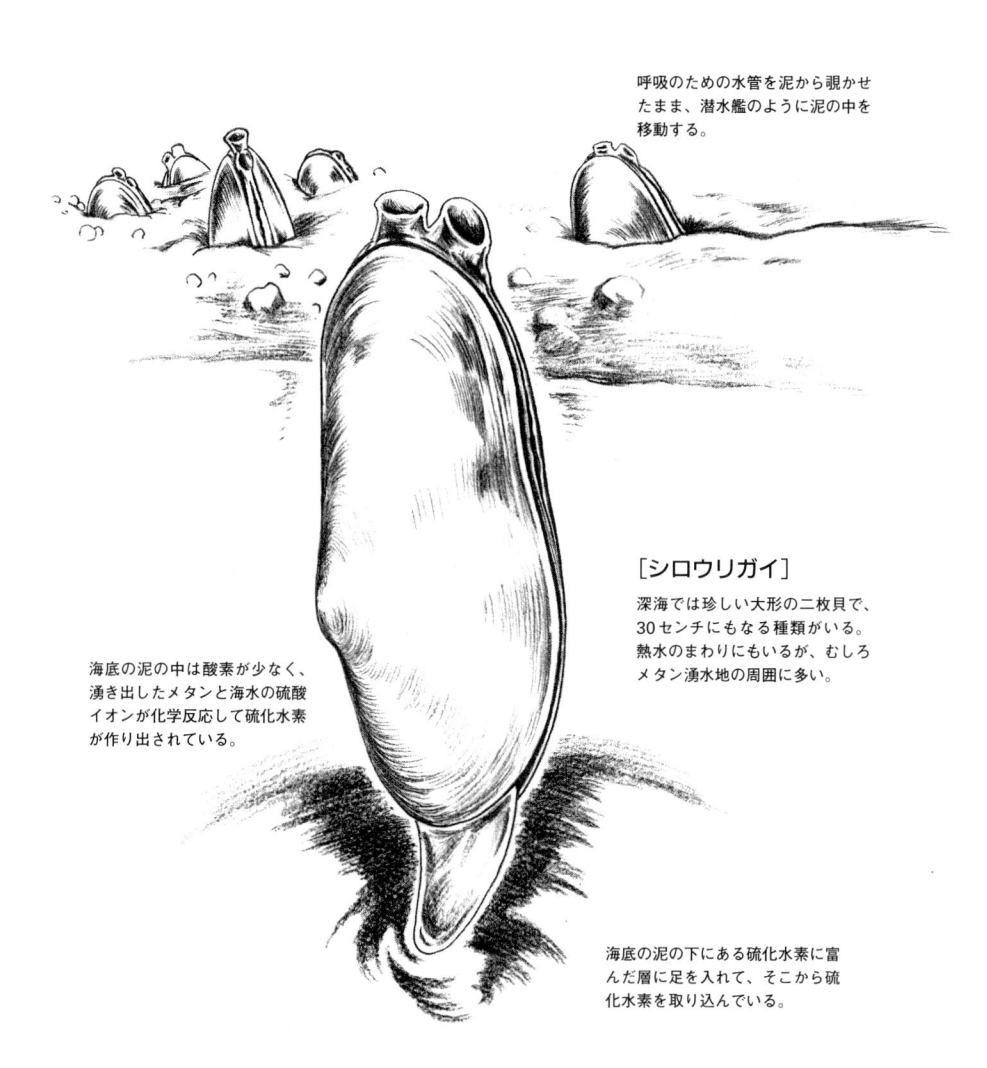

呼吸のための水管を泥から覗かせたまま、潜水艦のように泥の中を移動する。

[シロウリガイ]
深海では珍しい大形の二枚貝で、30センチにもなる種類がいる。熱水のまわりにもいるが、むしろメタン湧水地の周囲に多い。

海底の泥の中は酸素が少なく、湧き出したメタンと海水の硫酸イオンが化学反応して硫化水素が作り出されている。

海底の泥の下にある硫化水素に富んだ層に足を入れて、そこから硫化水素を取り込んでいる。

第6章　化学合成生物群集

死体が生み出す楽園

鯨骨生物群集

Whale bone-associated community

　熱水の噴出は気まぐれで、いつか止まってしまう。熱水周辺の化学合成生物群集の寿命はせいぜい数十年。そのため生物は、大量の子供をばら撒くことで絶滅の危機を乗り切ろうとする。とはいえ、熱水やメタン湧水が吹き出る場所はお互いに離れていて、時には数百キロにもなる。はたして子供たちはこの距離を飛び越えられるのだろうか？

　もしかしたら中継地点があるのかもしれない。小笠原諸島にある鳥島海山、水深およそ4000メートル。その付近には白いブロックのようなものが点々と連なっている。これは1992年に見つかった、死後約100年が経ったクジラの骨だ。生物が死んで海底に沈むと死骸の肉を食べる生物やバクテリアたちが肉を分解し、骨にしていく。しかし生物が大量の有機物を食べると呼吸のために大量の酸素が使われ、泥の中や骨の内部では酸素が欠乏してしまう。そうなると酸素がなくとも呼吸できるバクテリアの出番だ。彼らは硫酸イオンなどで呼吸して、硫化水素を吐き出す。すると今度は硫化水素を利用する**硫黄酸化細菌**も暮らせることになる。そうして骨や周囲の海底には化学合成生物群集に似たものができあがる。

　死後100年を経た骨でも、未だに油は抜けきっていない。引き上げればものすごい臭いがするし、そのまわりには**コシオリエビ**の仲間や二枚貝たちが棲み付いている。ここは死骸に支えられたささやかなオアシスであり、化学合成生物群集を結ぶ中継地となり得るのだ。これを鯨骨生物群集と呼ぶが、広い意味で化学合成生物群集と考えていい。

　鯨骨生物群集では様々な生物が見られるが、最近発見された生物のなかに新種の**ナメクジウオ**がいる。マッコウクジラの死体にいたもので、採集されたクジラの白い脳油や骨の下の泥にいた。ナメクジウオは普通、浅い海の清浄な海岸に棲む生物だ。それがどうしてこんな環境で暮らしていけるのか？

　普段はどこに潜んでいるのか？　それはまだ分かっていない。

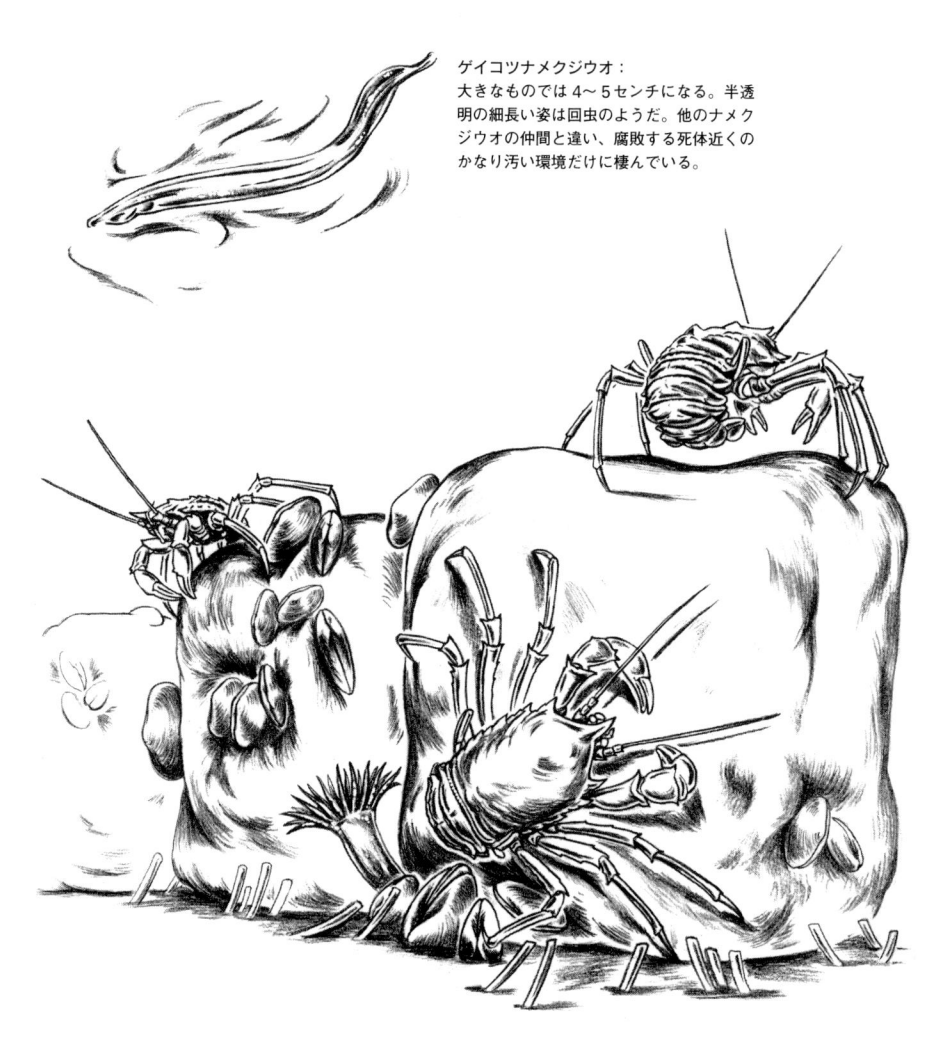

ゲイコツナメクジウオ：
大きなものでは4〜5センチになる。半透明の細長い姿は回虫のようだ。他のナメクジウオの仲間と違い、腐敗する死体近くのかなり汚い環境だけに棲んでいる。

[鯨骨生物群集]
クジラのような大きな生物の死体が深海に沈むと腐敗の過程で硫化水素が発生し、硫化水素に依存する生物などが集まったコロニー、鯨骨生物群集が誕生する。イラストは小笠原諸島沖で見つかった鯨骨生物群集。長い時間を経て、背骨がサイコロ状のブロックになっている。

海底と海水の狭間で生きる

地下バクテリア

Subsurface bacteria

　チムニーから噴出する熱水には、奇妙なことに周囲の海水よりもずっと多くのバクテリアが含まれていることがある。どうもまわりから巻き上げられただけではないらしい。

　地球は生命に満ちている。岩盤内部の奥深くから岩石を掘り抜いても、その中にはバクテリアがいるくらいだ。**硫黄酸化細菌**は硫化水素と酸素があれば、光がなくとも有機物を合成して成長できる。地球内部は高温で光どころか酸素もないが、酸素の代わりに硝酸イオンや硫酸イオンを利用できるものがいるし、ある種のバクテリアは水素を二酸化炭素で酸化させて、その反応エネルギーで有機物を合成し成長できるのだ。水素と二酸化炭素は高温の岩石と水が接触することで作られる化合物なので、彼らは惑星が生み出す化学物質だけで完全に自立して生きていくことができるのである。おそらく地下にはそんなバクテリアたちが棲む世界が広がっているのだ。

　チムニーの超高温の熱水に棲むバクテリアたちの一部は、そうした地下世界からやってきた可能性がある。熱水の周囲にある100度程度の水のなかで繁殖したものが熱水に吸い上げられて海中へ噴出したのかもしれない。あるいは超高温の熱水のなかでさえ生存できるバクテリアがいるのかもしれない。だが、彼らを見つけることは容易ではない。培養しようにも極限環境に適応した彼らは普通の培養方法では増えてくれないからだ。熱水中にどんな遺伝子があるのかを調べることはできるが、それでは"いる"のは分かるが、生きているのか死んでいるのかが分からない。深海生物同様、極限環境に棲むバクテリアたちはその生きた姿をなかなか見せてはくれないのだ。だが逆に言えば、そこにこそ未知の生物の機能が隠されている。

　チムニーやメタン湧水地は、無酸素の地下世界と酸素のある地上の2つの世界の境界線だ。ここでは酸素のない状態でこそ安定であった化合物が、地上の酸素と出会って化学反応を起こしている。ここには生物の糧となるエネルギーが満ちているのだ。

＊　硫黄酸化細菌 ≫ *p.216*

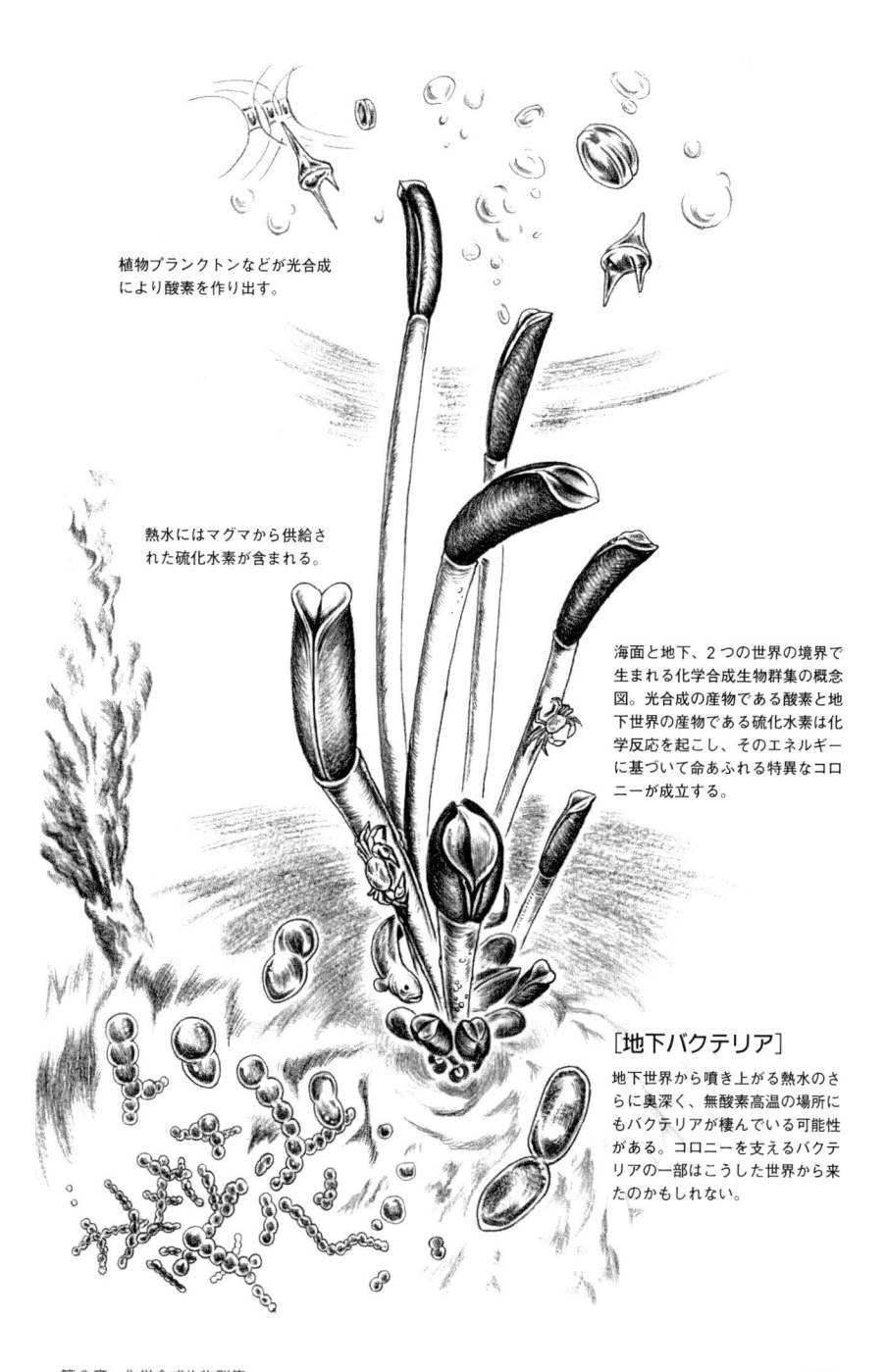

植物プランクトンなどが光合成
により酸素を作り出す。

熱水にはマグマから供給さ
れた硫化水素が含まれる。

海面と地下、2つの世界の境界で
生まれる化学合成生物群集の概念
図。光合成の産物である酸素と地
下世界の産物である硫化水素は化
学反応を起こし、そのエネルギー
に基づいて命あふれる特異なコロ
ニーが成立する。

[地下バクテリア]
地下世界から噴き上がる熱水のさ
らに奥深く、無酸素高温の場所に
もバクテリアが棲んでいる可能性
がある。コロニーを支えるバクテ
リアの一部はこうした世界から来
たのかもしれない。

第6章 化学合成生物群集

地下世界から宇宙へ

生命の核（コア）

The core of life

　生物には光と酸素が必要である。これはかなり古典的な考えだ。生命が存在するために酸素も光も必要ない。温度と圧力もさほど制約にはならない。高温の岩石と水、それが生み出す水素と二酸化炭素さえあればよい。このように生物が存在できる必要最小限の条件から、ひとつの仮説を立てることができる。例えば、地球以外の星にも生物がいるのではないか。

　高温の岩石と水はそこにあるか？　木星の衛星エウロパについて考えてみよう。エウロパは氷で覆われ、木星と他の衛星の重力によって絶えず歪められ、伸び縮みさせられており、内部に熱をもっている。エウロパの中心には高温の岩石があり、氷の下に海がある証拠もある。おそらく火山もあるだろう。だとしたら多分、海底にはエウロパ版のチムニーがある。高温の岩石と水の存在。ではそこには生物がいるのだろうか？　おそらく。

　もちろん、光のない暗黒の世界なので光合成による酸素があるとは考えられない。しかし硫酸イオンはあるだろう。硫酸イオンは呼吸にも使うことができる。しかしこういう呼吸ではあまりエネルギーを引き出せないから、もし**ユノハナガニ**のようなものがエウロパにいても地球のものよりずっとのろのろ動くのかもしれない。あるいはバクテリアだけがヌルヌルと広がっているのだろうか。

　科学とは仮説を確かめることである。もちろん今の私たちはこの仮説を確かめにエウロパには行けない。しかし、それを調べることはできそうだ。興味深いことにJAMSTECの所有する有人調査船「しんかい6500」は、計算によればエウロパの水深数十キロの海にダイブし水圧に耐えながら海底まで近づくことができる。エウロパでは重力が低いため、これが可能なのだ。私たちの世代では無理でも、いつか人はあの星まで行くであろうし、その時、初めてこの仮説は科学として完結される。そして、これまでもこれからも地球の深海でチムニーは熱水を噴き出し、**ハオリムシ**は成長し、ユノハナガニが子孫を深海に放ちながら歩き続けていくだろう。

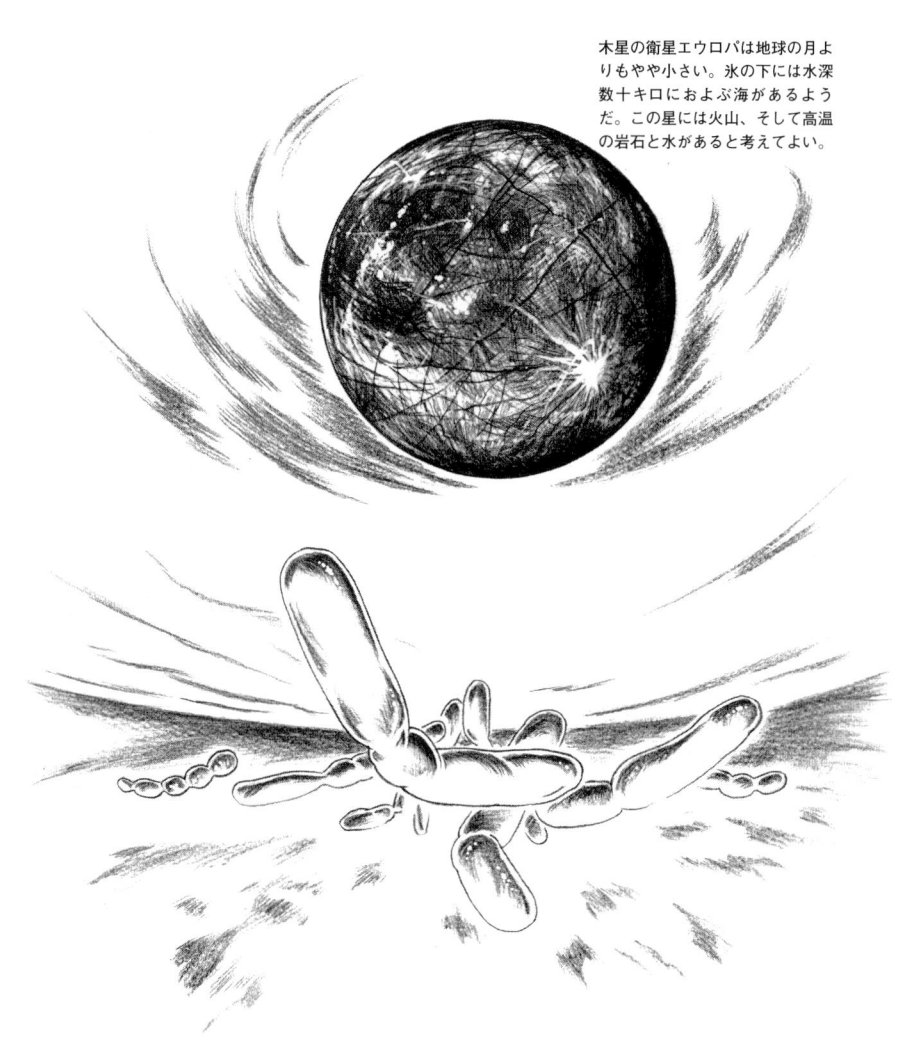

木星の衛星エウロパは地球の月よりもやや小さい。氷の下には水深数十キロにおよぶ海があるようだ。この星には火山、そして高温の岩石と水があると考えてよい。

水と高温の岩石が接触すると水素が生じる。そしてメタン生成細菌のように水素と二酸化炭素さえあれば呼吸を行ってエネルギーを作り、さらに有機物を合成できる生物がいる。

［生命の核］

高温の岩石と水があれば生物がいるとすると、エウロパにも生物がいると推論することができる。こうした仮説は、海底地殻を掘り進む地球深部探査船「ちきゅう」や、将来の宇宙開発で確かめられるだろう。極限環境を知ることで、私たちは「生物の核」を知ることができるのだ。

第6章　化学合成生物群集

おわりに

　深海は距離だけを考えるのなら、私たちにごくごく近い世界だ。海の平均水深は3.8キロメートル。直線距離にしたら徒歩1時間の距離でしかない。世界最深部のチャレンジャー海淵にしてもわずか11キロ先にある場所である。しかし距離は近くても、深海は分厚い水と水圧という壁に閉ざされた未知の世界だ。その世界を調べるために幾人もの人々が様々な努力と工夫を積み上げてきた。そうした人々が何キロもの長さをもつワイヤーの先に取り付けた網や、特別に設計された調査船や探査機で深海を探ってきたことが今の成果につながっている。

　深海という極限環境は高度な技術をテストできる場所であり、さらにそこに暮らす生物には未知の可能性が秘められている。そして日本は周囲を海、複雑に噛み合ったプレート、海溝と海底火山に囲まれた海の国である。私たちにとって海、そして深海は無視できない世界なのだ。この本はこうした成果に基づいて書かれたささやかなものだが、多くの人が深海、ひいては海への関心をもってくれるひとつの助けになってくれたらと思う。

　今回の本を書くにあたり、多くの方々に御協力をいただいた。画像に関して井上麻子さん（新江ノ島水族館）、川上靖さん（鳥取県立博物館）、杉本幹さん（鳥羽水族館）、土田真二さん（海洋研究開発機構）、宮正樹さん（千葉県立中央博物館）、森徹さん（マリンワールド海の中道）、中村泉さんに許可をいただき便宜をはかっていただいた。また、水産総合研究センターの越智豊子さんには多くの時間を割いて、画像をそろえていただいた。

　また、もっとも多くの画像をお借りした海洋研究開発機構へは何度となく足を運んだが、そのたびごとに棚田詢さん、南徹さんに手伝っていただいた。斎田静香さんにはアドバイスをいただき、また、事務的な申請や研究者への取材に関して立田学さんにそのつど対応していただいた。厚くお礼を申し上げたい。

取材に応じてくれた多くの研究者に感謝したい。海洋研究開発機構の三輪哲也さんには多くの知見とアドバイスをいただいただけでなく、アイデアとヒントをもらった。喜多村稔さんには深海の生態系についてお話をうかがった。ドゥーグル J. リンズィーさんにはクラゲに関して多くの情報とエピソードを提供していただいた。奥谷喬司さんにはイカに関する質問に答えていただいた。

　東京大学海洋研究所の太田秀さんにはナマコと大水深の生物について多くの質問と取材に答えていただいた。国立科学博物館の重田康成さんにはオウムガイの取材に応じていただき、標本のスケッチも許可していただいた。日本海区水産研究所の白井滋さんにはラブカの原稿に目を通していただき、多いに感謝している。水産庁の中野秀樹さんにはダルマザメに関する質問に答えていただき、お忙しいなか、写真も提供していただいた。新江ノ島水族館の三宅裕志さん、足立文さんには水族館で展示されている深海生物に関していろいろと教えていただいた。グソクムシに噛まれるというおまけもついたのはとても貴重な経験であったと思う。

　ネコ・パブリッシングの編集の吉田桂子さんには深海に関する本を書く企画と機会とをつくってくれたことに感謝したい。そして最後に、海洋という巨大な世界を探ることに関わった全ての技術者、乗組員、パイロットの方々に感謝するとともに、敬意を表したい。

平成17年10月　北村雄一

主 な 参 考 文 献

Ahlberg, Clack and Luksevics. 1996. Rapid braincase evolution between Panderichthys and the earliest tetrapods. Nature 381: pp61~63

Amemiya and Oji. 1992. Regeneration in sea lilies. Nature 357: pp546~547

Bourne and Heezen. 1965. A wandering Enteropneust from the Abyssal Pacific, and the distribution of "Spiral" tracks on the Sea Floor. Science.150: 60~63

Denton and Marshall. 1958. The buoyancy of bathypelagic fishes without a gas-filled swimbladder. Journal of the Marine Biological Association of the United Kingdom 1958(37). pp753~767

Dover, Szuts, Chamberlain and Cann. 1989. A novel eye in 'eyeless' shrimp from hydrothermal vents of the Mid-Atlantic Ridge. Nature 337: pp458~460

Endo and Okamura. 1992. New records of the abyssal grenadiers Coryphaenoides armatus and C. yaquinae from the western North Pacific. Japanese Journal of Ichthyology 38(4): pp433~437

Fink. 1985. Phylogenetic interrelationships of the Stomiid Fishes (Teleostei: Stomiiformes). Miscellaneous Publications Museum of Zoology, the University of Michigan. 171: pp1~127

Fujita and Hattori. 1976. Stomach content Analysis of Longnose Lancetfish, Alepisaurus ferox in the Eastern Indian Ocean and the Coral Sea. Japanese Journal of Ichthyology 23(3): pp133~142

Gage and Tyler. 1991. Deep-Sea Biology A Natural History of Organisms at the Deep-Sea Floor. Cambridge University Press

Guerra, Villanueva, Nesis and Bedoya. 1998. Redescription of the Deep-Sea Cirrate Octopod Cirroteuthis magna HOYLE, 1885, and considerations on the genus Cirroteuthis (Mollusca: Cephalopoda). Bulletin of Marine Science 63(1): pp51~81

羽根田．1968. チョウチンアンコウの発光器とその発光．横須賀市自然史博物館（自然科学）.14: pp1~4. PlateⅠ~ⅲ

羽根田．1972. 発光生物の話．北隆館

羽根田．1980. 発光細菌または甲殻類の発光素を光源とする発光魚．横須賀市自然史博物館（自然科学）.27: pp5~12

羽根田．1985. 発光生物．恒星社厚生閣

Hanlon and Messnger. 1996. Cephalopod Behaviour. Cambridge University Press

Hansen.1975. Systematics and Biology of the Deep-Sea Holothurians Part 1. Elasipoda. Galathea Report 13 Scientific Results of The Danish Deep-Sea Expedition Round the World 1950-52

掘越，菊池．1976. ベントス 第12章 深海系．海洋科学基礎講座 5 海藻・ベントス．東海大学出版会

Iwai. 1958. Gill structuers of the Deep-sea Stomiatoid Fish , Cyclothone microdon (Gunther). 横須賀市自然史博物館（自然科学）.3: pp1~4

Iwai. 1959. The fat-containing swim-bladder of the Stomiatoid Fish. 横須賀市自然史博物館（自然科学）.4: pp1~4

Kubota and Ueyno. 1970. Food habits of Lancetfish Alepisaurus ferox (Order Myctophiformes) in Suruga Bay, Japan. Japanese Journal of Ichthyology 17(1): pp22~28

倉持，須藤，小川，玉城，当真，長沼．2003. 琉球列島久米島沖より採集されたユメナマコ（板足目：ナマコ綱）．南紀生物 45(2): pp134~135

Lalli and Parsons. 1993. Biological Oceanography an introduction. Pergamon［生物海洋学入門．關文威 監訳 長沼毅 訳 講談社サイエンティフィック1996］

Lindsay, Hunt, Hashimoto, Fujiwara, Fujikura, Miyake, Tsuchida. 2000. Submersible observations on the deep-sea fauna of the south-west Indian Ocean: preliminary results for the mesopelagic and near-bottom communities. JAMSTEC Journal of Deep Sea Research. 16(1). Biology: pp23~33

Lindsay, Hunt, Hayashi. 2002. Further observations on the penaeid shrimp Funchalia sagamiensis FUJINO 1975 and pelagic tunicates (Order: Pyrosomatida) . JAMSTEC Journal of Deep Sea Research. 20: pp17~27

Maisey. 1980. An evaluation of jaw suspention in Sharks. American Museum Novitates. 2706: pp1~17

Maisey. 1984. Chondrichthyan phylogeny: a look at the evidence. Journal of Vertebrate Paleontology 4(3): pp359~371

Margulis and Schwartz. 1982. Five Kingdoms. W.H.Freeman and Company.［図鑑・生物界ガイド 五つの王国．マルグリス/シュバルツ，川島，根平 訳．1987］

Marshall. 1954. Aspects of Deep Sea Biology. Hutchinson's scientific and technical publications

Marshall and Staiger. 1975 Aspect of the structure, relationships, and biology of the deep-sea fish Ipnops murrayi (Family Bathypteroidae). Bulletin of Marine Science. 25(1): pp101~111

益田，尼岡，荒賀，上野，吉野 編．1988. 日本産魚類大図鑑 第2版 東海大学出版会

Matsumoto, Raskoff, Lindsay. 2003. Tiburonia granrojo n. sp., a mesopelagic scyphomedusa from the Pacific Ocean representing the type of a new subfamily (class Scyphozoa: order Semaeostomeae: family Ulmaridae: subfamily Tiburoniinae subfam. nov.) . Marine Biology 143: pp73~77

宮．1999. 分子系統からみた深海性オニハダカ属魚類の大進化．魚の自然史 水中の進化学 松浦啓一・宮 正樹 編著．北海道大学出版会：pp117~132

Miya and Nishida. 1996. Molecular phylogenetic perspective on the evolution of the deep-sea fish genus Cyclothone (Stomiiformes:Gonostomatidae). Japanese Journal of Ichthyology 43(4): pp375~398

中坊 編．1993. 日本産魚類検索 全種の同定．東海大学出版会

中村，稲田，武田，畑中 共著．1986. パタゴニア海域の重要水族．海洋水産資源開発センター

Nakano and Tabuchi. 1990. Occurrence of the Cookiecutter Shark Isistius brasiliensis in Surface Waters of the North Pacific Ocean. Japanese Journal of Ichthyology 37(1): pp60~63

Nakaya, Yano, Takada and Hiruda. 1997. Morphology of the first female Megamouth Shark, Megachasma pelagios (Elasmobranchii: Megachasmidae), Landed at Fukuoka, japan. Biology of the Megamouth Shark. edited Yano, Morrissey, Yabumoto and Nakaya. Tokai University Press: pp51~62

長沼．1996. 深海生物学への招待．NHKブックス

Naganuma and Uematsu. 1998. Dive Europa: A Search-for-life initiative. Biological Science in Space. 12(2): pp126~130

長沼．2004．生命の星・エウロパ．NHKブックス

Nelson. 1994. Fishes of the World 3rd edition. John Wiley & Sons,INC

Nielsen and Bertelsen. 1985. The gulper-eel family Saccopharyngidae (Pisces, Anguilliformes). Steenstrupia 11(6): pp157~206

西村．1962．捕獲状況から考察したリュウグウノツカイの生態．横須賀市自然史博物館（自然科学）．7: pp11~21

岡本，尼岡，三谷 編．1982．九州ーパラオ海嶺ならびに土佐湾の魚類大陸棚斜面未利用資源精密調査．(社) 日本水産資源保護協会

岡本，尼岡，武田，矢野，岡田，千石 編．1990．ニュージーランド海域の水族．海洋水産資源開発センター

岡本，尼岡，武田，矢野，岡田，千石 編．1995．グリーンランド海域の水族 深海丸により採集された魚類・頭足類・甲殻類．海洋水産資源開発センター

Okiyama. 1986. Bathypelagic capture of a metamorphosing juvenile of Ipnops agassizi (Ipnopidae, Myctophiformes). Japanese Journal of Ichthyology 32(4): pp443~446

沖山．1988．底生深海魚の生活史と変態．現代の魚類学 上野，沖山 編 朝倉書店: pp78~99

沖山 編．1988．日本産稚魚図鑑．東海大学出版会

沖山．1997．深海性ヒメ目魚類の変態と眼球の特殊化．月刊 海洋 322: pp210~214

奥谷．1995．原色世界イカ類図鑑．全国いか加工業協同組合創立30周年記念出版

奥谷，田川，堀川．1986．日本陸棚周辺の頭足類．(社) 日本水産資源保護協会

奥谷，リンズィー．2005．深海潜水潜水調査船が見た頭足類 変わったイカの変わったポーズ．ちりぼたん．36(1): pp1~5

大路．1993．ウミユリの自切と再生．科学．63(11): pp722~730

Ohta. 1984. Star-shaped feeding traces produced by echiuran worms on the deep-sea floor of the Bay of Bengal. Deep-Sea Research 31(12): pp1415~1432

Ohta. 1985. Photographic Observations of the swimming behavior of the Deep-Sea Pelagothuriid Holothurian Enypniastes (Elasipoda, Holothurioidea). Journal of the Oceanographical Society of Japan 41(2): pp121~133

太田．2000．ナマコ類 Holothuroidea. 動物系統分類学 追補版 中山書店: pp319~321

Paxton. 1989. Synopsis of the Whalefishes (Family Cetomimidae) with descriptions of four new Genera. Records of the Australian Museum 41: pp135~206

Pietsch. 1976. Dimorphism, Parasaitism and sex: reproductive strategies among Deepsea Ceratioid Anglerfishes. Copeia 1976(4): pp781~793

Pietsch. 1978. The feeding mechanism of Stylephorus chordatus (Teleostei: Lampridiformes): functional and ecological implications. Copeia 1978(2): pp255~262

Pietsch and Randall. 1987. First Indo-Pacific occurrence of the Deepsea Ceratioid Anglerfish, Diceratias pileatus (Lophiiformes: Diceratiidae). Japanese Journal of Ichthyology 33(4): pp419~421

Sakurai and Kido. 1992. Feeding behavior of Careproctus rastrinus (Liparididae) in Captivity. Japanese Journal of Ichthyology 39(1): pp110~113

Shirai. 1992. Phylogenetic relationships of the Angel Sharks, with comments on Elasmobranch phylogeny (Chondrichthyes, Squatinidae). Copeia1992(2): pp505~518

白井．2000．軟骨魚類 Chondrichthyes. 動物系統分類学 追補版 中山書店: pp363~372

Shirai and Okamura. 1992. Anatomy of Trigonognathus kabeyai, with comments on feeding mechanism and phylogenetic relationships (Elasmobranhii, Squalidae). Japanese Journal of Ichthyology 39(2): pp139~150

平，木村，平，寺崎，太田，野崎，玉木 著．1997．入門ビジュアルサイエンス 海洋のしくみ．東京大学海洋研究所

Tait. 1980. Elements of Marine Ecology An Introductory Course Third Edition. Butterworth-Heinemann
[原著第3版 海洋生態学入門 九州大学出版会 R.V. テイト 三栖 寛 訳．1990]

瀧巖．1999．第8綱 頭足類 Cephalopoda. 動物系統分類学 5 (上) 軟体動物（I）中山書店: pp327~391

谷口．1975．第III編 動物プランクトンの生産生態．海洋科学基礎講座 6 海洋プランクトン．東海大学出版会

上野，松浦，藤井 編．1983．スリナム・ギアナ沖の魚類．海洋水産資源開発センター

内田恵太郎．1964．稚魚を求めて ーある研究自叙伝ー．岩波新書

Vecchione, Young, Guerra, Lindsay, Clague, Bernhard, Sager, Gonzalez, Rocha, Segonzac. 2001. Worldwide observations of remarkable Deep-Sea squids. Science 294: pp2505~2506

山中．1987．無機物だけで生きてゆける細菌．共立出版株式会社

Yano, Toda, Uchida and Yasuzumi.1997. Gross anatomy of the viscera and stomach contents of a Megamouth Shark, Megachasma pelagios, from Hakata Bay, Japan, with a comparison of the intestinal structure of other Planktivorous Elasmobranchs. Biology of the Megamouth Shark. edited Yano, Morrissey, Yabumoto and Nakaya. Tokai University Press: pp105~113

Young, Vecchione and Mangold. 1922~2003. Cephalopoda. http://tolweb.org/tree?group=Cephalopoda&contgroup=Mollusca

Walters. 1961. A contribution to the biology of the Giganturidae, with description of a new genus and species. Bulletin of the Museum of Comparative Zoology At Harvard college, in Cambridge125: 299~319

Waren, Bengtson, Goffredi, Van Dover. 2003. A hot-vent Gastropod with Iron Sulfide Dermal Sclerities. Science. 302: pp1007

＊用語集＊

イリシウム
アンコウ目の魚の頭にある器官で、獲物をおびき寄せるルアーとして使われる。もともとは背ビレが変型したもので、チョウチンアンコウの仲間では発光器が付いている。

カウンターシェーディング
発光器により自らの体を光らせ、下方から見たときに背景となる上方の海の明るさに合わせることで、体のシルエットをかき消し、背景に溶け込ませるカモフラージュの方法。

棘皮動物（きょくひどうぶつ）
体が五角形をしていて、中心から5つの同一構造が放射状に配列された動物で、多くの場合、体は炭酸カルシウムの骨格に覆われる。ヒトデ、クモヒトデ、ウミユリ、ウニ、ナマコがいる。

群体（ぐんたい）
自分の体から自分のクローンを作るなどしてできた複数の生物による集合体。サルパ（≫p.100）の群体は丸く連なっていたり、ヘビのように連結していることもある。

鰓耙（さいは）
口から吸い込んだ海水から餌となるものを濾しとるための器官で魚に見られる。喉の内側に向かって櫛状に生えており、細かいものを食べるイワシなどではよく発達している。肉食魚では退化していることがある。

JAMSTEC／海洋研究開発機構（ジャムステック／かいようけんきゅうかいはつきこう）
日本の海洋調査を行う機関（独立行政法人）で、主に地質や地震、環境、海洋の生態系など自然科学に関わる分野で活動を行なっている。保有する有人潜水調査船「しんかい6500」は有人としては世界最深の潜水能力をもつ。

側線器官／側線（そくせんきかん／そくせん）
魚がもつ感覚器官で、水の圧力の変化や流れを感じることができる。魚の胴体の脇を走る線のようなものがそれで、暗黒の深海に棲む魚にはこれがよく発達したものがいる。

チムニー
熱水が冷たい海水に触れると様々な化合物が沈澱するが、そうした化合物が熱水噴出孔の周囲に溜まって煙突状になったもの。パイプのような形をしていたり、山のような形をしていたりもする。

頭足類（とうそくるい）
軟体動物の1グループの名称で、イカやタコの仲間のこと。体は頭と胴体に分かれ、腕が頭に付くため、このように呼ばれる。淡水には分布せず、すべて海に棲息している。

日周鉛直運動（にっしゅうえんちょくうんどう）
生物が昼と夜で生活する水深を変える運動のこと。ハダカイワシのように昼間は外敵の少ない深海にいて、夜になると海面近くまで闇に紛れて浮上するのが典型的。海面に近い場所に多い植物プランクトンや動物プランクトンをあさることがひとつの理由。

発光器（はっこうき）
生物がもつ光を放つ器官のこと。深海生物では発光器の光を使って、自らの体のシルエットをかき消したり、相手を照らし出したり、あるいは仲間との合図に使われる。

板足類（ばんそくるい）
ナマコの一種で深海に特有のグループ。足が発達して長いこと、特別な呼吸器官、例えばエラのようなものをもたない点が他のナマコと違う。ちなみに板足類という名前は、足の裏側に丸い形をした板状の骨があることに由来する。

プランクトン
泳ぐ力が小さいために自力で動くというよりも海水の流れによって移動する生物の総称。光合成をする植物プランクトン、それを食べる動物プランクトンなどがいる。ギリシャ語で放浪者の意味。

望遠眼／筒状眼（ぼうえんがん／つつじょうがん）
深海に棲む頭足類や魚類にしばしば見られる筒状の目のこと。かすかな光を集める大きな水晶体をもつこと、大きな水晶体をもつ目を頭に収めること、筒状の目はこの2つの要求を満たす形であると考えられている。

マニピュレーター
人間の手と同じように物体を操作できる機械で、海洋研究開発機構の潜水調査船や無人探査機に付いている。パイロットの腕に連動して動かせるが、重量を手元で感じることができない水中でこれを扱うのはなかなか難しい。

メタン湧水地（めたんゆうすいち）
プレートの運動で圧力が加わった場所では深い場所の地下水が絞り出されるように湧いてくる。こうした湧き水にはメタンが含まれていて、それが硫酸イオンと反応することで化学合成生物群集が成立する。

インデックス

ア

アカクジラウオダマシ p.46,167
アカザエビ p.79,135,162
あぶらビレ p.109
アマエビ p.135
アリケラ・ギガンテア p.198
アルゼンチンヘイク p.41,134
硫黄酸化細菌 p.216,217,218,222,224,226
イバラヒゲ p.43
イラコアナゴ p.27,28,180,181,194
イリシウム p.51,164,165,166,167,184,185
イレズミクジラウオ p.166,167
ウキエビ類 p.101
浮き袋 p.13,30,108,112,142,178,200,208,214
ウシナマコ p.76
ウミグモ p.84,172,173
ウミユリ p.87,126,127,152
ウミユリの仲間》ウミユリ
エウリセネス・グリルス p.85,198,199
エドアブラザメの仲間 p.24
エボシナマコ p.74,192,193
エボシナマコの仲間》エボシナマコ
エラ p.107,113,114,122,157,175,216,217,218,222
エラ孔》エラ
塩化アンモニウム p.112,113,114,148,149
塩化ナトリウム p.112
黄鉄鉱 p.94,220,221
オウムガイ p.71,124,130,131
オオグソクムシ p.24,83,156,170,171,180
オオクチホシエソ p.32,144,145,186
オオグチボヤ p.154,155
オオタルマワシ p.82
オオベソオウムガイ p.71
オキアミ p.45,120,122,123,170
オキエビの仲間 p.78
オキヒオドシエビ p.80
オケサナマコ p.74

オタマボヤ p.98,99,126,136
オニキンメ p.47,118,158
オニハダカ p.33,84,106,107,108,186
オニハダカの仲間》オニハダカ
オニボウズギス p.47,146,147
オハラエビ p.90,91,92,218,219
オヒョウ p.180

カ

カイアシ類 p.11,84,98,102,120,122,152
カイコウオオソコエビ p.85,210,211
海洋研究開発機構 p.196,218
カイレツツノナシオハラエビ p.91
カウンターシェーディング p.110,112,115
化学合成生物群集 p.95,216,224,227
カッパクラゲ》ソルミスス
カブトクラゲ p.61,137
カブトクラゲの仲間》カブトクラゲ
カラスコオリウオ p.46,213,214
ガラパゴス諸島 p.17,206,217
ガラパゴスハオリムシ p.96,216,217
カリコプシス・ネマトフォラ p.54,140,141,
環形動物 p.88,96
寒天質 p.109,182,183,197
キアンコウ p.184,185
キシュウヒゲ p.176
キタノクロダラ p.43
キタノサクラエビ p.80
キバハダカ p.159
ギボシムシ》深海ギボシムシ
キャスモドン》オニボウズギス
キャラウシナマコ p.76
嗅覚器 p.168
吸盤 p.112,113,117,130,149
棘皮動物 p.72,74,75,76,77,87,126
巨大ヨコエビ p.198
キヨヒメクラゲ p.57,138
キライクラゲ》カリコプシス・ネマトフォラ

キロサウマ・マグナ p.196
キロサウマ・ムウライ p.196,197
ギンザメ p.19,20,178,179
キンメダイ p.134,144
クサリハナメイワシ p.169
グソクムシ≫オオグソクムシ
クダクラゲ p.57,79,137
クッキーカッターシャーク≫ダルマザメ
クマナマコ p.77,206,207,208,210,211
クモヒトデ p.48
クラゲイカ p.70,114,115,118
クラゲダコ p.64,114,115
グラシアリス p.207
クロオビトカゲギス p.30,178,179,
クローン p.57,100
クロカムリクラゲ p.55,56,137,
クロカムリクラゲの仲間≫クロカムリクラゲ
群体 p.57,100,101,104,137
鯨骨生物群集 p.95,224,225
ゲイコツナメクジウオ p.95,225
ゲンゲの仲間 p.49
原索動物 p.86,87
甲殻類 p.70,102,106,120,135,136,152,154,168,172,198,208,220
光合成 p.10,11,98,132,227,228
硬骨魚類 p.25〜53
コウモリダコ p.67,150,151
ゴエモンコシオリエビ p.90,92,93,220,221,224
ゴカイの仲間 p.88
呼吸器官 p.107
コシオリエビの仲間 p.224
骨片 p.206,210
コモロ諸島 p.25,128
コロニー p.44,92,95,96,154,155,217,225,227
コンゴウアナゴ p.28,162,180,181

サ

再生能力 p.126,127
鰓耙 p.122

サガミウキエビ p.100,101
相模湾 p.104,105,190
サクラエビ p.79,80,102,103,105,156
サクラエビの仲間≫サクラエビ
サケビクニン p.48,132,133
サツマハオリムシ p.96,216,217,
サツマハオリムシの仲間≫サツマハオリムシ
ザラビクニン p.48,132,133,208,209
サルパ p.82,100,101,104,136,140,141
サンカクウオ≫ナガヅエエソ
産卵 p.106,111,130,135
シーラカンス p.25,128,129,130
シギウナギ p.26,104,105
シダアンコウ p.50,164,165
刺胞動物 p.54,55,57,58,59,60,61,62,88
ジャイアント・イソポッド≫オオグソクムシ
JAMSTEC≫海洋研究開発機構
ジュウモンジダコ p.65,182,183,197
ジュウモンジダコの仲間≫ジュウモンジダコ
出水口 p.100,155
消化器官 p.106,138,216,217,
触毛 p.117,183
植物プランクトン p.11,98,102,214,227
触腕 p.111
ジョルダンヒレナガチョウチンアンコウ p.166,167,168
シラタマイカ p.70
臀ビレ p.43,144,145,179
シロウリガイ p.44,94,222,223
シロデメエソ p.38,39,142,143,152,
シンカイエソ p.38,39,188,194,195
シンカイエソの仲間≫シンカイエソ
深海エビ p.80,81
シンカイエビ p.80,105
シンカイエビの仲間≫シンカイエビ
深海ギボシムシ p.89,192,193
シンカイクサウオ p.49,208,209
シンカイヒバリガイ p.92,217

インデックス

深海ユムシ *p.89,193*

シンカイヨロイダラ *p.44,198,199*

水晶体 *p.114,115,143,166,174,194,195,196,197*

水曜海山 *p.65,92,182,183*

スケーリーフット *p.94,220,221*

スケトウダラ *p.41,134,*

ススキハダカ *p.31,102,103*

スティギオメデューサの仲間 *p.137*

スティレフォルス *p.45,120,121,142*

ストルティングラ *p.76,85,208,209*

駿河湾 *p.118,156,190*

ズワイガニ *p.132,133*

スンデンシス *p.207*

精巣 *p.107,164,186,*

性転換 *p.33,106,107,135,186,188*

脊椎骨 *p.108*

脊椎動物 *p.25,95,128,174,175*

セキトリイワシ *p.31*

節足動物 *p.62,76,79〜85,90,91,93,98,104,120,170,200,209*

背ビレ *p.43,109,120,121,144,145,159,185*

ゼラチン質 *p.57,114,115,132,140,150,196*

センジュナマコ *p.75,190,191,192,206,*

センハダカ *p.31,102,103*

繊毛 *p.56,57,61,126,192,193*

側線≫側線器官

側線器官 *p.146,166,167,168*

ソコエソ *p.38,152,153,186,188,194,195*

ソコエソの仲間≫ソコエソ

ソコクロダラ *p.43,176,177*

ソコダラ *p.42,43,44,146,147,176,177,178,179,194,199,*

ソコダラの仲間≫ソコダラ

ソコチヒロエビの仲間 *p.81*

ソコボウズ *p.40,180,181,198*

ソルミス *p.62,140,141*

ソロモンシス *p.207*

タ

ダイオウイカ *p.71,148,149*

ダイオウグソクムシ *p.170*

ダイオウホウズキイカ *p.214*

タカアシガニ *p.135*

TAGマウンド *p.218*

タチウオ *p.47,79,119,134*

ダルマザメ *p.24,124,125*

淡水 *p.128,236*

ダンボオクトパス≫ジュウモンジダコ

地下バクテリア *p.226,227*

千島海溝 *p.206*

チムニー *p.90,93,216,218,226,228*

チャレンジャー海淵 *p.9,85,210,211*

チョウクラゲ *p.61*

チョウチンアンコウ *p.50,51,52,53,118,119,146,147,158,162,164,165,166,167,168,184,185,186,187*

チョウチンアンコウ類≫チョウチンアンコウ

チョウチンアンコウの仲間≫チョウチンアンコウ

チョウチンハダカ *p.36,38,194,195*

チリヘイク *p.41*

筒状眼 *p.142*

ツノザメ *p.20,21,156,157*

ツノザメの仲間≫ツノザメ

ツノナシオキアミ *p.123*

ツノナシオハラエビ *p.91,218,219*

ディープスタリアクラゲ *p.56,59,140,141*

テンガンヤリエソ *p.39*

テングギンザメ *p.20,179*

頭索動物 *p.95*

トウジン *p.176,177*

頭足類 *p.64〜71,114,130,196*

動物プランクトン *p.102,155*

トカゲギス類 *p.178*

トガリサルパ *p.101*

共食い *p.38,118,119*

富山湾 *p.87,111,154,155*

トリノアシ p.127

トンガリハダカ p.119

ナ

ナガヅエエソ p.37,152,153

ナガヅエエソの仲間≫ナガヅエエソ

ナギナタシロウリガイ p.44,94

軟骨魚類 p.19〜24

軟体動物 p.71,92,94

肉食動物 p.110,180,194,198

ニジクラゲ p.61

日周鉛直運動 p.102,108

日本海 p.132,133,134,154

日本海溝 p.16,198,206,207,208,222

二枚貝類 p.92,94

入水口 p.155

ニュウドウイカ p.148,149

ヌタウナギ p.25,156,174,175,180

ヌタウナギの仲間 p.25,174,180

ネジレバネ p.187

熱水 p.16,17,49,88,90〜94,182,216〜224,226,227

熱水噴出域≫熱水

熱水噴出孔 p.217,219,221

ノロゲンゲ p.132,133

ハ

ハイイロオニハダカ p.106,107

ハイギョ p.128

ハウス p.98,99

ハオリムシ p.96,216,217,218,222,228

ハオリムシの仲間≫ハオリムシ

バクテリアマット p.218

バケダラ p.44,176,177

バケダラモドキ p.44

ハダカイワシ p.31,102,106,108,109,110,118,146

ハダカイワシの仲間≫ハダカイワシ

爬虫類 p.124

発光液 p.51,164,165

発光器 p.32,34,35,42,50,51,52,68,69,70,102,103,108〜115,122,125,139,142,143,144,145,151,159,163〜169,176,177,178,184,186

発光バクテリア p.176,177

バラムツ p.47,118,119

半索動物 p.89

繁殖 p.106,168,176,186,188,226

板足類 p.190,192,193,206

ヒガシオニアンコウ p.53,158

ヒカリキンメダイ p.144

ヒカリボヤ p.86,100,101

ヒカリボヤの仲間≫ヒカリボヤ

ヒゲナガダコ p.65,196,197

ヒゲナガダコの仲間≫ヒゲナガダコ

ヒドロ虫の仲間 p.88

氷河期 p.132

ヒレ p.25,30,34,37,45,48,52,65,66,68,83,116,117,128,129,132,144,148,149,171,174,176,178,182,183,190,191,196,197

ヒレナガチョウチンアンコウ p.52,166,167,168,

フィラメント p.67,150,151

フウセンウナギ p.29,168,169

フウセンクラゲ p.56,63,137

フウセンクラゲの仲間≫フウセンクラゲ

腹足類 p.94

フクロウナギ p.29

フサアンコウ p.52,53,185

フタツザオチョウチンアンコウ p.52,146,147

浮遊生物 p.150

浮力 p.68,69,70,71,85,108,112,114,118,149,203,204,208,211

吻 p.89,172,173,192,193

分泌物 p.99

吻部≫吻

ベニアゴネ・ブルプレア p.76

ベニオオウミグモ p.84,172,173

ヘモグロビン p.46,214,216

ペリカンアンコウ p.53,146,147

ベントディテス・サングイノレンタ p.76

望遠眼≫筒状眼

インデックス

ボウエンギョ p.142,143,152
ホウズキイカ p.68,112,113,214,
ホウズキイカの仲間》ホウズキイカ

ホウライエソ p.32,34,108,109,142,143,144,159,176,186
ホキ p.41
歩行器官 p.190
ホタルイカ p.68,110,111,112
ホッコクアカエビ》アマエビ
ホテイエソの仲間 p.32
ボネリア p.187

マ

マグナピニッド》未命名の大形イカ
マグナピンナ・パシフィカ p.196
マジェランアイナメ p.46,135,213,214
マダラ p.41,134
マダラヤリエソ p.159
マッコウクジラ p.148,224
マニピュレーター p.218
マリアナ海溝 p.9,85,202,210
マリンスノー p.99,176,
ミズウオ p.38,118,119,159,
ミツクリエナガチョウチンアンコウ p.118,119,165
ミツマタヤリウオ p.35,186,187
ミナミシンカイエソ p.38
未命名の大形イカ p.68,196,197
無顎類 p.25
無人探査機 p.59,85,136,202,203,204,228
無脊椎動物 p.18,54
胸ビレ p.19,20,44,132,133,144,145,152,178,179
ムラサキカムリクラゲ p.56,123
ムラサキギンザメ p.19
メガマウス p.22,122,123,124
メダマホウズキイカ p.113
メタン p.44,94,222,224,226,229
メタン湧水 p.222,223,224,226
メルルーサ》アルゼンチンヘイク

メンダコ p.66,116,117,182,197

ヤ

有機物 p.10,11,16,72,75,89,92,98,99,126,132,152,154,158,190,191,192,193,198,207,208,210,214,216,222,224,226,229
有櫛動物 p.56,57,61,63,137
有人調査船 p.202,203,204
ユウレイイカ p.69,112,113,118,119,148
ユウレイイカの仲間》ユウレイイカ
ユキオニハダカ p.106,107
ユノハナガニ p.91,218,219,220,228
ユビアシクラゲ p.56,137
ユムシ》深海ユムシ
ユメカサゴ p.46,126,162
ユメザメ p.23,157,
ユメザメの仲間》ユメザメ
ユメナマコ p.72,73,74,190,191
ヨコエソ p.106,186
ヨコエビ p.62,82,85,198,208,209
ヨコエビの仲間》ヨコエビ
ヨミノフタツノウロコムシ p.88
ヨロイザメ p.23,24
ヨロイダラ p.44,198,199
ヨロイホシエソ p.32,34,159

ラ

ラブカ p.21,156,157
卵巣 p.41,107,188
硫化水素 p.9,49,93,95,96,215,216,217,218,220〜227
硫化ナトリウム p.216
リュウグウノツカイ p.45,120,121
リンゴクラゲ p.58
レプトケファルス幼生 p.178
漏斗 p.113,115,116,117,130,131

ワ

ワニトカゲギス p.32,33,34,35,108
ワニトカゲギス類》ワニトカゲギス

著　者　北村雄一　きたむらゆういち
　　　　　　イラストレーター／フリージャーナリスト

日本大学農獣医学部（現生物資源学部）卒業。
主に手がける分野は、系統学、進化、深海、恐竜、極限環境および科学。
http://www5b.biglobe.ne.jp/~hilihili/

著　書　『深海生物図鑑』（同文書院　1998年）
　　　　『恐竜と遊ぼう』（誠文堂新光社　2002年）
　　　　『ティラノサウルス全百科』（小学館　2005年）

協　力　独立行政法人海洋研究開発機構（JAMSTEC）
　　　　http://www.jamstec.go.jp/

　　　　　三輪哲也　（JAMSTEC, 極限環境生物圏研究センター）
　　　　　Dhugal J. Lindsay　（JAMSTEC, 極限環境生物圏研究センター）
　　　　　立田　学　（JAMSTEC）

［ポリシー］JAMSTECは、海洋に関する基盤的研究開発の一環として、深海域
における地球科学的諸現象の総合的解明・予測及び技術開発を目指した調査研
究を推進し、運用しています。JAMSTECは調査で得られたデータ等を適切に
管理し、散逸を防ぎ、適切な手段で一般に公開するものです。

深海生物ファイル

平成17年11月24日　初版第一刷　発行
平成18年　3月20日　　　　第四刷　発行

著　者　北村雄一

発行人　笹本健次

発行所　株式会社 ネコ・パブリッシング
　　　　〒152-8545　東京都目黒区碑文谷4-21-13
　　　　電話：03-5723-6076（編集部）／03-5723-6013（営業部）
　　　　http://www.neko.co.jp　　http://www.hobidas.com

印刷・製本　株式会社廣済堂
ISBN　4-7770-5125-0

©Yuichi Kitamura 2005, Printed in Japan

本書の無断転載・複製（コピー）を禁じます。
乱丁・落丁は当社が送料負担でお取替えいたします。